新型建筑工业化技术集成与应用

——南京江北新区人才公寓

南京江北新区中央商务区投资发展有限公司
南京江北新区中央商务区开发运营有限公司　著
南京长江都市建筑设计股份有限公司

东南大学出版社
SOUTHEAST UNIVERSITY PRESS
·南京·

图书在版编目（CIP）数据

新型建筑工业化技术集成与应用：南京江北新区人才公寓／南京江北新区中央商务区投资发展有限公司，南京江北新区中央商务区开发运营有限公司，南京长江都市建筑设计股份有限公司著. --南京：东南大学出版社，2023.12

ISBN 978-7-5766-1005-5

Ⅰ.①新… Ⅱ.①南… ②南… ③南… Ⅲ.①装配式构件—建筑施工—南京 Ⅳ.①TU3

中国国家版本馆 CIP 数据核字（2023）第 231487 号

责任编辑：魏晓平　责任校对：张万莹　封面设计：毕真　责任印制：周荣虎

新型建筑工业化技术集成与应用——南京江北新区人才公寓

Xinxing Jianzhu Gongyehua Jishu Jicheng Yu Yingyong — Nanjing Jiangbei Xinqu Rencai Gongyu

著　　者：南京江北新区中央商务区投资发展有限公司
南京江北新区中央商务区开发运营有限公司
南京长江都市建筑设计股份有限公司
出版发行：东南大学出版社
出 版 人：白云飞
社　　址：南京四牌楼 2 号　邮编：210096　电话：025-83793330
网　　址：http：//www.seupress.com
电子邮件：press@seupress.com
经　　销：全国各地新华书店
印　　刷：广东虎彩云印刷有限公司
开　　本：787mm×1092mm　1/16
印　　张：12.75
字　　数：272 千字
版　　次：2023 年 12 月第 1 版
印　　次：2023 年 12 月第 1 次印刷
书　　号：ISBN 978-7-5766-1005-5
定　　价：78.00 元

本社图书若有印装质量问题，请直接与营销部联系。电话（传真）：025-83791830。

编 委 会

序

在当今建筑领域，一场技术与创新的融合之风正席卷而来，为我们描绘出一幅充满前瞻性与变革性的建筑画卷。装配式建筑，作为这场变革的代表，不仅是建筑产业现代化的引领者，更是一项集成应用技术的巅峰之作。本书聚焦南京江北新区人才公寓（1号地块）项目，该项目位于南京市江北新区。江北新区作为南京市的新兴发展区，一直致力于推动建筑产业现代化，而人才公寓项目正是这一愿景的杰出代表。它的建设不仅为吸引和留住人才提供了便捷的住宿条件，还为整个区域的建筑产业注入了新的活力。本项目是2018年度住房和城乡建设部、江苏省和南京市建筑产业现代化示范项目，充分体现了政府、企业和建筑行业的共同合作与创新。该项目不仅在技术上取得了突破，更在理念上彰显了绿色、智能建筑的未来发展方向。其每一个设计细节都展现了对环境保护和人居舒适的关注，为业界提供了宝贵的经验和启示。

本书深入挖掘南京江北新区人才公寓的各个维度，解析其成功的原因，探讨其中所蕴含的未来建筑的契机，是一次对装配式建筑的深入探讨，也是对未来建筑发展方向的展望。通过深入研究南京江北新区人才公寓这一项目，本书期望为读者提供更深层次的认识，探索装配式建筑的艺术与科技之美，共同描绘未来建筑的全新画卷。

南京江北新区人才公寓项目是预制装配技术全面应用和创新的集大成之作，并为各类装配式建筑技术体系的创新应用提供了一个生动的范例，它的成就不仅在于技术的应用和创新，还在于其在推动装配式建筑发展方面树立了行业标杆。这一成就既是一座建筑的成功，也是一场引领未来建筑形态的变革。我们邀请读者一同踏入这场建筑变革的旅程，探寻预制装配技术带来的巅峰之美和创新之道，共同见证装配式建筑这场由技术与智慧共舞的建筑盛宴，共同见证江北新区人才公寓（1号地块）在这场盛宴中明珠璀璨。

刘加平

中国工程院院士

2023年12月20日

目　录

第一章　绪论 …… 001

1.1　江苏省装配式建筑发展现状 …… 001

1.2　南京江北新区装配式建筑发展概况 …… 001

第二章　装配式建筑技术集成应用 …… 005

2.1　项目概况 …… 005

2.2　项目区位 …… 006

2.3　总体规划 …… 007

2.4　项目户型 …… 012

2.4.1　户型模块设计 …… 013

2.4.2　户型可变设计 …… 016

2.5　结构体系 …… 020

2.5.1　装配整体式剪力墙结构 …… 020

2.5.2　装配式钢框架—混凝土剪力墙结构 …… 032

2.5.3　装配式木结构 …… 038

2.6　装配化装修 …… 043

2.7　智能化设计 …… 060

第三章　未来居住建筑工程实践 …… 065

3.1　项目简介 …… 065

3.1.1　项目概况 …… 065

3.1.2　项目定位 …… 066

3.2　设计理念 …… 066

3.3　基于长寿命设计理念的建筑设计 …… 068

3.3.1　考虑工业化建造的标准化设计 …… 068

3.3.2 SI 建造技术体系 …… 075
3.4 基于健康、舒适的共享社区设计 …… 080
3.4.1 共享社区功能分区 …… 080
3.4.2 足不出栋活动空间设计 …… 083

第四章 专项技术研究与实践 …… 087
4.1 预制混凝土外挂墙板 …… 087
4.1.1 墙板布置 …… 091
4.1.2 节点构造 …… 093
4.1.3 防水构造 …… 093
4.1.4 试验研究 …… 096
4.1.5 预制混凝土外挂墙板吊装专项施工 …… 103
4.2 玻璃纤维增强混凝土（GRC）幕墙 …… 112
4.2.1 模块化组合设计方法 …… 113
4.2.2 构件构造设计 …… 113
4.2.3 模具制作 …… 118
4.2.4 玻璃纤维增强混凝土（GRC）专项施工 …… 121

第五章 工程管理与施工 …… 128
5.1 管理模式 …… 128
5.2 BIM 信息化应用 …… 129
5.3 绿色施工措施 …… 153
5.3.1 防止水土流失的措施 …… 153
5.3.2 防止侵蚀和沉积的措施 …… 155
5.3.3 防止尘土对空气的污染措施 …… 156
5.3.4 减少热岛效应和光污染的措施 …… 157
5.3.5 有效利用水资源 …… 157
5.3.6 绿化灌溉措施 …… 159
5.3.7 废水处理措施 …… 159
5.3.8 材料和资源 …… 161
5.3.9 室内环境质量管理 …… 162

第六章 工程总结与展望 …… 165

6.1 项目总结 …… 165

6.2 未来展望 …… 169

附录 1 全球创新大赛 …… 171

1. 竞赛介绍 …… 172

2. 获奖作品 …… 175

附录 2 各楼栋预制装配率计算表 …… 188

第一章　绪　论

1.1　江苏省装配式建筑发展现状

根据《江苏省建筑业“十四五”发展规划》数据，“十三五”末，江苏全省城镇绿色建筑占新建建筑比例已达98%，装配式建筑占新建建筑面积比例达30.8%。“十三五”期间，累计创建国家级装配式建筑示范城市5个、产业基地（园区）27个，装配式建筑示范城市、园区、基地、项目在内的352个建筑产业现代化省级示范建设。

“十四五”期间，新开工装配式建筑占同期新开工建筑面积比将达到50%，成品化住房占新建住宅的70%，装配化装修占成品住房的30%。同时将大力推广装配式混凝土建筑，完善适用于不同建筑类型的装配式混凝土建筑结构体系。鼓励在医院、学校等公共建筑中采用钢结构，积极探索钢结构技术体系在住宅和农房等项目中的应用；积极推广装配式木结构建筑；积极推进装配化装修方式在成品住房项目中的应用。

1.2　南京江北新区装配式建筑发展概况

南京江北新区于2015年6月经国务院批复成为我国第13个国家级新区，是江苏省内唯一的国家级新区，也是中国（江苏）自由贸易试验区南京片区所在地，具有“三区一平台”的高战略定位。江北新区位于南京市长江以北，包括浦口区、六合区和栖霞区八卦洲街道，覆盖南京高新区（江北新区）、南京海峡两岸科技工业园等5个国家级或省级园区和南京港西坝、七坝2个港区，规划面积788 km^2。

2017年8月1日，南京市政府办公厅印发的《南京市关于进一步推进装配式建筑发展的实施意见》（以下简称《意见》）提出，到2020年全市装配式建筑占新建建筑的比例达到30%以上。依据经国务院批复的《南京市城市总体规划（2011—2020年）》，按照“突出重点、分类推进”的原则，南京市政府为全市装配式建筑发展划定了重点推进区域、积极推进区域和鼓励推进区域。其中南京江北新区被列入重点推进区域，根据《意见》要求，重点推进区域内所有新建住宅建筑项目和单体建筑面积超过5 000 m^2 的公共建筑项目应采用装配式建筑。积极推进区域内新建总建筑面积5万 m^2 以上的住宅建筑项目、总建筑面积3万m^2以上或单体建筑面积2万m^2以上的公共建筑项目应采用装配式建筑。鼓励推进区域内新建项目可因地制宜采用装配式建筑。

在《意见》的推动下，江北新区已有多个装配式建筑项目落地实施。其中，既有政府投资性项目，如保障房、学校等，也有非政府性投资开发项目，如商业、住宅等。

1. 大众健康科创中心项目

大众健康科创中心项目（图1.2-1）采用以“代建＋运营”的方式实施项目建设及建成后的运营管理，为江北新区重点建设项目。项目选址于江北大道南侧、定山大街与广西埂大街之间且不在石佛寺农场范围内的约90亩（1亩≈666.67 m^2）土地作为项目用地，其中，项目实际用地约70亩，另有现状空地约20亩，配建临时停车场。项目分为东、西两个地块，总建筑面积约3.1万m^2。

图1.2-1 大众健康科创中心项目效果图

其中装配式混凝土结构建筑面积约为12 575 m^2，占总建筑面积比例为40.6%。西地块用地北侧的三栋办公建筑混凝土预制率为34.5%，东地块西南角的办公建筑混凝土预制率为34.2%。该项目总投资约4亿元，采用钢结构、装配式等具备技术成熟、设计速度快、施工难度低、建设周期短等特点的建筑技术，同时融入绿色建筑三星设计标准，体现健康城“绿色健康”的发展理念。

2. 江北新区南京一中（高中部）建设工程项目

项目位于南京江北新区，东至浦镇大街，南至浦云路，西至广西埂大街，北至浦辉路。总建筑面积106 242.61 m^2，其中地上建筑面积66 741.45 m^2，地下建筑面积39 501.16 m^2，包含教学楼、学生宿舍、音乐厅、综合楼以及各类辅助教室、附属用房等。

南京一中江北校区建设工程项目创新应用全装配式结构体系，围护、保温、装饰艺术一体化预制外墙；音乐馆、体育馆建筑创新应用装配式钢结构-混凝土组合结构体系，有效减少大跨梁高度，减少自重，提高室内空间；框架结构体系创新应用大直径、大间距钢筋设计，梁柱节点区创新采用墩锚连接节点，提高装配效率和效益；创新采用基于 BIM 技术的装配式建筑智能建造平台，实现项目全过程信息化质量管理和装配全过程的信息共享和可追溯。全力打造健康一中、绿色一中，建设海绵校园、绿色校园（图 1.2-2）。

图 1.2-2　南京江北新区南京一中（高中部）效果图

3. 研创园二期人才公寓项目

研创园二期人才公寓项目采用混凝土装配式结构，该项目在南京江北新区产业技术研创园二期内（图 1.2-3），用地面积约 46.5 亩，新建建筑物总建筑面积约 138 945 m^2，其中地上建筑物建筑面积约 86 841 m^2，地下建筑物建筑面积约 52 104 m^2。项目总投资约 80 000 万元。该项目由 6 栋 30 层人才公寓和 5 栋 2～3 层商业组成。建筑一层功能为运动健身用房、入户大堂等功能服务区。标准层为标准套型人才公寓，6 栋人才公寓为相同套型，相同高度、层数的高层塔楼。公寓楼预制率约为35%，整个项目预制率约为31%。

图 1.2-3　研创园实拍图

第二章　装配式建筑技术集成应用

南京江北新区人才公寓（1号地块）项目为2018年度住房和城乡建设部、江苏省、南京市建筑产业现代化示范项目，各类装配式建筑技术体系在项目中得到了创新应用。本项目已获得绿色建筑三星级和健康建筑三星级标识证书。其中3号楼（被称为"未来住宅"）采用装配式组合结构（装配式钢框架＋现浇混凝土剪力墙结构），是江苏省第一栋装配式组合结构的开放式居住建筑。12号楼社区中心采用装配式木结构，是江苏省第一栋木结构的零碳建筑，旨在实现零能耗和全生命周期零碳排放目标。

2.1　项目概况

南京江北新区人才公寓（1号地块）项目为南京长江都市建筑设计股份有限公司设计总承包的工程总承包（EPC）试点示范项目（图2.1-1），由南京江北新区中央商务区开

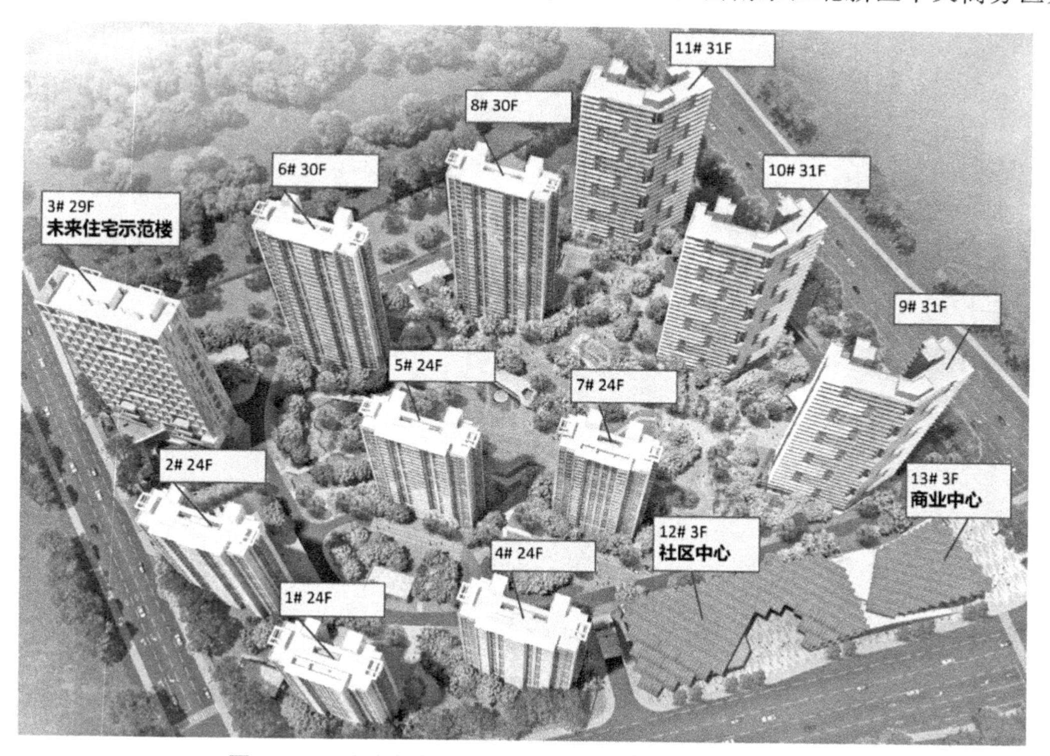

图2.1-1　南京江北新区人才公寓（1号地块）项目总图

发运营有限公司开发，中建八局第三建设有限公司施工。项目旨在打造全预制装配式社区，引领全国装配式技术的标杆项目。

南京江北新区人才公寓（1号地块）项目占地面积69 550.1 m^2，用地性质为二类居住用地，容积率为2.5。地上总建筑面积约18.2万m^2，其中计容面积17.387万m^2，地下总建筑面积约5.138万m^2。主要建设内容包含11栋高层住宅、1栋社区中心（12号零碳建筑）、1栋商业中心（13号楼）。

2.2 项目区位

南京江北新区人才公寓（1号地块）项目位于国家级新区“南京江北新区”中心区的国际健康城，国际健康城规划面积约5.6 km^2，是江北新区上升为国家级新区后获批的首个发展板块，园区着力打造融合智慧、人文、绿色、创新的一体化高品质江北中心，区位整体规划效果如图2.2-1所示。国际健康城定位为“三中心一高地”，即前沿医学服务中心、国际专科服务中心、综合健康服务中心，精准医学创新和服务高地。它自然生态资源优良，交通区位优势明显，地段产业特色鲜明。通过未来的持续建设，国际健康城

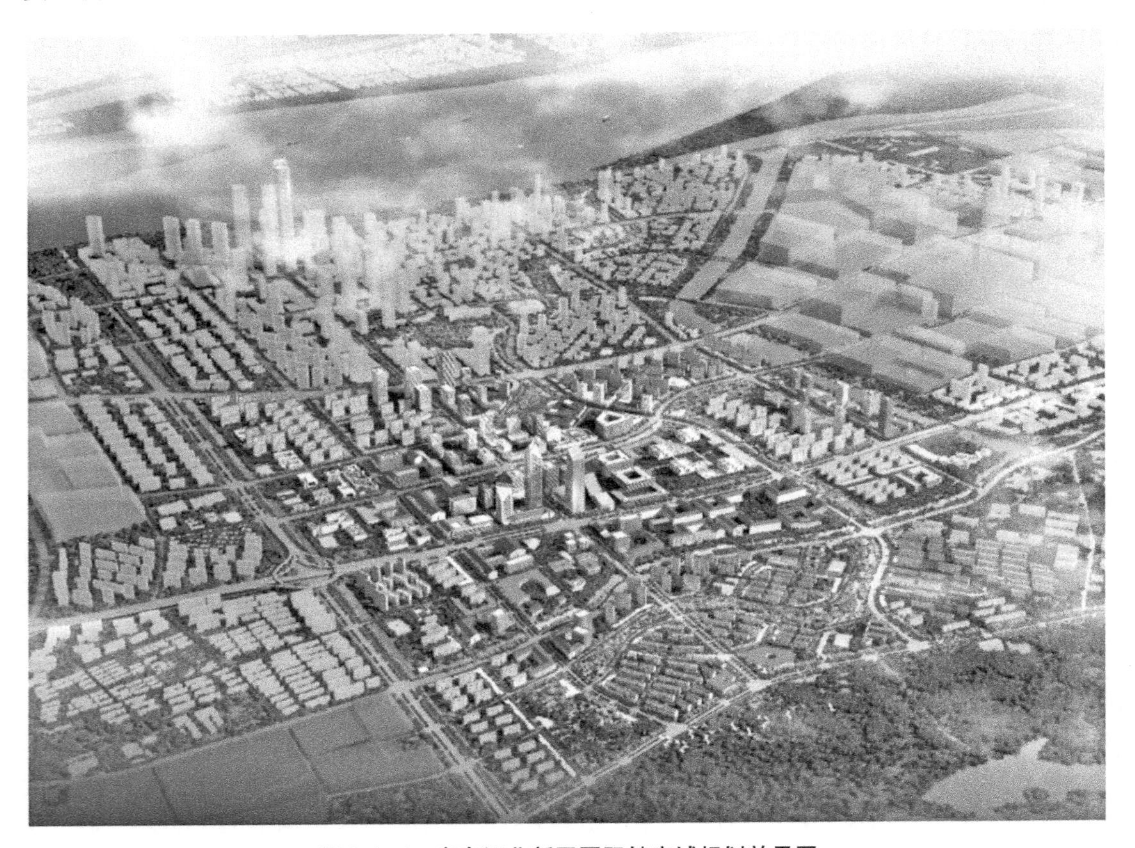

图2.2-1　南京江北新区国际健康城规划效果图

将形成以医养护一体化为特色的南京健康服务创新先导区，以高端国际化为目标的长三角健康产业集聚区，以宜居宜养绿色为标志的全国知名健康生活示范区。南京江北新区人才公寓（1号地块）项目周边配套如图2.2-2所示。

图2.2-2 南京江北新区人才公寓（1号地块）项目周边配套

2.3 总体规划

南京江北新区人才公寓（1号地块）项目整体用户定位为科研技术人才，此类人才受教育程度较高，平时工作相对枯燥，户外活动相对较少，所以设计围绕健康生活方式，引入装配式建筑技术、绿色健康建筑技术、科技智慧建筑技术，实现高品质、高舒适度的国际人才社区。项目通过打造与江北新区相匹配的“开放、现代、绿色的高端人才社区”，利用江北新区国家级新区、国家级自贸区以及南京国际健康城板块的区位优势、人才资源，建成江北新区最开放、最现代、最生态、最健康的高品质人才社区，为南京江北新区的可持续发展提供有力的人才供给保证。

项目基地西北侧沿河景观实现良好，东北侧沿城市绿化价值较高，基地内部营造大片良好景观，住区价值较高。中心景观区域：环境优良、无噪声干扰，位于地块中心，景观条件优越，居住价值最高。西北侧滨水景观区域：基地与浦光路之间拥有约21 m的滨水景观，沿河西北侧具有优越的景观资源优势，居住价值较高。东北侧城市绿带区域：基地近珍珠南路拥有约20 m的城市绿带，可减少噪声干扰，同时提供较好的绿化空间，居住价值相对较低，可布置小户型住宅。东南侧、西南侧外围区域：面向城市道路，景观资源较少，具有一定的噪声干扰，居住价值一般。地块相关尺寸如图 2.3-1 所示，地块居住价值分析如图 2.3-2 所示。

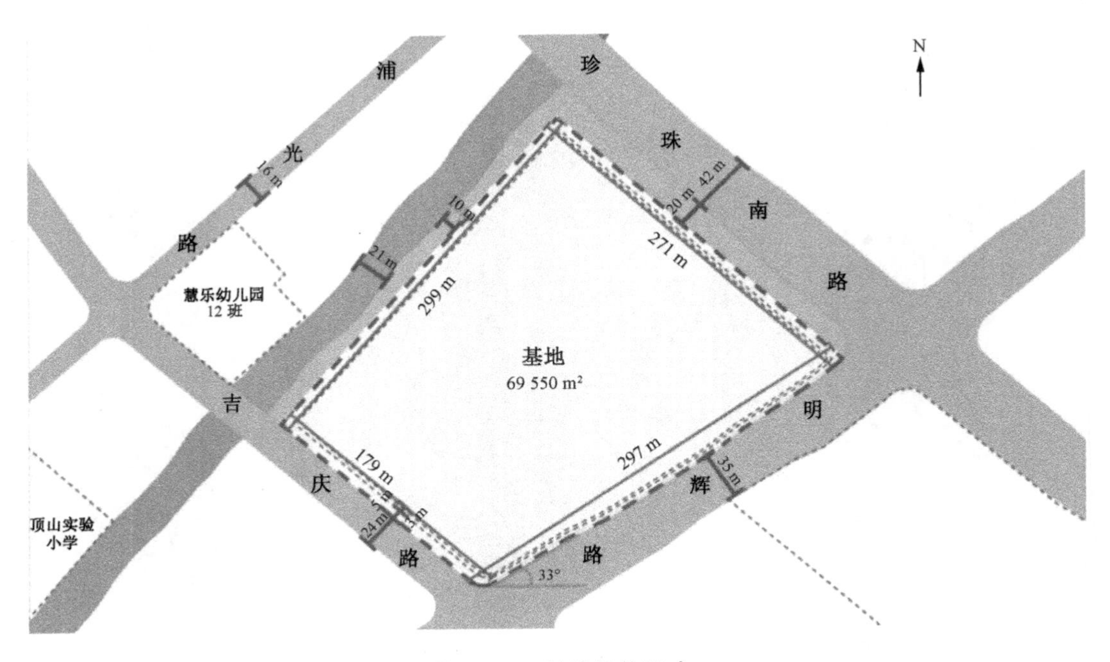

图 2.3-1　地块相关尺寸

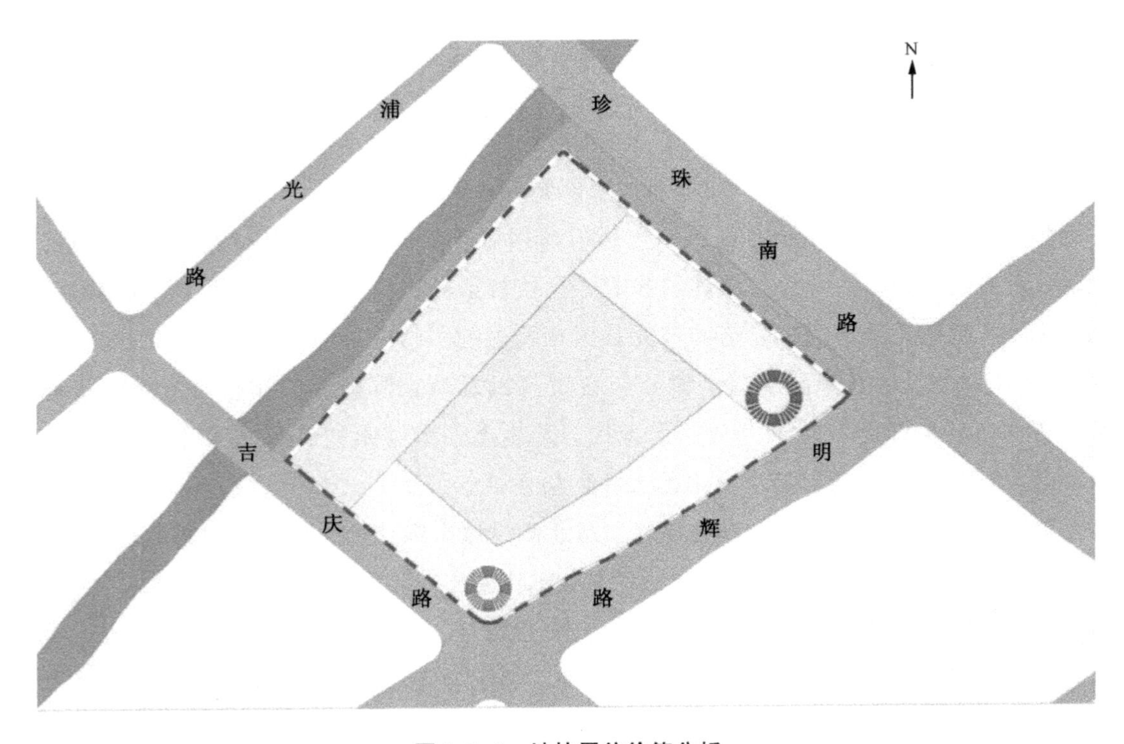

图 2.3-2　地块居住价值分析

根据地块分析特点进行楼栋布局和优化，如表 2.3-1 所示。

表 2.3-1　楼栋布局方案优化

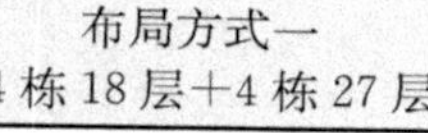 布局方式一 14 栋 18 层+4 栋 27 层	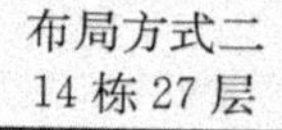 布局方式二 14 栋 27 层
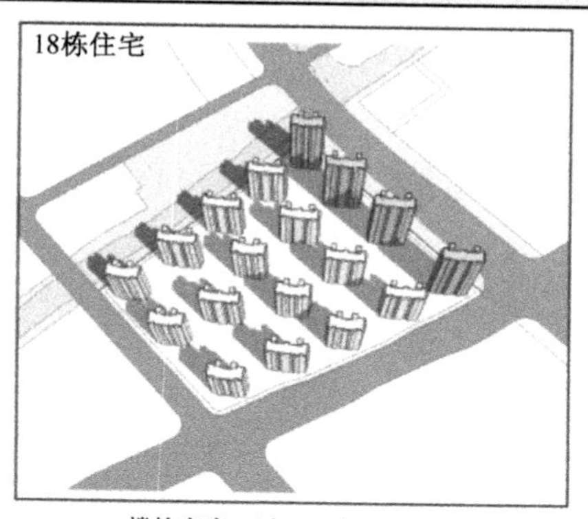 楼栋高度：以60 m和80 m为主	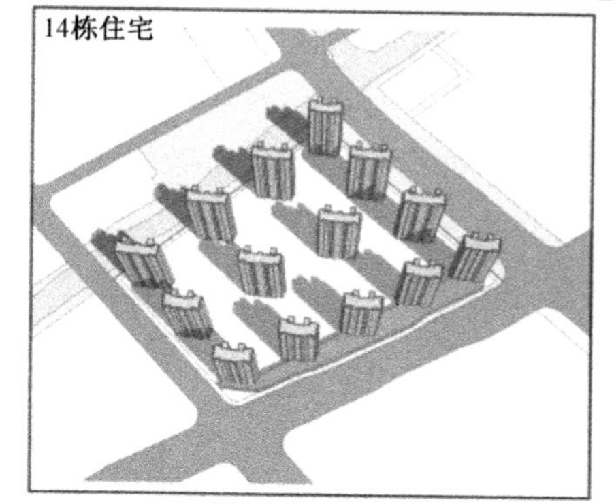 楼栋高度：全部80 m
布局方式三 13 栋 27 层，平行道路布置	布局方式四 11 栋 33 层，商业布置在东侧
 楼栋高度：全部80 m	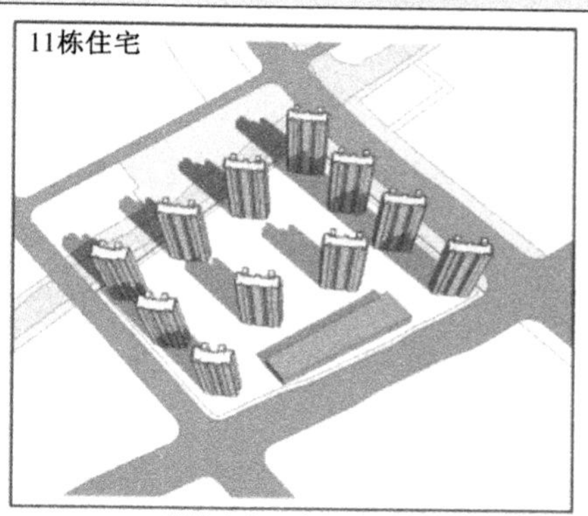 楼栋高度：全部100 m
布局方式五 11 栋 33 层，商业布置在东北角	布局方式六 降低部分高度，优化户型配比
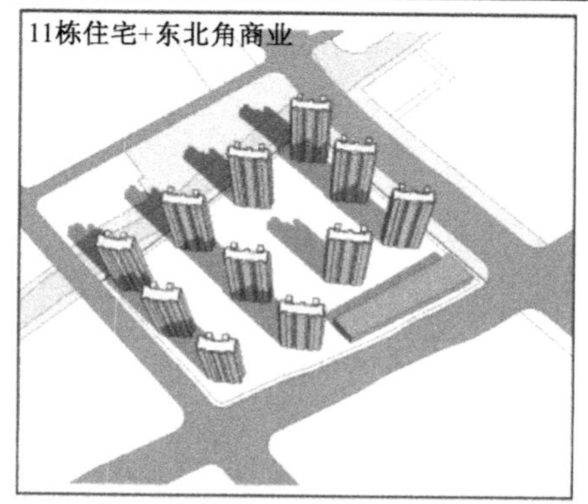 楼栋高度：全部100 m	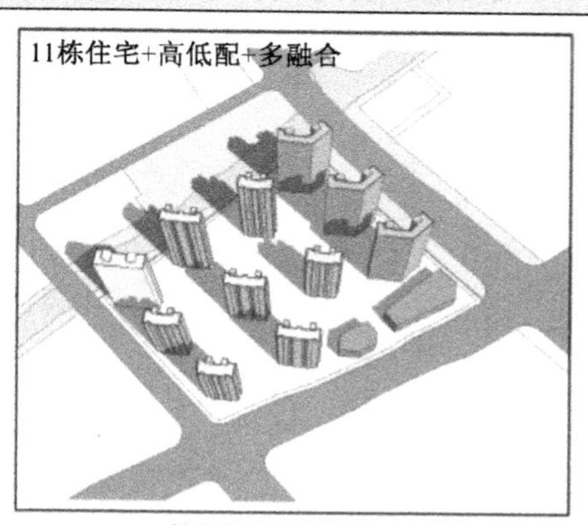 楼栋高度：全部100 m

布局方式一的优点为小区公摊面积少，得房率高；缺点为楼栋数量过多，建筑密度过大，小区绿地较少，环境不佳，建造成本高。

布局方式二的优点为明辉路道路等级低，适合商业开发；缺点为楼栋数量较多，空间较为呆板，住宅与商业之间未能脱开，相互干扰。

布局方式三的优点为住宅平行道路布置，用地较为经济；缺点为住宅南偏西 40°，朝向不佳，日照条件较差，布局方式与城市肌理不协调。

布局方式四的优点为楼栋数量较少，获得较大的空间景观，地库排布较为经济，住宅与商业分离，互相不干扰。

布局方式五的优点为小区内部获得较大的中心景观，住宅南北分区，满足分区建设要辐射周边小区。

布局方式六的优点为小户型集中布置，降低一期部分楼栋高度，优化了城市界面，将未来住宅示范楼沿街设置在西南角，具有较好的示范作用，拥有较好的景观、日照，且便于参观。商业社区中心位于主入口两侧，提供便捷服务。塔楼错位布置，建筑间距尺度放大，塔楼视线无遮挡，确保每栋楼都有极佳的景观视野。项目规划有 11 栋高层住宅，整体错动布置，确保每一栋住宅能够获得较大的日照资源和景观视野。建筑正南北布置，山墙错位布置，便于获得最大的日照资源。配套用房集中布置在东南角，便于服务整个片区，同时形成良好的城市界面。考虑城市界面的整体形象，东侧的公寓采用"L"形布置方式，确保了内部用地的高效性，同时"L"形布局形成了较小的面宽感受，减少了板式住宅对城市街道形成的压力。地块楼栋视野如图 2.3-3 所示。

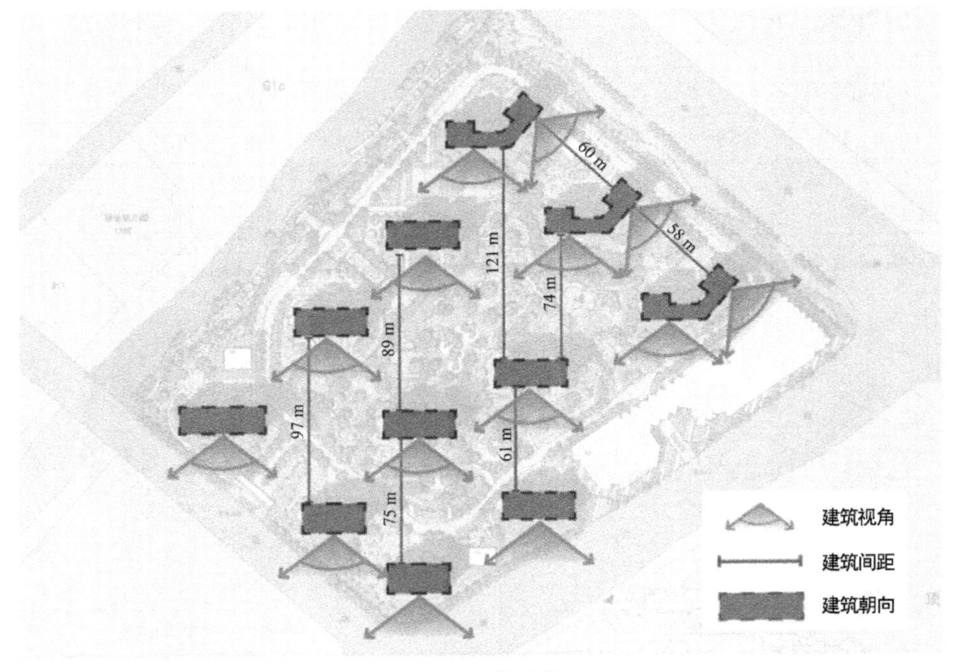

图 2.3-3　地块楼栋视野

项目在中部形成约 2 万 m^2 的中心绿地，设计同时对中心绿地周围的 4 栋住宅进行架空处理，设置泛会所功能，将中心景观延续至架空层内部，扩大了景观空间的尺度和视觉感受，为业主提供了更好的公共活动和交流空间（图 2.3-4）。

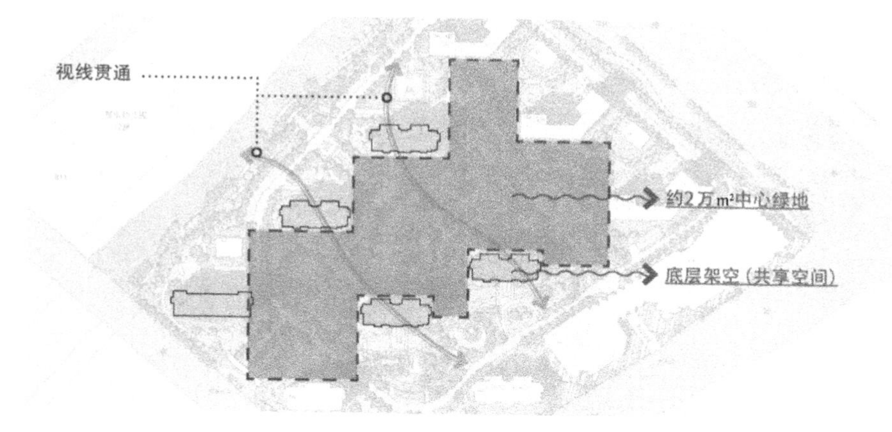

图 2.3-4 大空间+底层架空中心景观

项目设计多级配套，打造符合国际社区的立体式多维度配套系统。其中一级配套为基地西北侧的幼儿园和基地东南侧的初级中学，将良好的教育资源围绕在基地周围。二级配套为区域级配套服务中心，邻里中心、配套商业、健身会所、公共食堂集中在基地东部，与二期规划商业共同呼应，形成区域级配套服务中心，辐射本基地和其他区域。三级配套为中心泛会所，通过底层架空设置泛会所，包括健康步道，安排运动场地，设置运动、商业、文化空间，打造运动休闲的健康社区（图 2.3-5）。

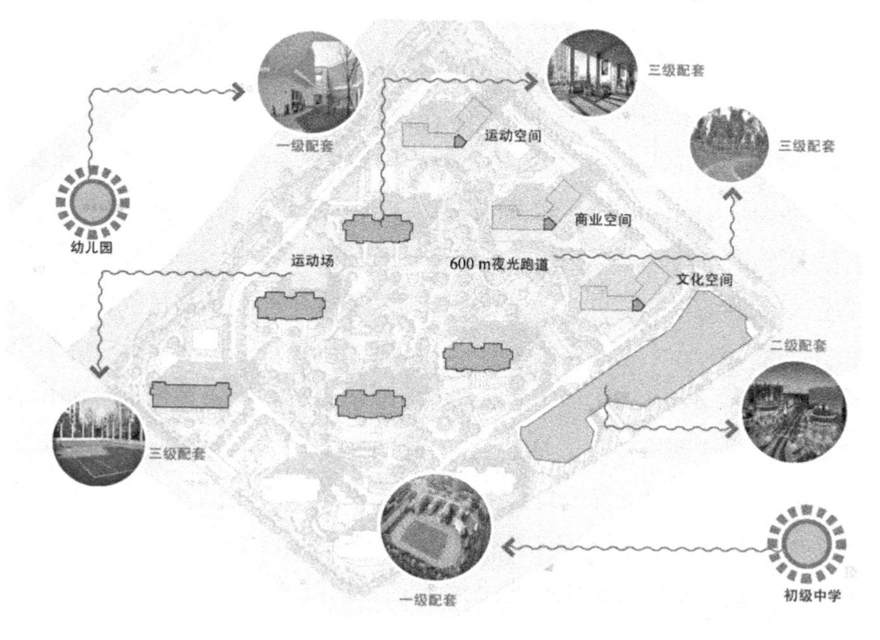

图 2.3-5 多级配套

小区分别在明辉路与吉庆路设置出入口。地下车库坡道在小区出入口就近布置，同人行流线在出入口分离。小区大外环设置临时地面停车位（图 2.3-6）。

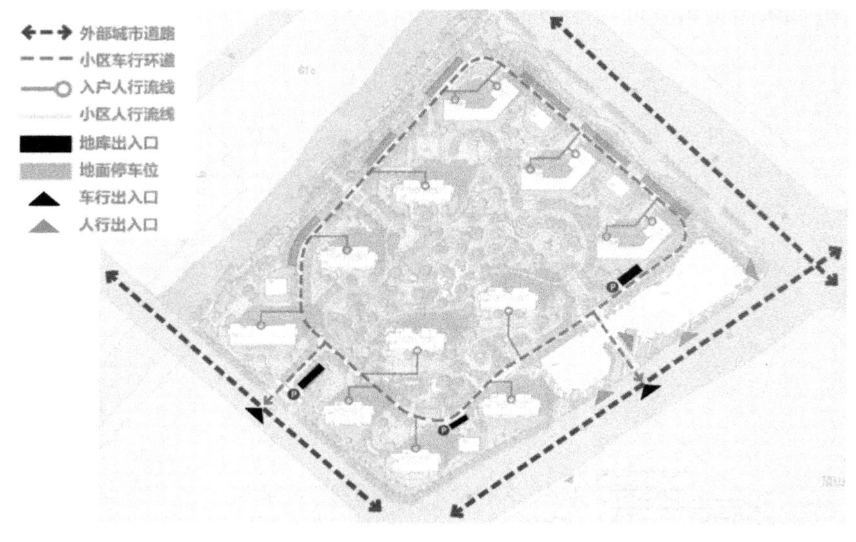

图 2.3-6　地块交通流线

2.4　项目户型

南京江北新区人才公寓（1 号地块）项目的客户类型主要集中定位为科研技术人才。根据人才分类，如针对 A 类人才，设计主要考虑 150 m^2 左右的大户型，更好地满足此类人才家庭全部的居住需求，同时设置更富有私密性的公共空间，例如空中庭院让其能够更好地得到身心的放松，同时保证一定的私密性。针对 B 类、C 类、D 类人才，设计提供了 90～150 m^2 的共有产权房，以满足此类人才不同阶段的居住需求。针对主要为刚毕业的学生的 E 类、F 类人才，设计提供的是 30～60 m^2 的公共租赁用房，满足其独立自主的居住空间。根据客户类型项目的品质需求，设计定位为舒适、绿色和健康，为客户群制定品质目标。

户型设计以不同人才的具体需求为出发点，以标准化、模块化、可变性作为基本的设计原则，最大限度地提高效率、降低成本，充分发挥工业化建造建筑的优势。从住区规划设计开始，尽量减少住宅单元户型种类，为后期单体标准化设计提供了必要的条件。

所有住宅采用 4 种标准单元，详见图 2.4-1 及表 2.4-1。标准单元一：两梯 6 户或两梯 3 户；标准单元二：两梯 4 户或两梯 2 户；标准单元三：两梯多户；标准单元四（3 号未来住宅）：两梯 4 户或两梯 6 户。同时为应对人才居住特点不断变化的需求，在户型设计上考虑了户型的可变性，所有平面套型，依据需求都能实现可分可合。两梯 6 户的标准层可根据需求变化为两梯 3 户的标准层平面，使居住舒适度大大提高，未来可在居住需求发生较大变化时，通过极小的代价进行升级改造。以此来更好地应对人才的居住需求和未来时代的持续变化。

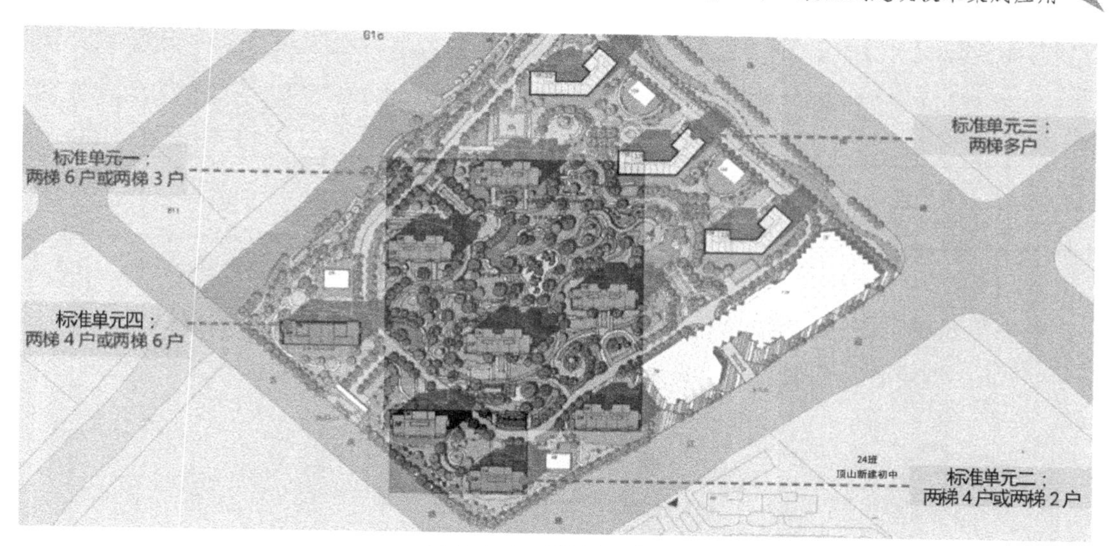

图 2.4-1 项目户型情况

表 2.4-1 户型配置情况

标准单元	组合方式	适用楼栋	楼栋数/栋
标准单元一	D+C+C+C+C+D	4 号～8 号	5
标准单元二	F+D+D+F	1 号，2 号	2
标准单元三	C+A（12 个）+C	9 号～11 号	3
标准单元四	F+D+D+F	3 号（未来住宅）	1

2.4.1 户型模块设计

本节以标准单元一两梯 6 户的模块设计为例进行分析。A1 户型采用了客餐厅一体化设计与双阳台设计，将起居室和餐厅统一设计，形成超大家庭活动空间，边户设置双阳台，将洗衣空间布置在生活阳台上，提升客厅主阳台的品质（图 2.4-2)。A2 户型采用客餐厅一体化设计、三式分离卫生间设计与超大厨房设计，将厨房与入口很好地结合（图 2.4-3)。

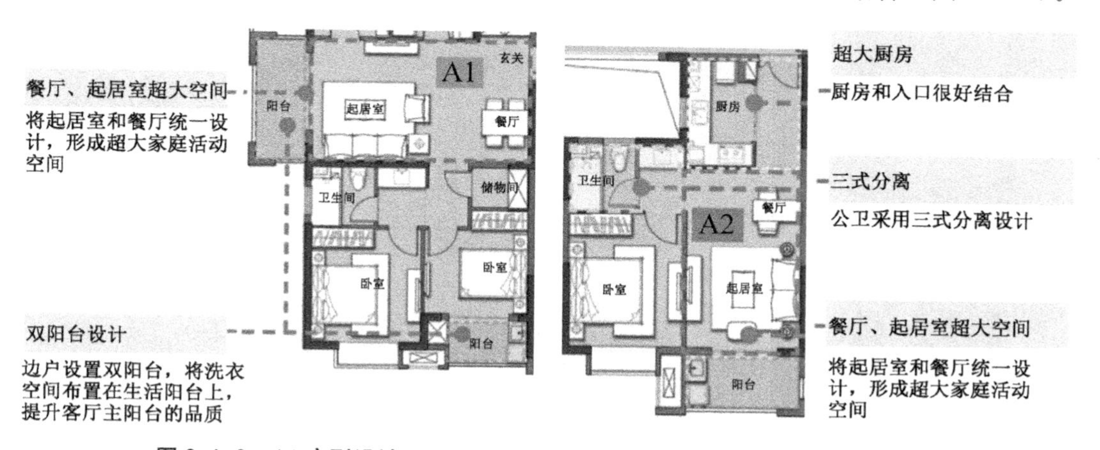

图 2.4-2 A1 户型设计

图 2.4-3 A2 户型设计

A1 户型、A2 户型参数如表 2.4-2 所示。

表 2.4-2　标准单元一户型参数

户型	套型	套内建筑面积/m^2	建筑面积/m^2	公摊面积/m^2	得房率/%	单元套内建筑面积/m^2	单元建筑面积/m^2
A1	三室两厅一卫	80.05	105.65	113.08	75.77%	353.64	466.72
A2	一室一厅一卫	48.43	63.92				

A1户型为三室两厅一卫户型，朝南两面宽，剪力墙沿着方正空间外围布置，给内部空间的布置预留足够的余地。A1户型尺寸如图2.4-4所示，A1户型空间构成如图2.4-5所示，A1户型墙肢布置如图2.4-6所示。

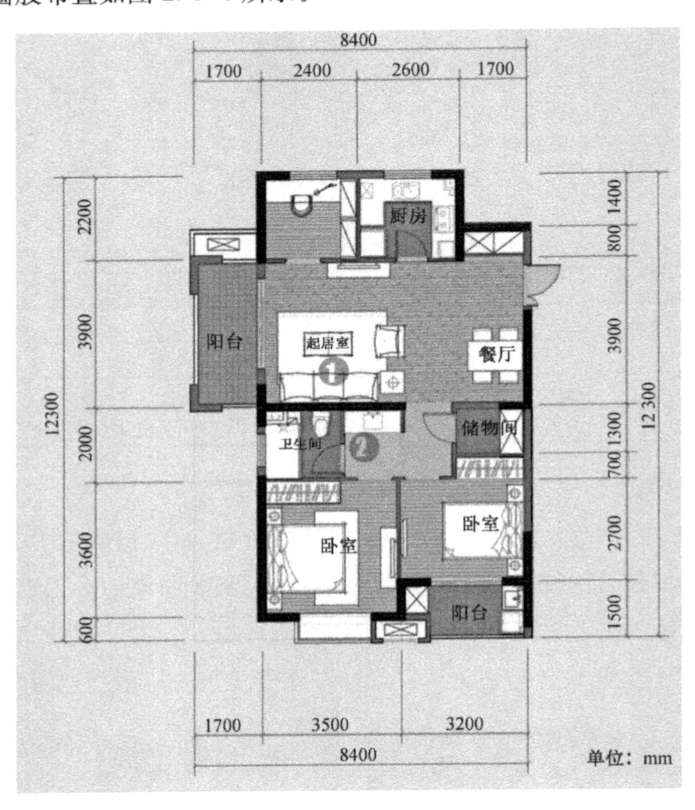

图 2.4-4　A1户型尺寸

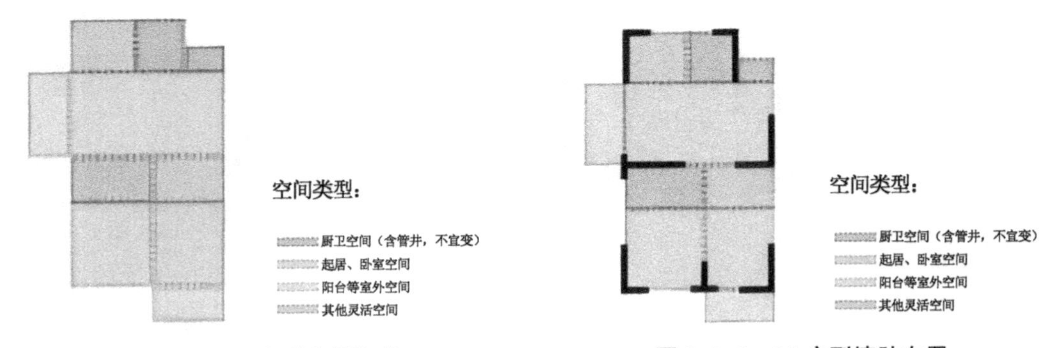

图 2.4-5　A1户型空间构成

图 2.4-6　A1户型墙肢布置

A2户型为一室一厅一卫户型，朝南两面宽，剪力墙沿着方正空间外围布置，给内部空间的布置预留足够的余地，同时注意左侧分户墙中剪力墙墙肢与A1户型的匹配。A2户型尺寸如图2.4-7所示，A2户型空间构成如图2.4-8所示，A2户型墙肢布置如图2.4-9所示。

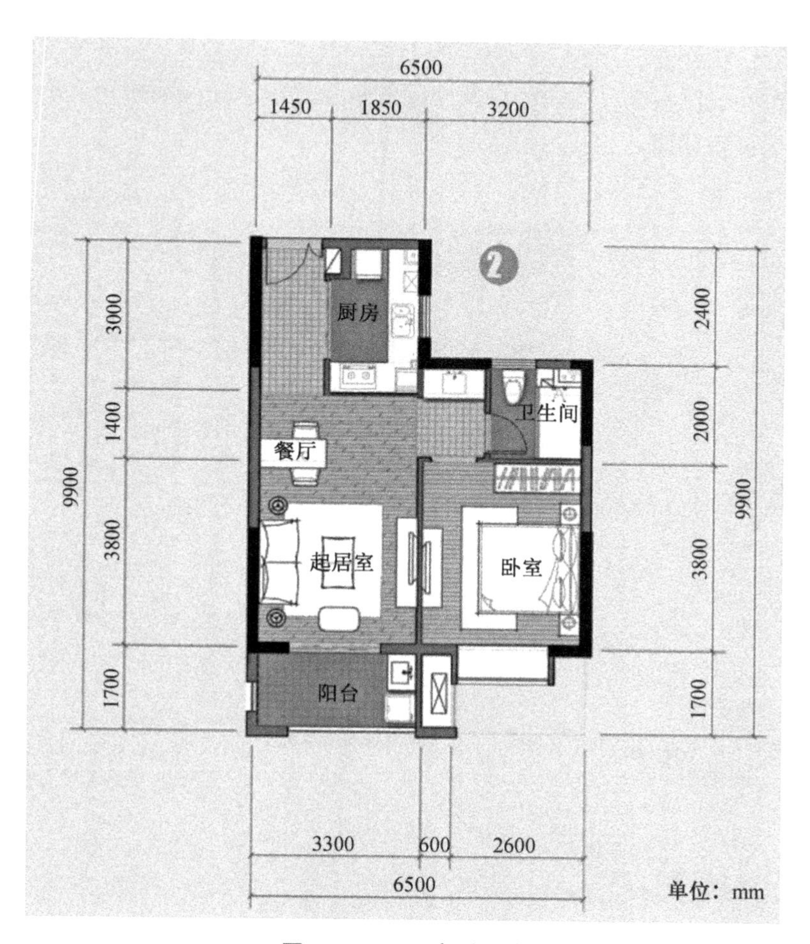

图2.4-7　A2户型尺寸

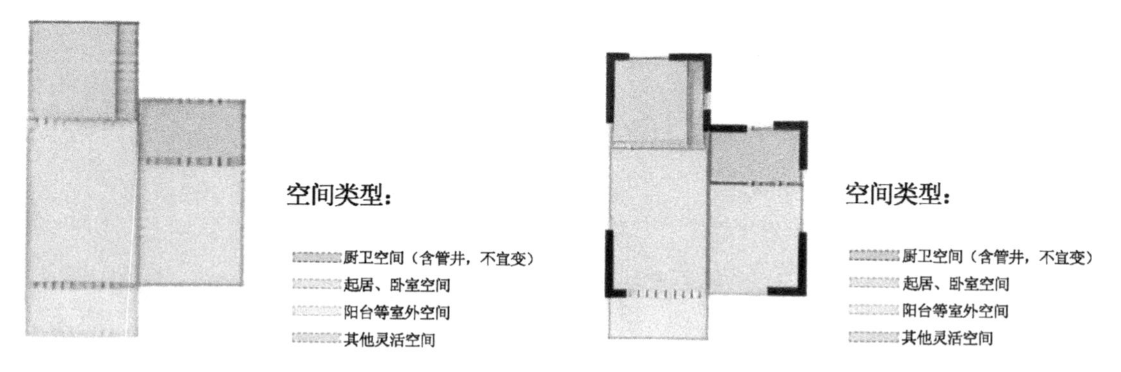

图2.4-8　A2户型空间构成

图2.4-9　A2户型墙肢布置

2.4.2 户型可变设计

在空间上，为了实现户型可变，要求基本功能单元的规整，尽量减少户型平面布局中的凹凸变化；要求厨卫等服务单元，布置在相对外围，位置尽量固定。

A1 与 A2 户型合并可形成 A3 户型。原 A1 户型中，北向厨房、书房模块重组，形成洄游式升级厨房，匹配大户型对于厨房空间的更高要求。合并原 A1、A2 户型南向面宽，升级为 4 房，提供三代同堂家庭对于居室空间的数量要求。卫生间模块、厨房管井等保持不变，户型演变过程如图 2.4-10 所示。

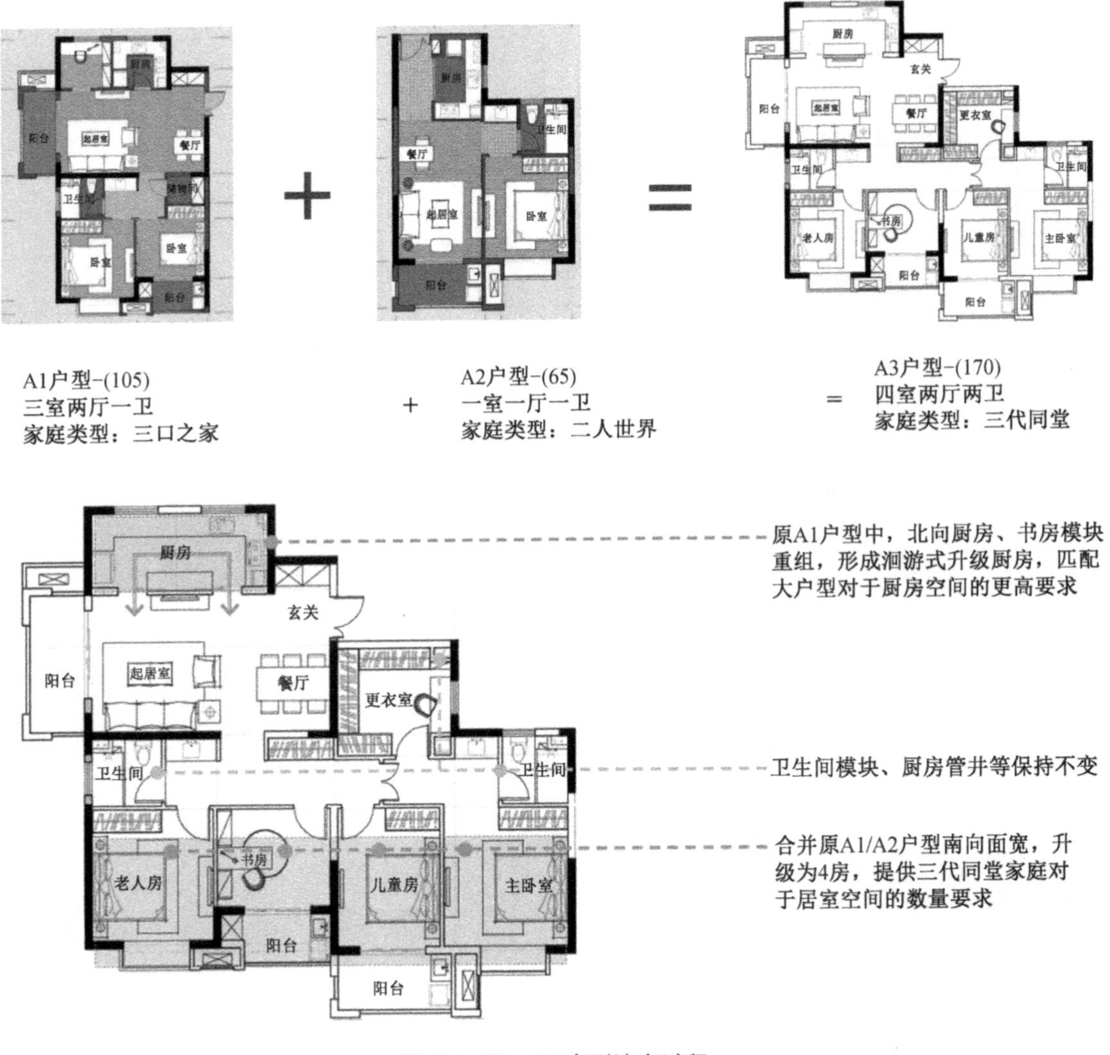

图 2.4-10 A3 户型演变过程

A2 与 A2 户型合并可形成 A4 户型，合并 A2 户型中的入户空间、厨房，形成新的餐厅空间。同时，餐厅与客厅形成一体大空间，提升户型空间尊贵感。合并两个 A2 户型中阳台，形成超大空间，提升居室与室外环境互动水平，户型演变过程如图 2.4-11 所示。

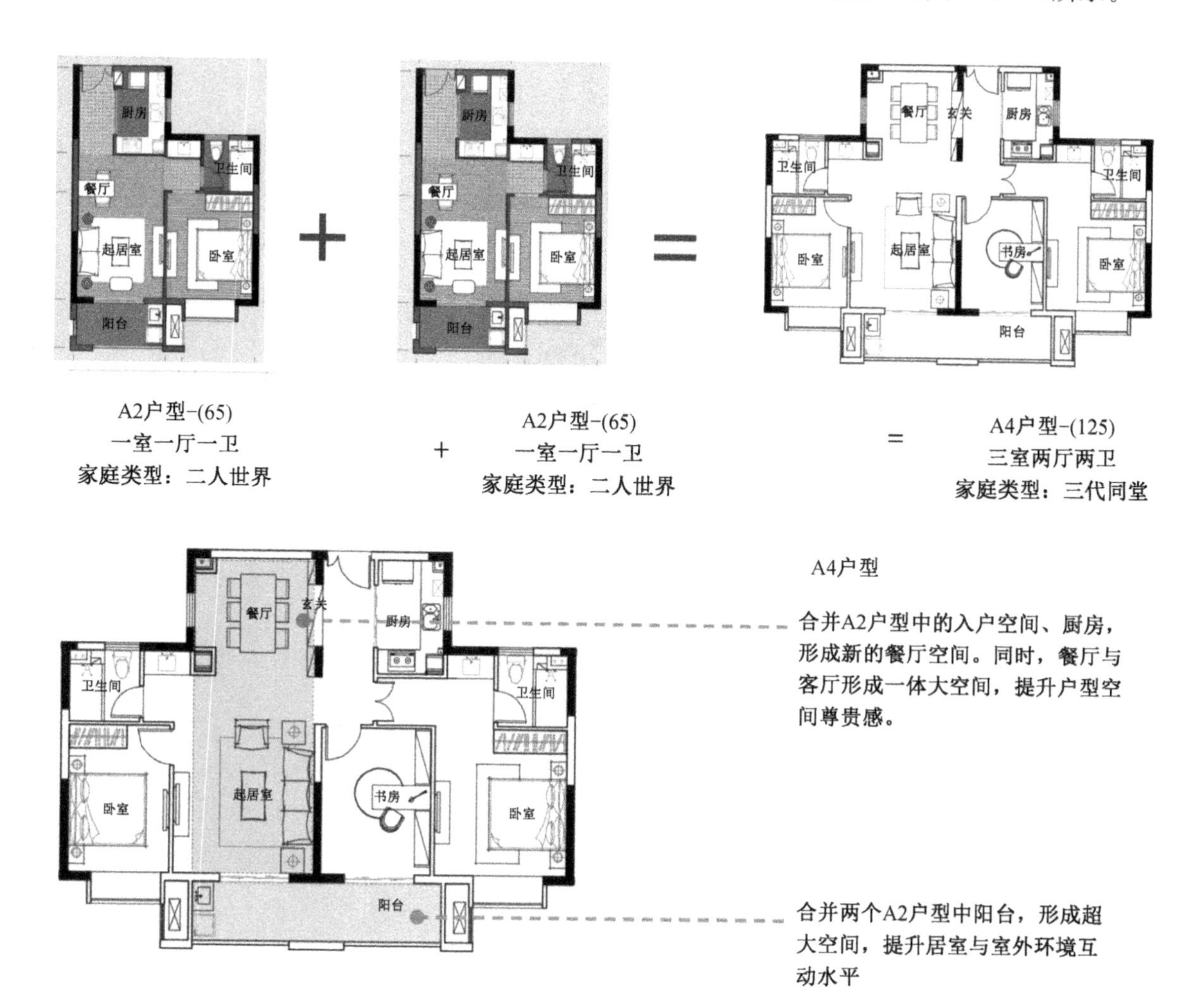

图 2.4-11 A4 户型演变过程

合并后建筑平面有原来的两梯 6 户小户型变为两梯 4 户大户型，如图 2.4-12 所示。标准单元一变化后户型参数详见表 2.4-3。

表 2.4-3 标准单元一变化后户型参数

户型	套型	套内建筑面积/m²	建筑面积/m²	公摊面积/m²	得房率/%	单元套内建筑面积/m²	单元建筑面积/m²
A3	四室两厅两卫	128.48	169.56	113.08	75.77	353.64	466.72
A4	三室两厅两卫	96.38	127.59				

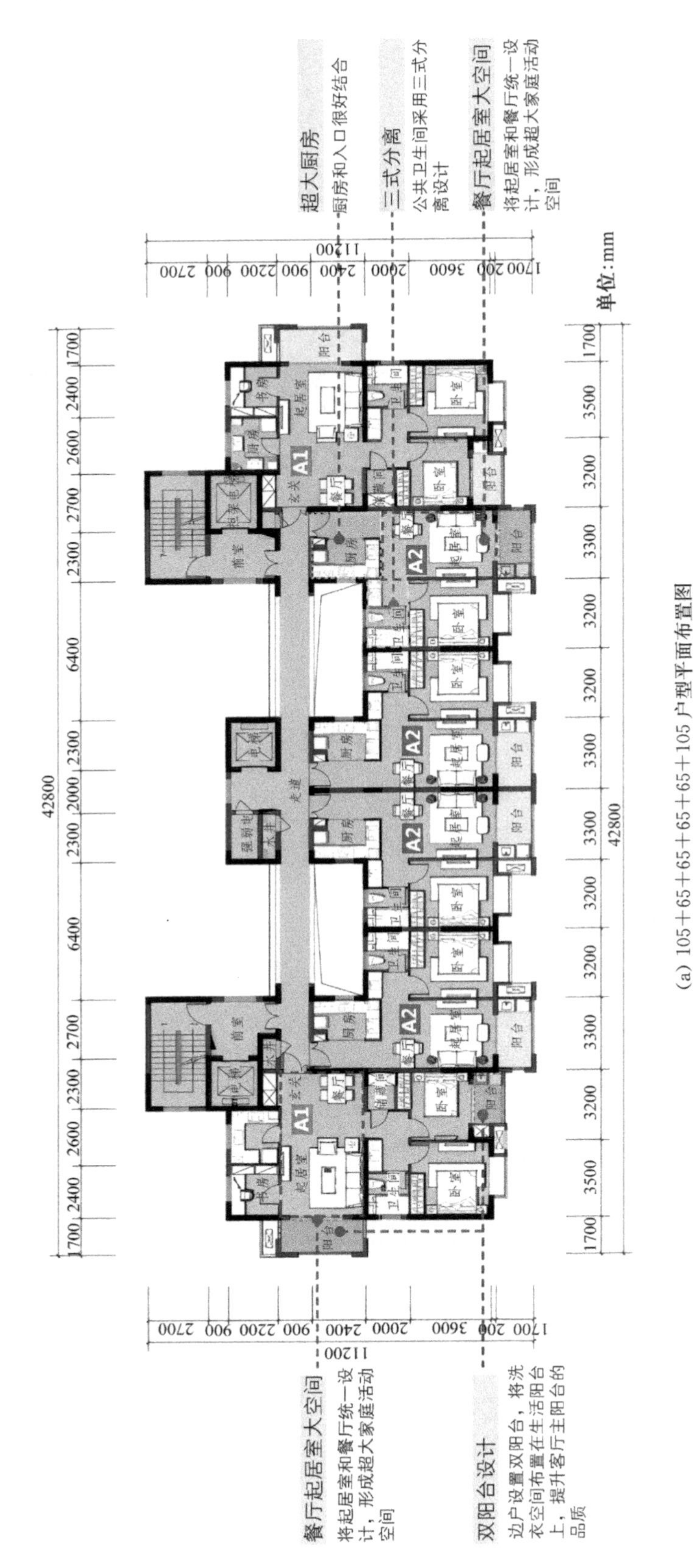

(a) 105＋65＋65＋65＋105户型平面布置图

厨房洄游流线
厨房采用洄流动线设计，布置中西厨，提升家居品质
餐厅起居室大空间
将起居室和餐厅统一设计，形成超大家庭活动空间
豪华主卧
豪华主卧配置，提升主人尊贵享受
双阳台设计
边户设置双阳台，将洗衣空间布置在生活阳台上，提升客厅主阳台的品质
私密主卧
卧室布局优化，增强了主卧私密性
餐厅起居室大空间
将起居室和餐厅统一设计，形成超大家庭活动空间
超大阳台
超长南向阳台，增强室内与室外环境的有机互动
单位：mm
42800
11200
A3
A4
起居室
餐厅
厨房
玄关
卧室
书房
卫生间
更衣室
阳台
走道
前室
电梯
水井

(b) 165＋125＋165 户型平面布置图

图 2.4-12　标准单元一户型平面布置变化图

2.5 结构体系

2.5.1 装配整体式剪力墙结构

项目 1 号、2 号、4 号～11 号楼采用装配整体式剪力墙结构，技术配置如表 2.5-1 所示。

表 2.5-1 装配式技术配置情况

系统分类		技术配置
主体结构	竖向构件	外剪力墙采用预制夹心保温剪力墙板
	水平构件	楼板采用非预应力混凝土叠合板
		阳台采用预制叠合阳台板
		楼梯采用预制混凝土梯段板
围护墙和内隔墙	外围护构件	外围预制夹心保温填充墙板
		阳台隔板采用预制混凝土阳台隔板
	内隔墙构件	成品轻质内隔墙板
		轻钢龙骨硅酸钙板
装修和设备管线		全装修
		集成式卫生间
		集成式厨房
		楼地面干式铺装
		管线分离

1 号、2 号、4 号～8 号楼预制构件应用范围如图 2.5-1 所示，其中 1 号、7 号楼标准层建筑平面图如图 2.5-2 所示，1 号、7 号楼标准层预制构件和叠合板平面布置图分别如图 2.5-3、图 2.5-4 所示，1 号、7 号楼标准层预制构件拆分图如图 2.5-5 所示，2 号、4 号、5 号、6 号、8 号楼标准层建筑平面图如图 2.5-6 所示，2 号、4 号、5 号、6 号、8 号楼标准层预制构件和叠合板平面布置图分别如图 2.5-7、图 2.5-8 所示，9 号、10 号、11 号楼标准层预制构件拆分图如图 2.5-9 所示。

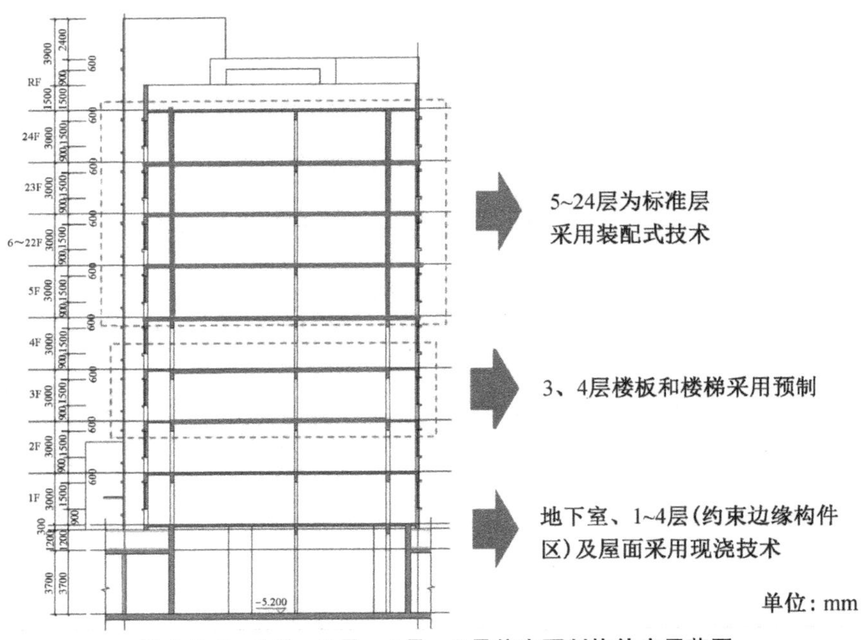
RF
24F
23F
6~22F
5F
4F
3F
2F
1F
-5.200
5~24层为标准层
采用装配式技术
3、4层楼板和楼梯采用预制
地下室、1~4层(约束边缘构件区)及屋面采用现浇技术
单位：mm

图 2.5-1 1 号、2 号、4 号～8 号住宅预制构件应用范围

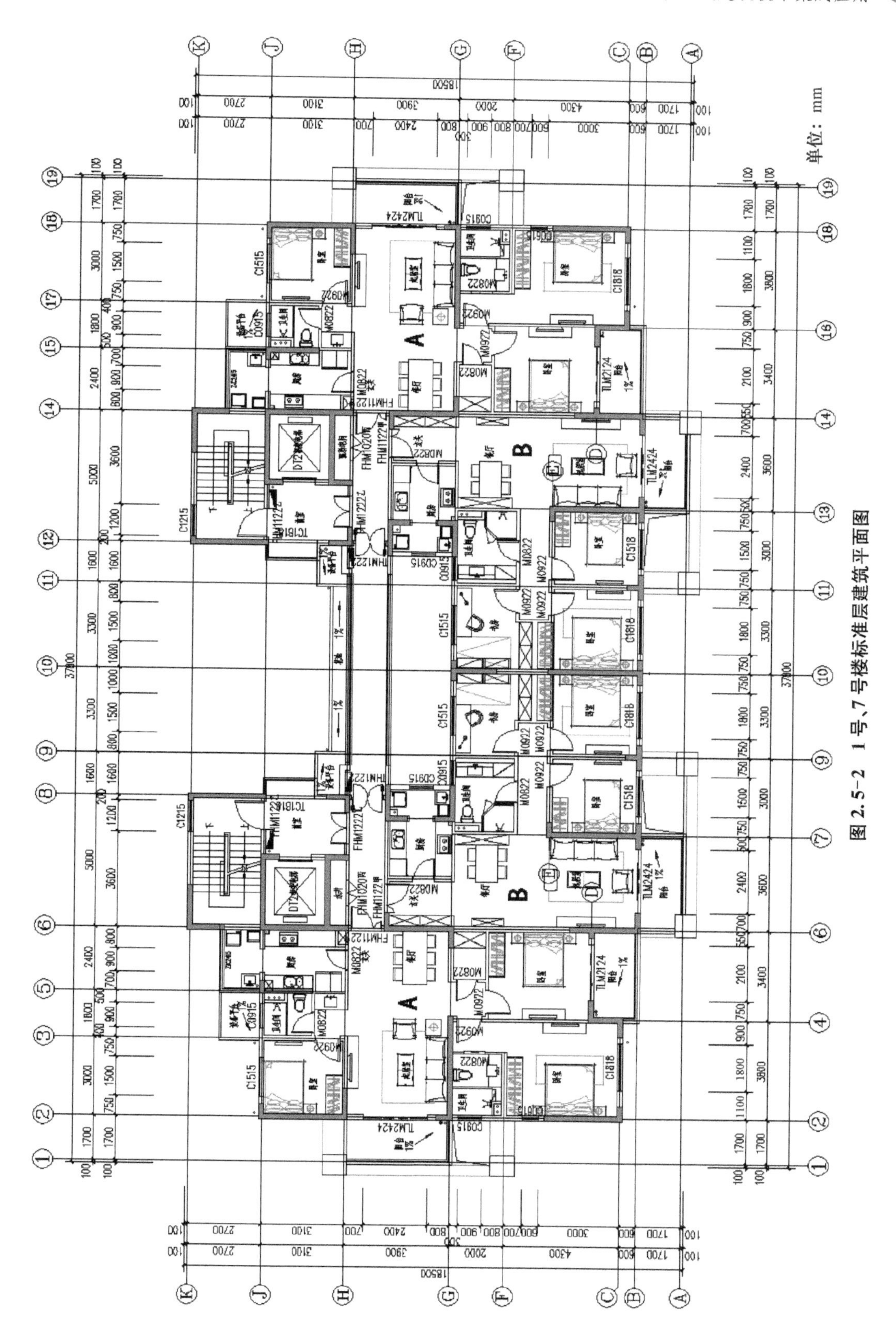

图 2.5-2　1 号、7 号楼标准层建筑平面图

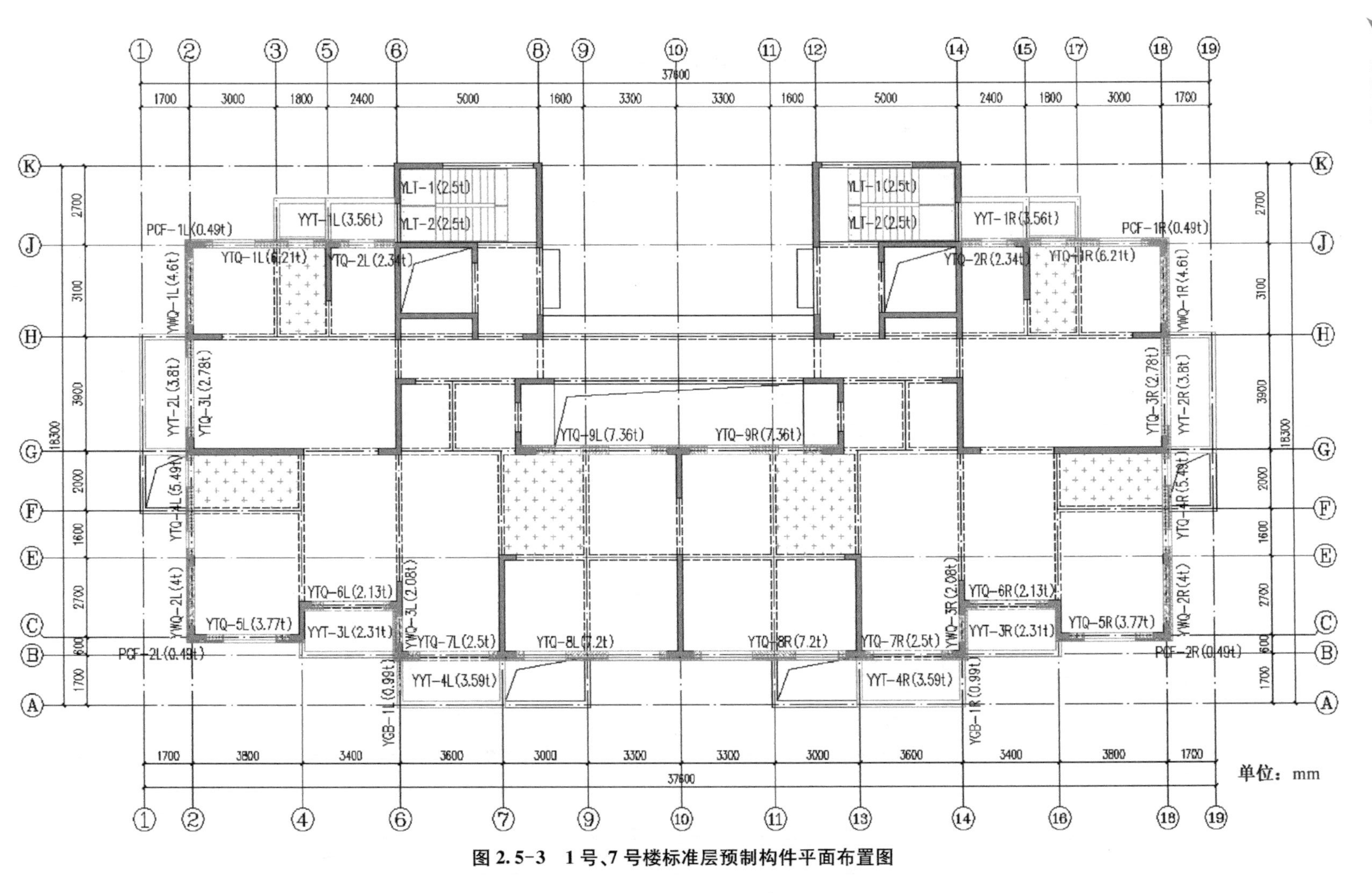

图 2.5-3　1 号、7 号楼标准层预制构件平面布置图

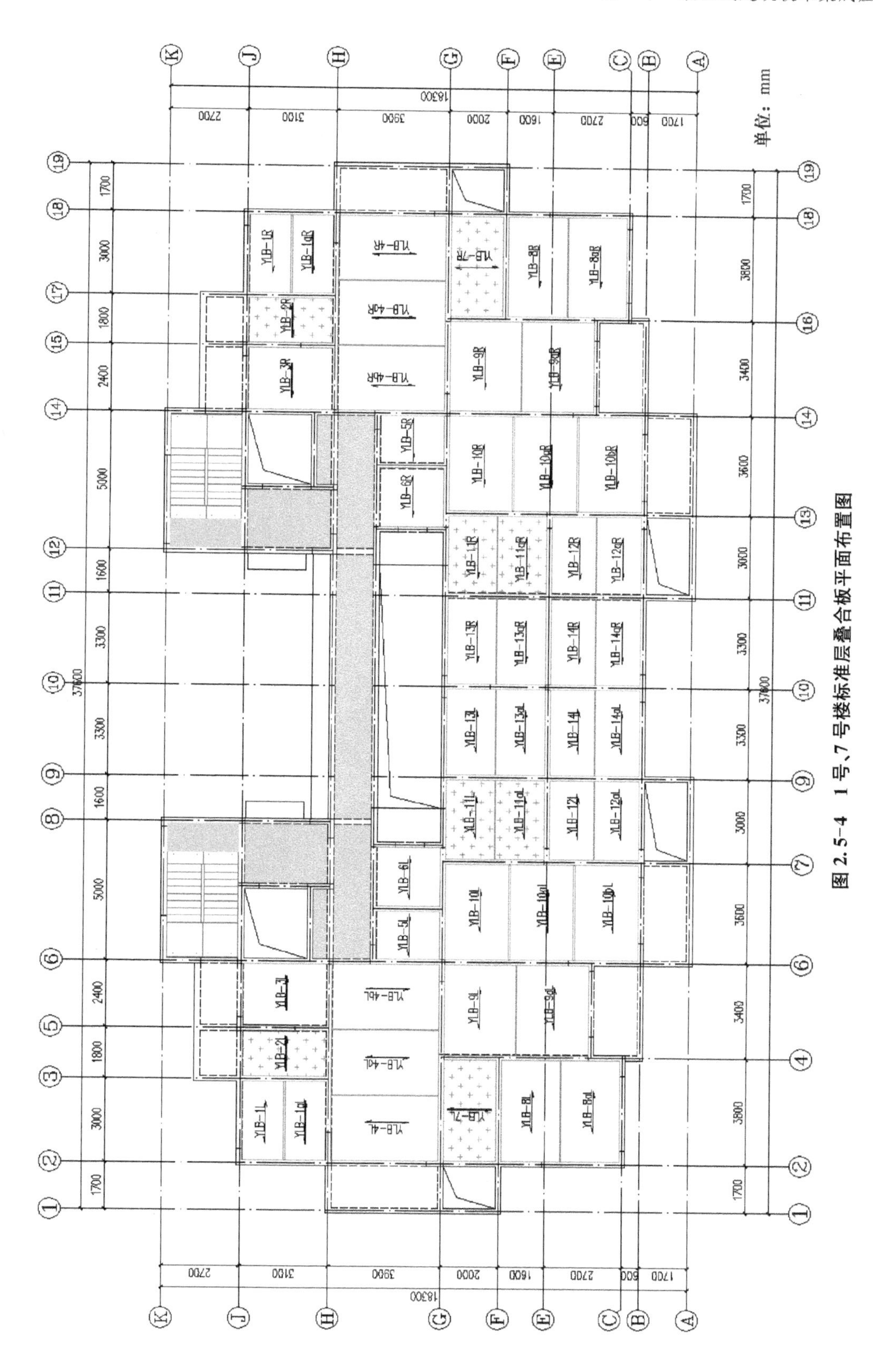

图 2.5-4　1 号、7 号楼标准层叠合板平面布置图

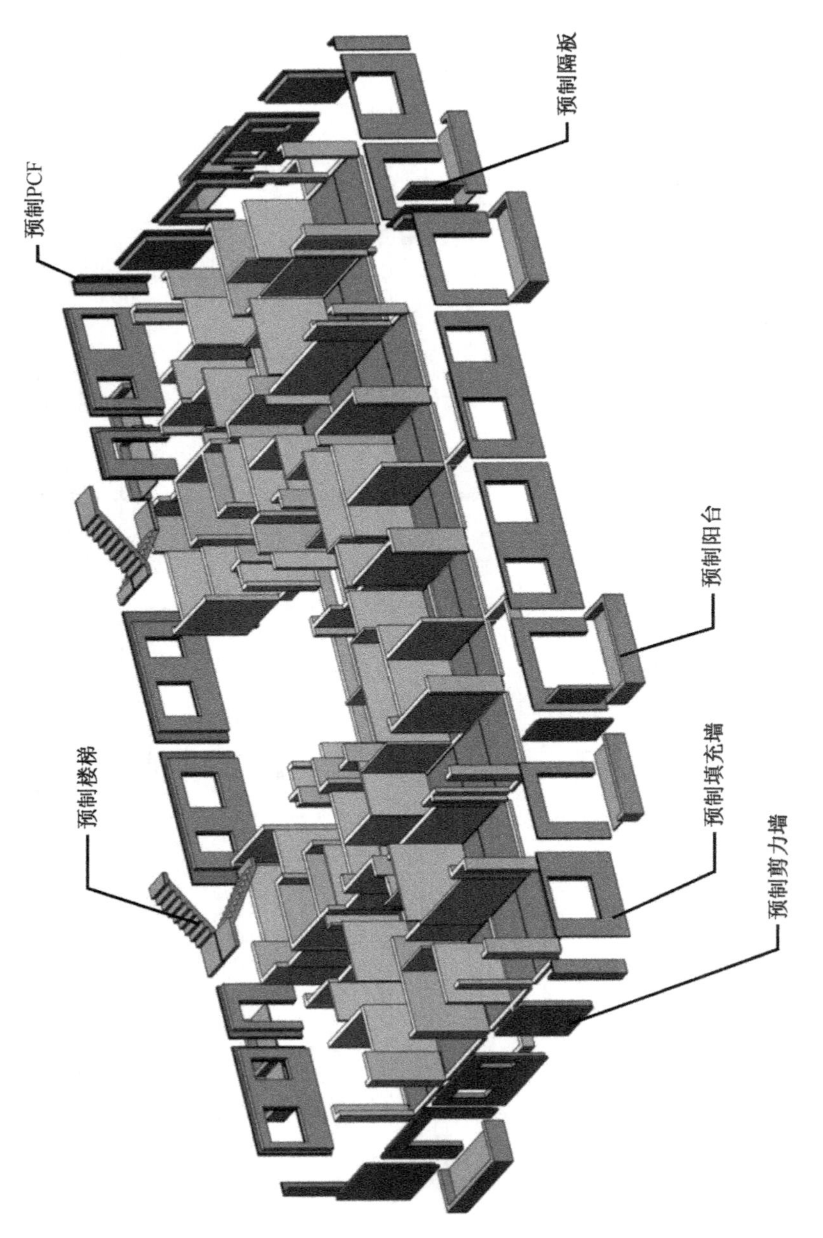

图 2.5-5　1 号、7 号楼标准层预制构件拆分图

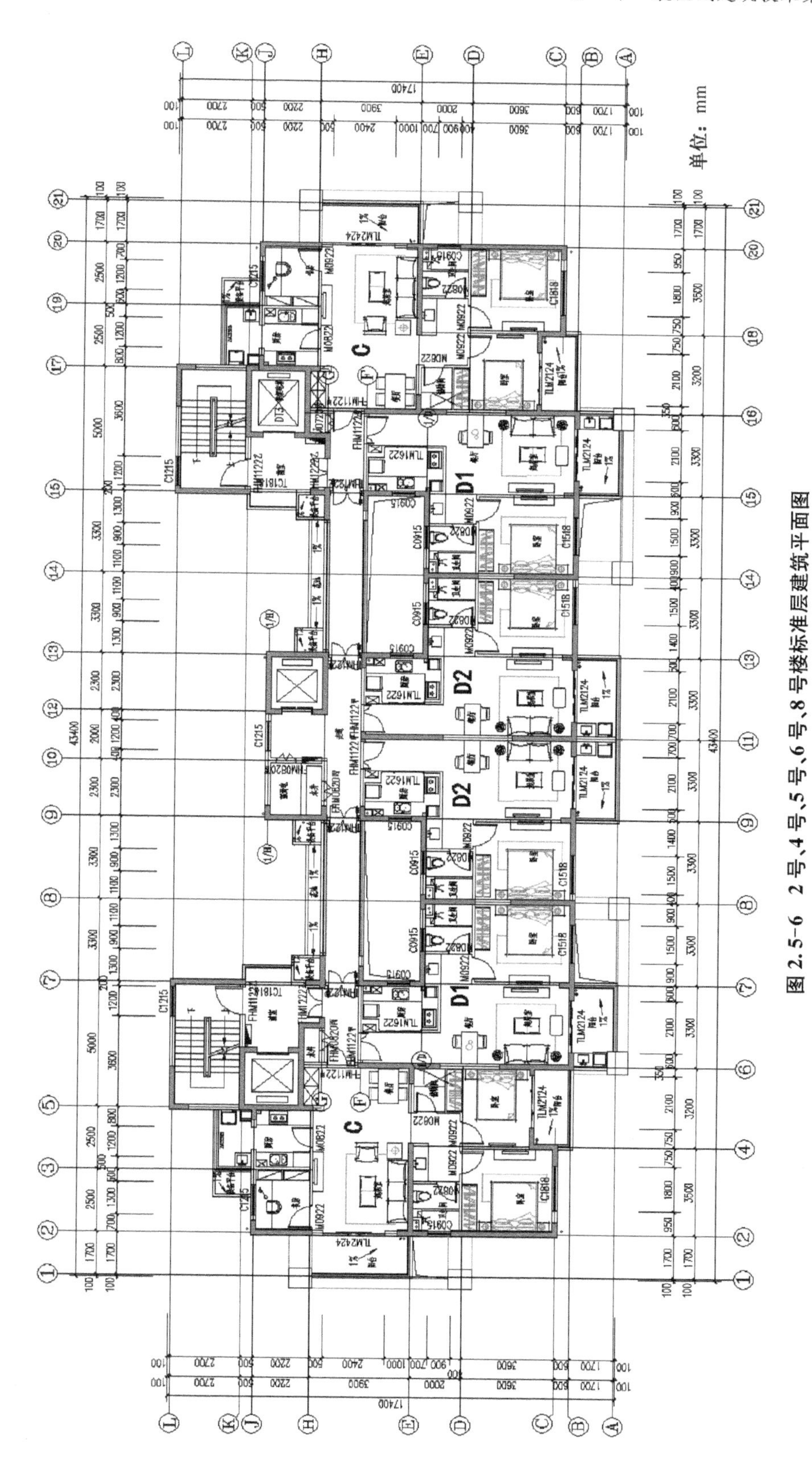

单位：mm

图 2.5-6　2 号、4 号、5 号、6 号、8 号楼标准层建筑平面图

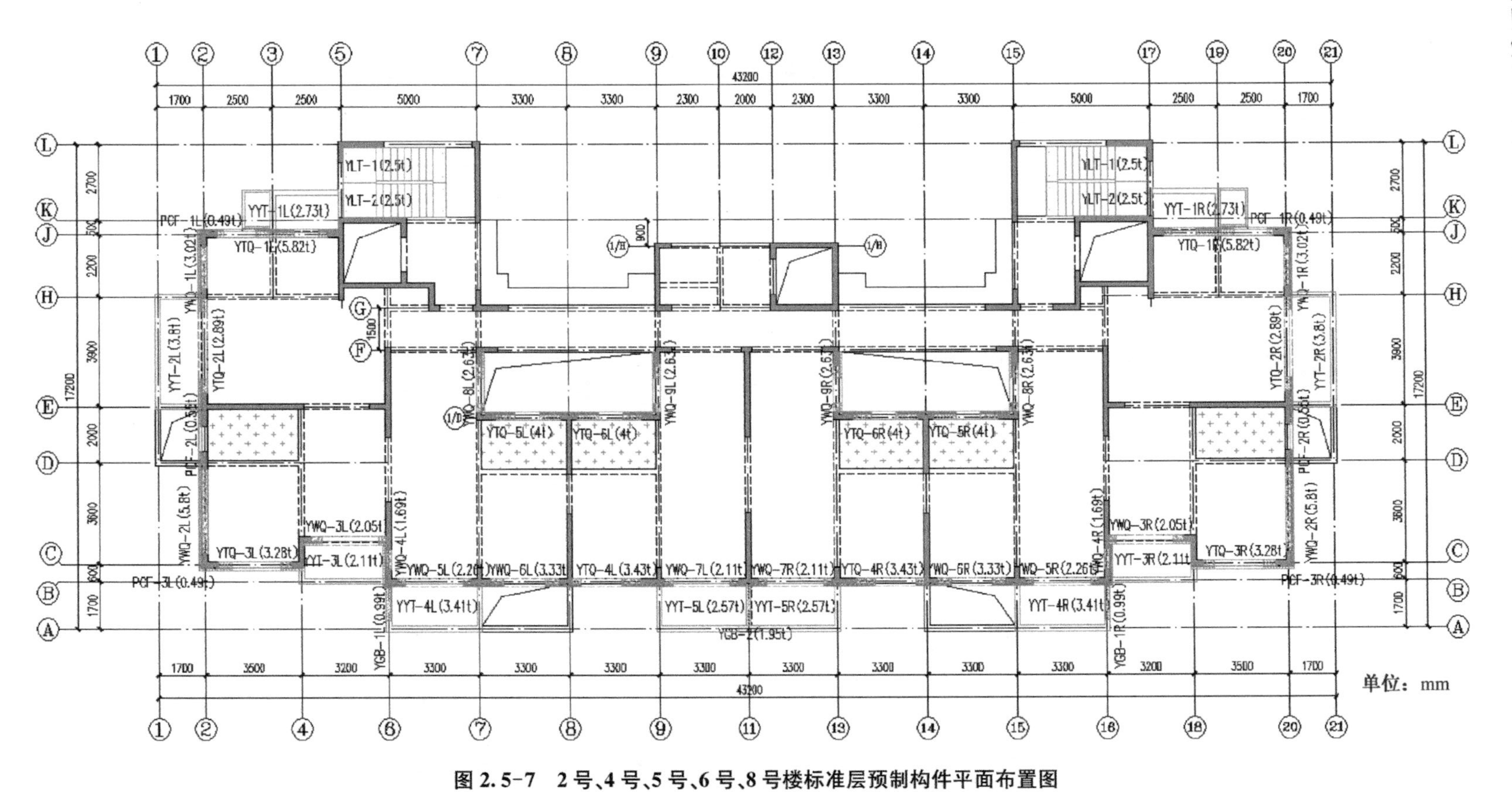

图 2.5-7　2号、4号、5号、6号、8号楼标准层预制构件平面布置图

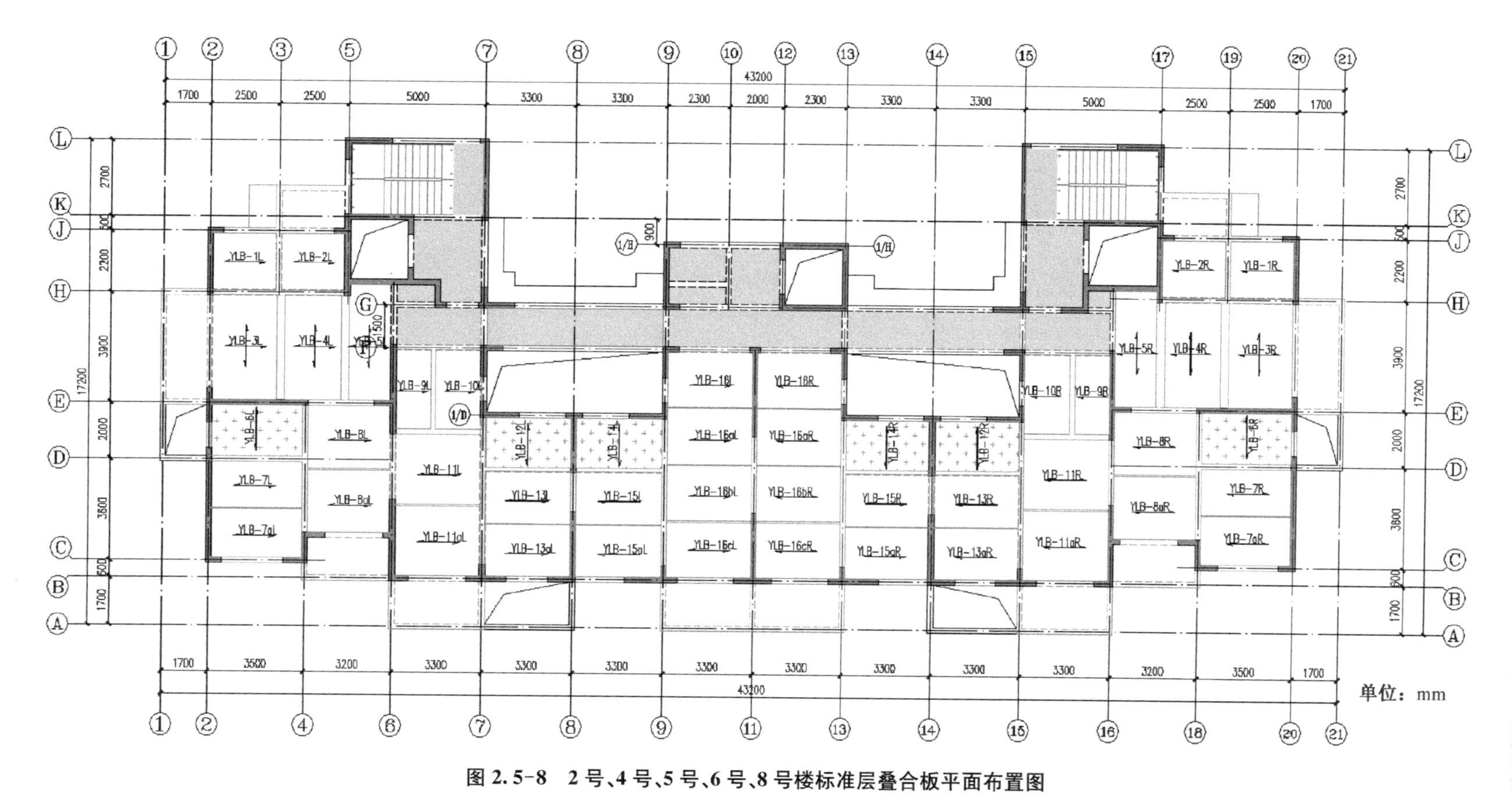

图 2.5-8　2号、4号、5号、6号、8号楼标准层叠合板平面布置图

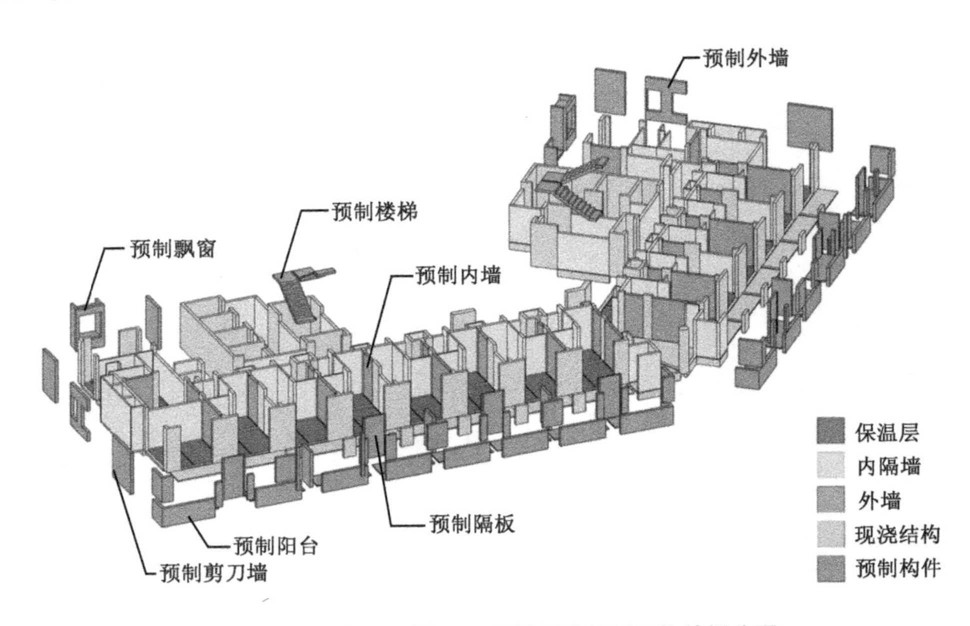

图 2.5-9　9 号、10 号、11 号楼标准层预制构件拆分图

9 号、10 号、11 号楼预制构件应用范围如图 2.5-10 所示，9 号、10 号、11 号楼标准层建筑平面图如图 2.5-11 所示，9 号、10 号、11 号楼标准层预制构件和叠合板平面布置图分别如图 2.5-12、图 2.5-13 所示，9 号、10 号、11 号楼标准层预制构件拆分图如图 2.5-14 所示。

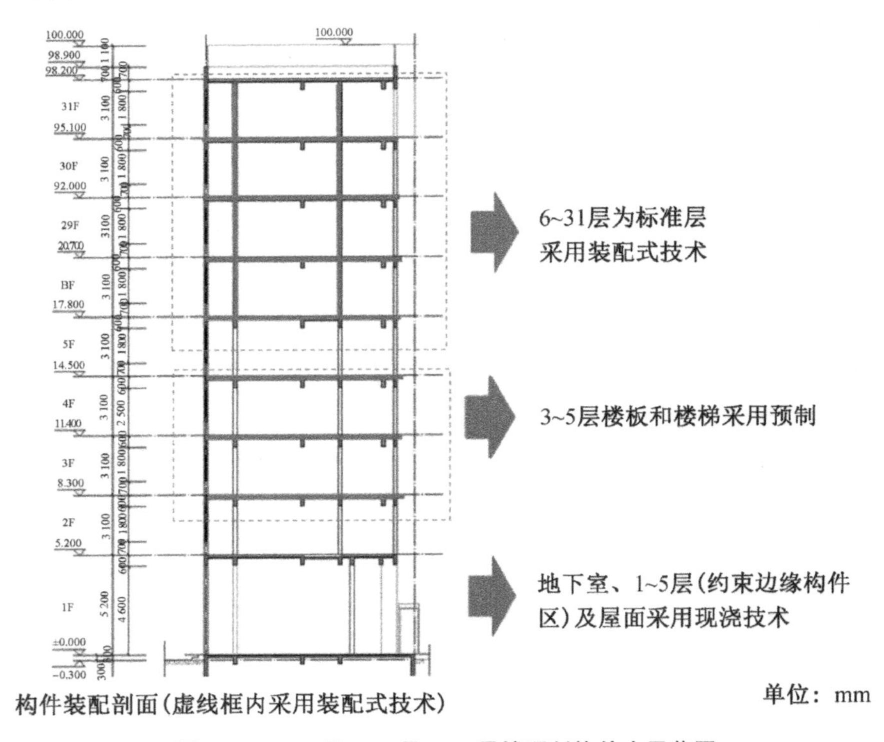

图 2.5-10　9 号、10 号、11 号楼预制构件应用范围

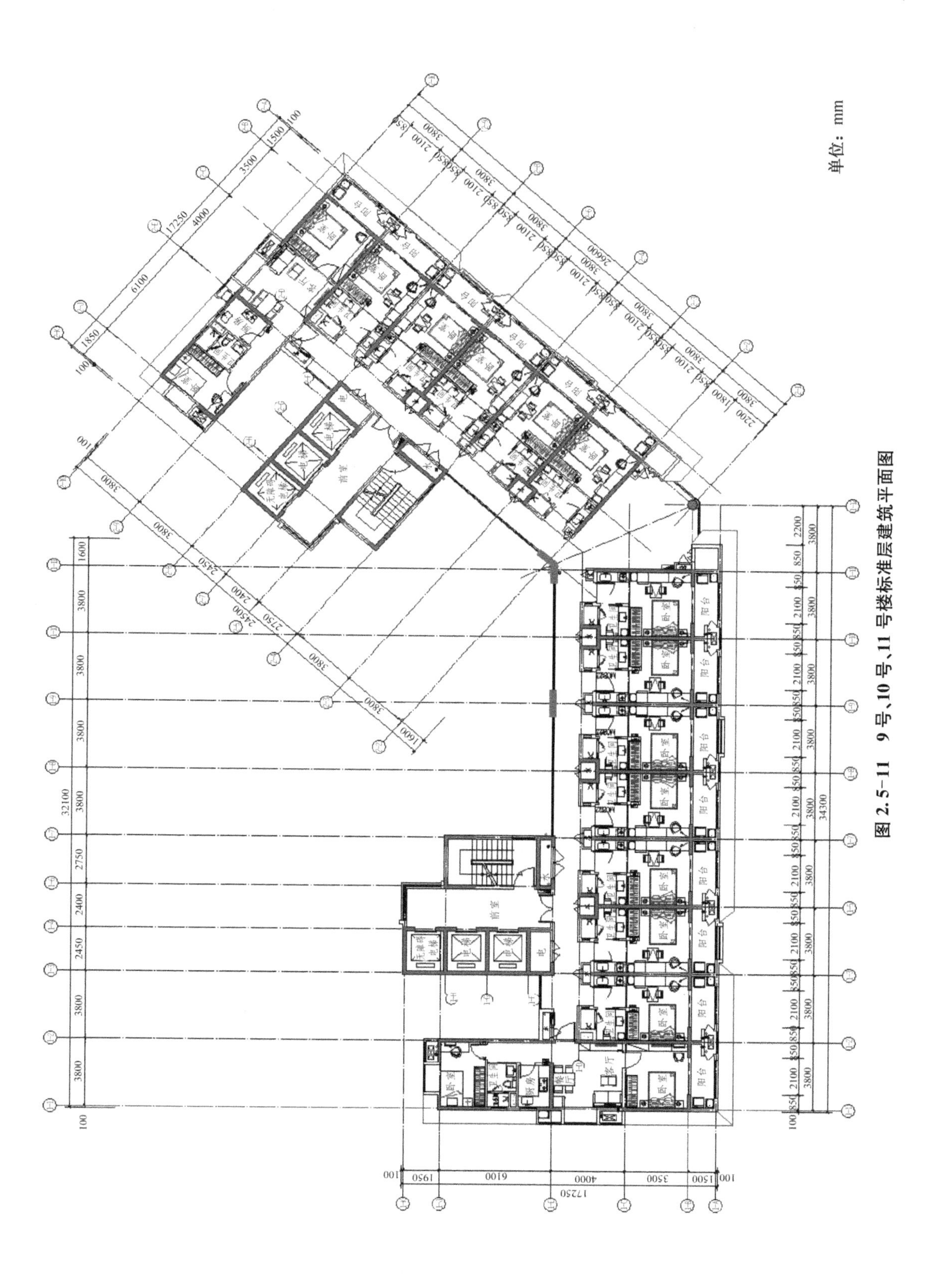

图 2.5-11　9号、10号、11号楼标准层建筑平面图

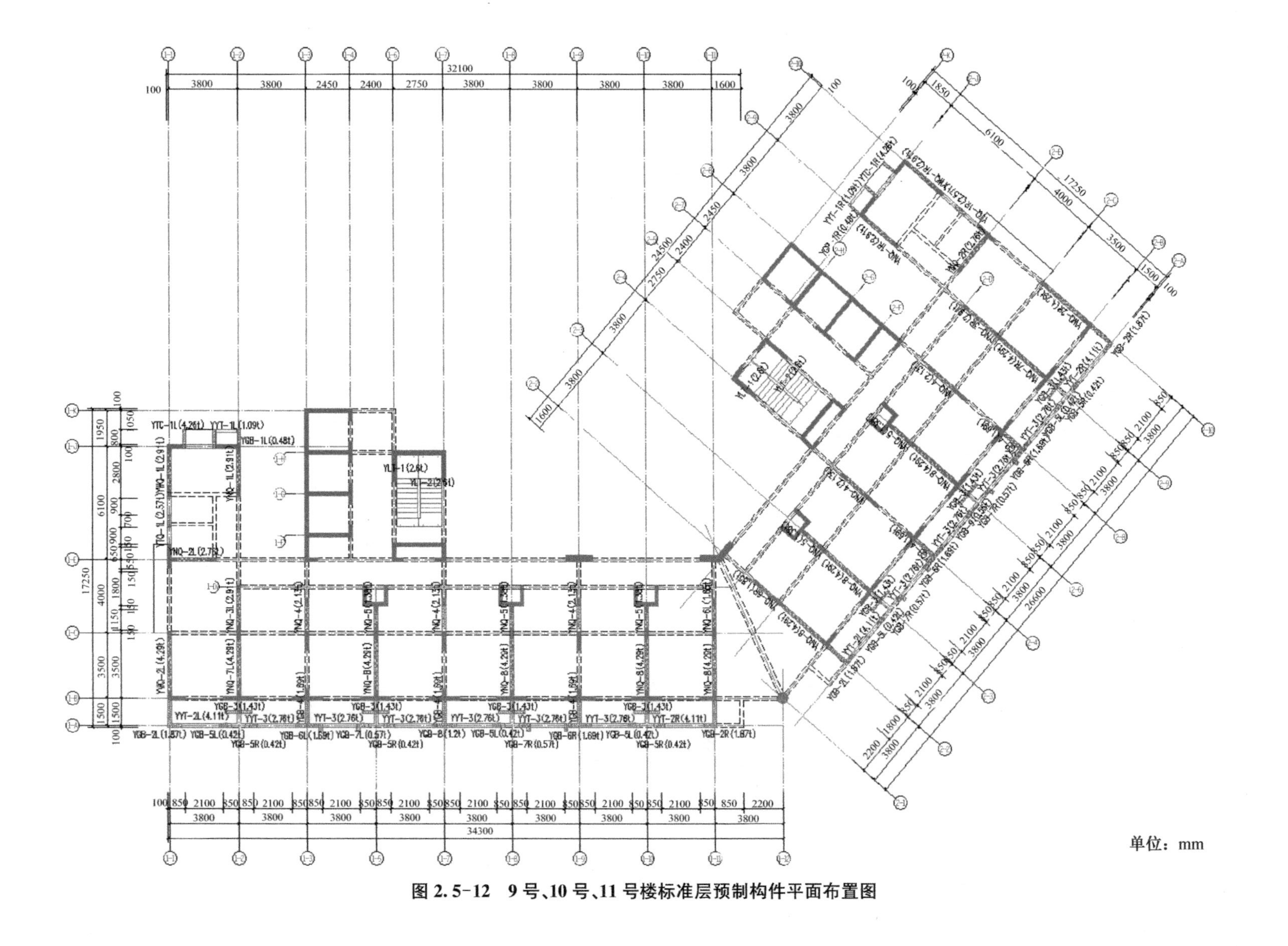

单位：mm

图 2.5-12　9 号、10 号、11 号楼标准层预制构件平面布置图

图 2.5-13　9 号、10 号、11 号楼标准层叠合板平面布置图

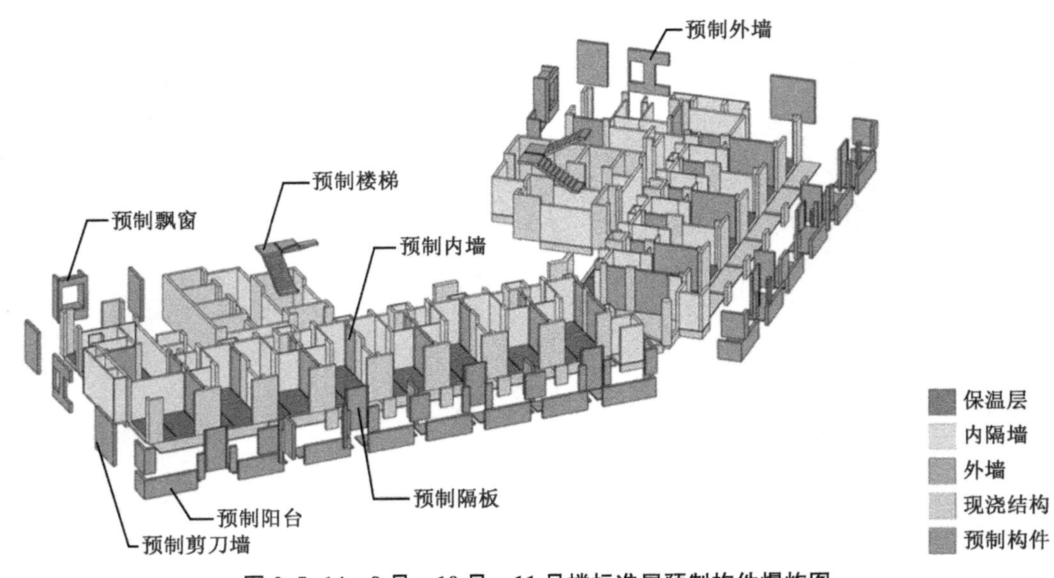

图 2.5-14　9 号、10 号、11 号楼标准层预制构件爆炸图

2.5.2　装配式钢框架—混凝土剪力墙结构

3 号楼采用钢框架—混凝土剪力墙结构体系，具有钢结构重量轻、强度高的特点，又具有钢筋混凝土结构抗震性能好、防火性能好的优点。同时，钢结构可回收再利用，空间布置得自由，形成大柱距、大开间的开放性住宅。钢结构不需要制作模板，不需要绑扎钢筋，可以加快施工速度，建造期短。3 号楼装配式技术配置情况如表 2.5-2 所示，结构三维视图如图 2.5-15 所示，结构标准层三维视图如图 2.5-16 所示，标准层结构平面布置图如图 2.5-17 所示，结构构件尺寸如表 2.5-3 所示。

表 2.5-2　3 号楼装配式技术配置情况

系统分类		技术配置选项
主体结构	竖向构件	钢管混凝土柱
	水平构件	钢梁
		钢筋桁架楼承板
围护墙和内隔墙	外围护构件	预制混凝土外墙挂墙板
		玻璃纤维增强混凝土（GRC）单元式幕墙
	内隔墙构件	轻钢龙骨石膏板隔墙
装修和设备管线		全装修
		集成式卫生间
		集成式厨房
		楼地面干式铺装
		管线分离

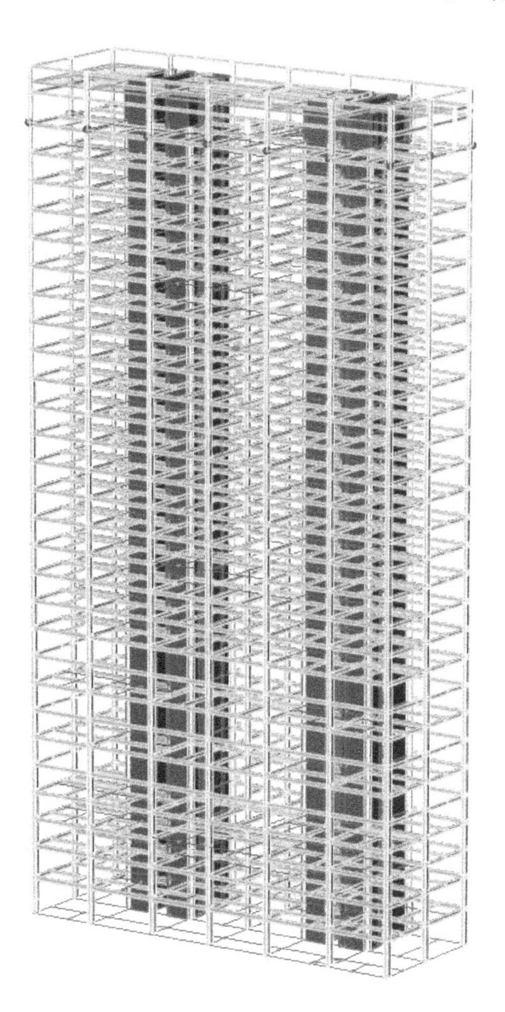

图 2.5-15　3 号楼结构三维视图

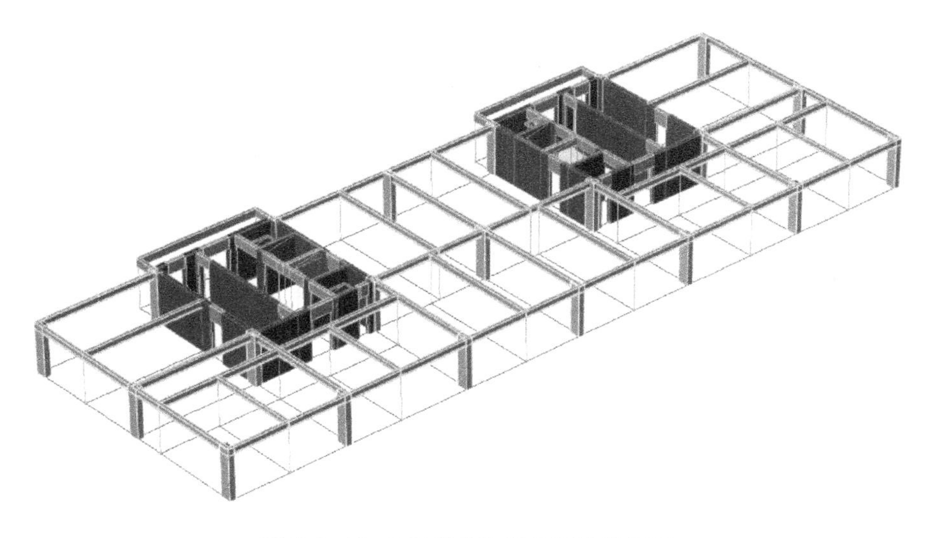

图 2.5-16　3 号楼结构标准层三维视图

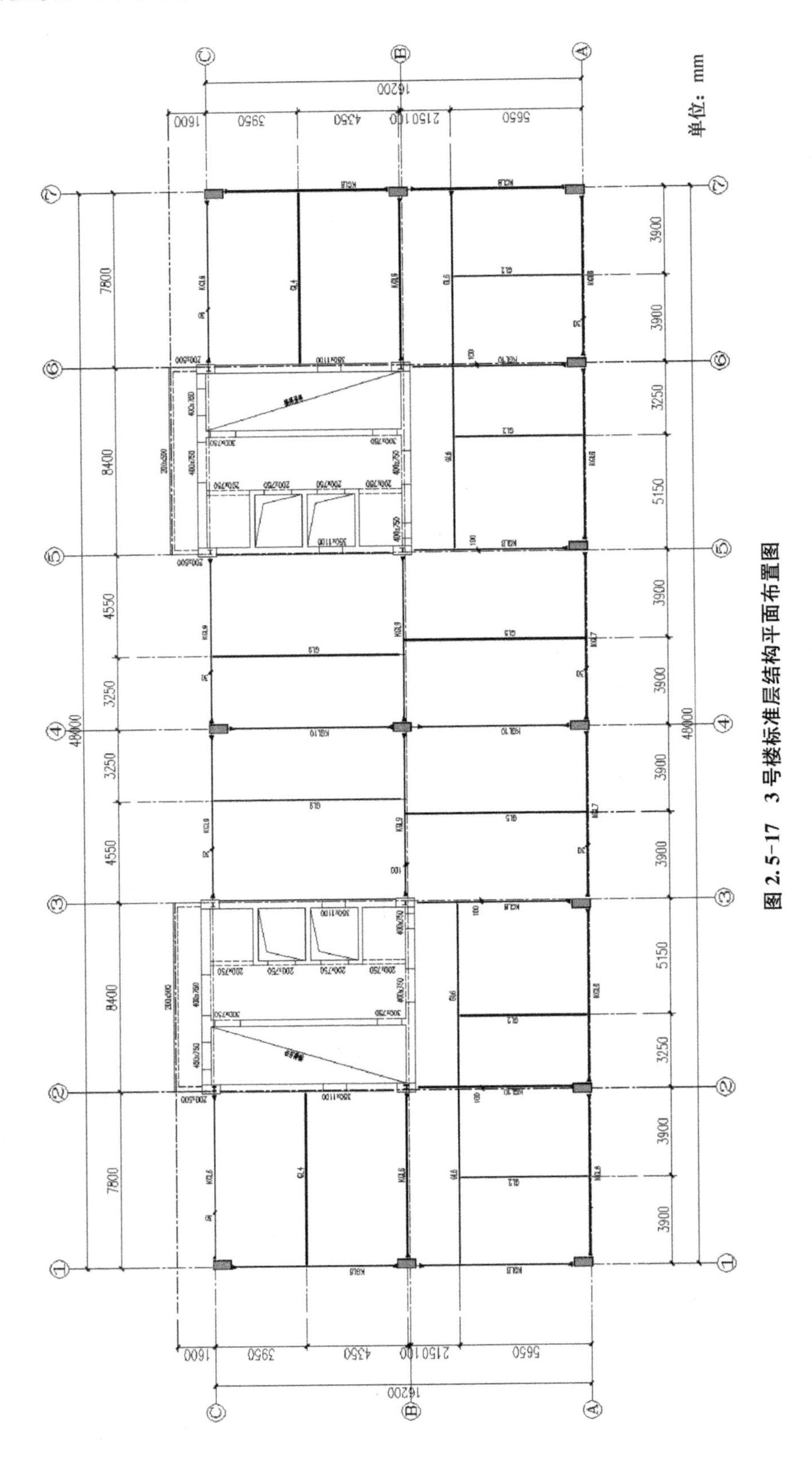

图 2.5-17　3 号楼标准层结构平面布置图

表 2.5-3　3 号楼结构构件尺寸

构件	截面尺寸/mm	材质
钢梁 1	H400×200×18×30	Q355B
钢梁 2	H300×200×10×18	Q355B
钢梁 3	H600×250×16×20	Q355B
钢梁 4	H700×300×20×30	Q355B
矩形钢管混凝土柱	H（400～500）×（700～900）×20×20	Q345B+C60～C40
型钢混凝土柱	H（500～650）×（600～800）	Q345B+C60～C40

3 号楼为百年居住建筑，与设计年限为 50 年的住宅相比，调整以下参数：(1) 根据《建筑结构可靠度设计统一标准》（GB 50068—2018）第 8.2.10 条，结构重要性系数应取 1.1。(2) 根据《建筑抗震设计规范》（GB 50011—2010）第 3.10.3 条的条文说明中给出的调整系数进行地震力的调整，放大 1.3～1.4 倍。(3)《建筑结构荷载规范》（GB 50009—2012）中根据活荷载按设计使用年限定义的标准值与按设计基准期 T（50 年）定义的标准值具有相同概率分布的分位值的原则，来确定活荷载考虑设计使用年限的调整系数，并给出了考虑设计使用年限 100 年时的调整系数取 1.1。(4) 基本雪压与基本风压均按《建筑结构荷载规范》（GB 50009—2012）中 100 年重现期取值。(5) 根据《混凝土结构设计规范》（GB 50010—2010），设计使用年限为 100 年时，混凝土保护层厚度与 50 年相比应相应提高 40%。综上，百年居住建筑结构调整参数如表 2.5-4 所示。

表 2.5-4　百年居住建筑结构调整参数

参数指标	设计使用年限 50 年	设计使用年限 100 年
钢筋保护层厚度	二 a 类环境下，墙和板保护层厚度取 20 mm，梁和柱保护层厚度取 25 mm	设计使用年限 50 年时的 1.4 倍；a 类环境下，墙和板保护层厚度取 28 mm，梁和柱保护层厚度取 35 mm
活荷载取值	设计使用年限调整系数取 1.0	设计使用年限调整系数取 1.1
地震作用取值	全楼地震作用放大系数取 1.0	全楼地震作用放大系数取 1.4
基本风压	0.40 kN/m^2	0.45 kN/m^2
基本雪压	0.65 kN/m^2	0.75 kN/m^2

3 号楼核心筒剪力墙采用现浇钢筋混凝土剪力墙，基础采用桩筏基础，柱采用矩形钢管混凝土柱和型钢混凝土柱，钢梁采用焊接 H 型钢梁和悬臂段栓焊刚接连接方式，必要时为实现“强柱弱梁”，可采取加焊盖板和犬骨式梁端连接等措施。H 型钢梁之间刚接，采用栓焊刚接连接方式。3 号楼钢梁与钢管混凝土柱节点如图 2.5-18 所示，钢梁与剪力墙连接节点如图 2.5-19 所示，主次梁连接节点如图 2.5-20 所示。3 号楼柱脚节点图如

2.5-21 所示，钢筋桁架楼承板与钢梁连接节点如图 2.5-22 所示，钢筋桁架楼承板与墙连接节点如图 2.5-23所示。

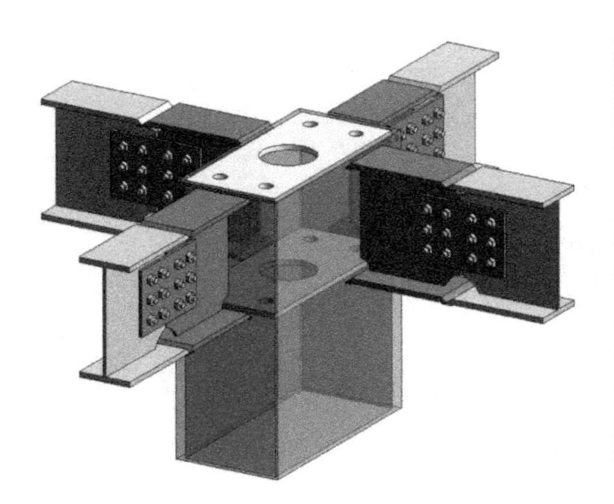

图 2.5-18　3 号楼钢梁与钢管混凝土柱节点

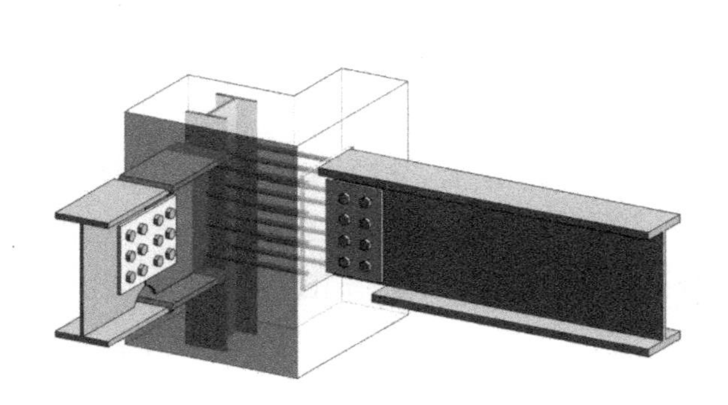

图 2.5-19　3 号楼钢梁与剪力墙连接节点

图 2.5-20　3 号楼主次梁连接节点

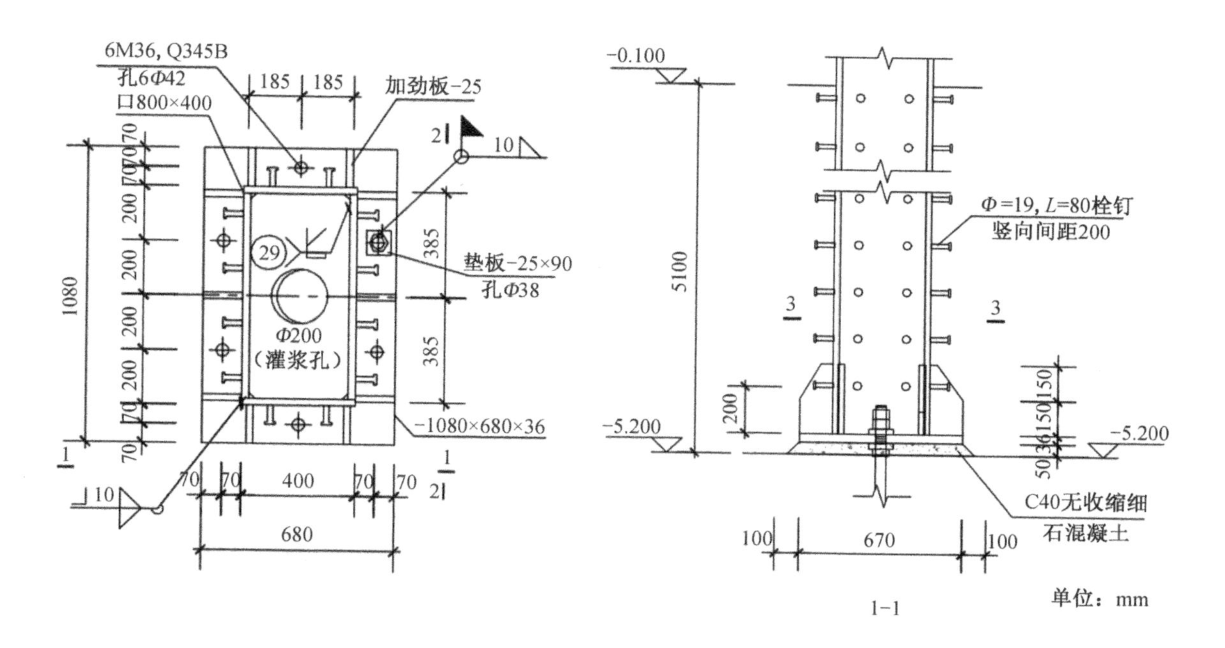

图 2.5-21　3 号楼柱脚节点图

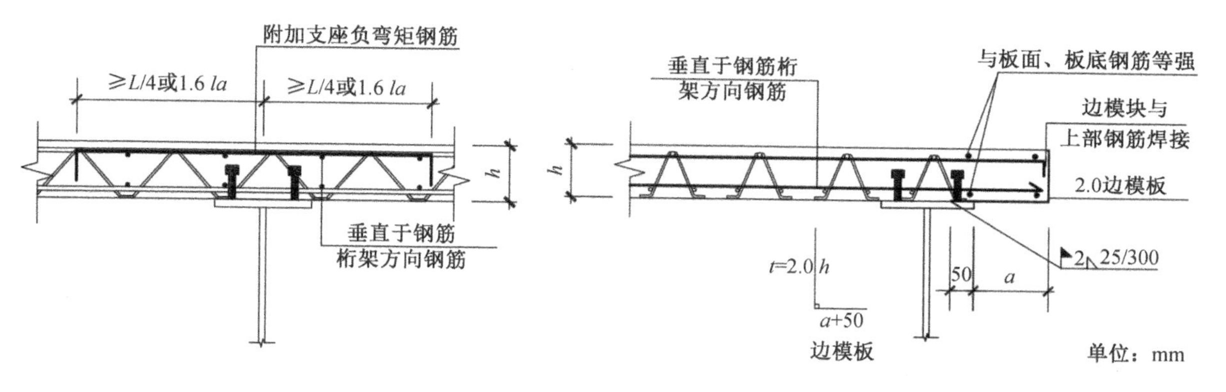

图 2.5-22　3 号楼钢筋桁架楼承板与钢梁连接节点

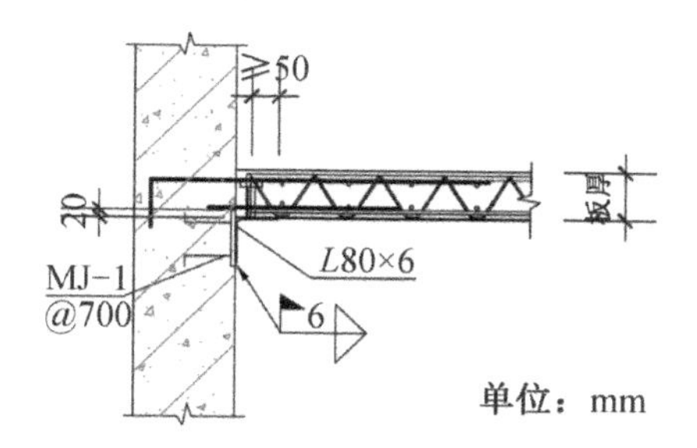

图 2.5-23　3 号楼钢筋桁架楼承板与墙连接节点

2.5.3 装配式木结构

12 号楼社区中心建筑采用木结构体系，并将其形态“再还原”成树木枝干，构成“人工树林”，将自然元素引入城市空间；结合建筑流线，设置室外阶梯剧场，构筑社区文化焦点，引导社会交往。设置空气监测系统（与新风联动）、智能照明系统、中庭智能天窗系统，主动感知自然，实现自动调节。通过采用当代工程木材料和新的连接方式，将木结构的形态“再还原”成树木枝干，并将所支撑的太阳能光伏屋架意象为“树冠”，既体现了结构与自然材料的特点，又为置身于建筑内部的人们营造出一种仿佛身处森林之中的空间意象，以及为社区生活提供一片体味自然的天地（图 2.5-24、图 2.5-25）。

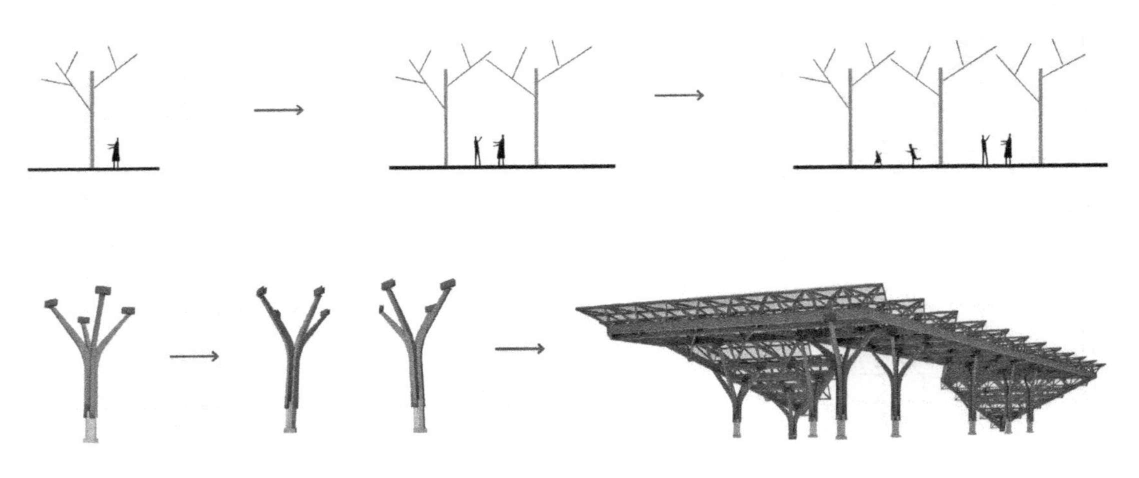

图 2.5-24　12 号楼设计演变图

图 2.5-25　12 号楼效果图

12 号楼社区中心为木框架—剪力墙结构（图 2.5-26），分左右两个部分，左侧地上为三层木结构建筑（图 2.5-27），总高度为 14.7 m，建筑长度为 44.3 m，宽度为 34 m，其竖向荷载由屋面、楼面传至木框架，再传至基础；横向荷载（包括风荷载和地震作用）由水平楼、屋盖体系、木剪力墙承受，最后传至基础。右侧为钢框架结构＋木屋盖组成，总高度 14.7 m，建筑长度 18 m，宽度 9 m，其竖向荷载与横向荷载均由钢框架承受。屋面采用 2×4（38 mm×89 mm）和 2×6（38 mm×140 mm）规格的云杉-松木-冷杉（SPF）板材拼接而成，间距 610 mm。楼板格栅部分采用 300 mm 间距的平行弦桁架，部分采用 SPF 楼面格栅，楼板板采用 15 mm 的定向结构刨花板（OSB）。

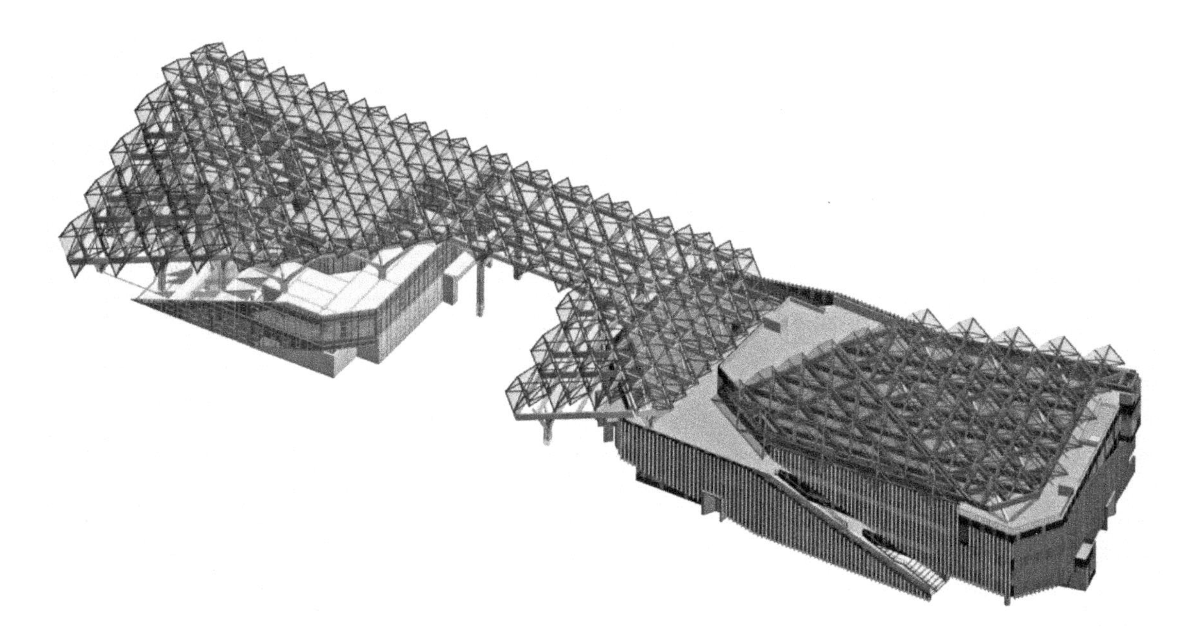

图 2.5-26　12 号楼木结构效果图

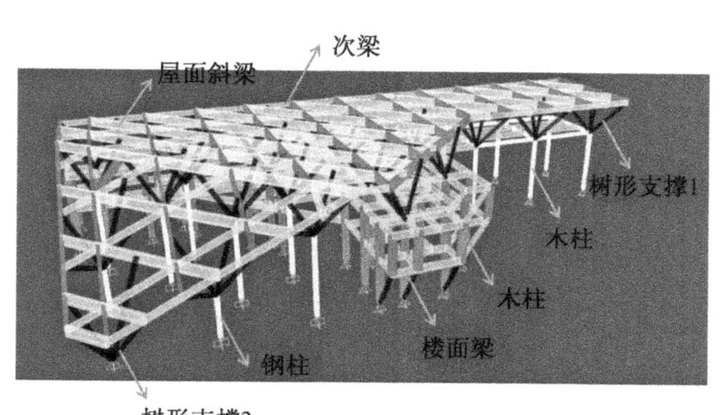

图 2.5-27　12 号楼木结构构件示意

12 号楼装配式技术配置情况如表 2.5-5 所示。

表 2.5-5　12 号楼装配式技术配置情况

系统分类	技术配置选项
竖向构件	木柱
	木支撑
水平构件	木梁
	木楼面、屋面
装配式外围护构件	玻璃幕墙
装配式内隔墙	木隔断墙
装配式内装	成品栏杆
	土建装修一体化设计

12 号楼主要木构件尺寸如表 2.5-6 所示。

表 2.5-6　12 号楼主要木构件尺寸

单位：mm

构件	截面尺寸 $b \times h$
木柱	600×600
钢柱	400×400
楼面梁	300×700
屋面斜梁	300×800
树形支撑 1	250×350
树形支撑 2	200×200

12 号楼竖向支撑拆分图如图 2.5-28 所示，竖向支撑节点构造如图 2.5-29 所示，十字形木柱底部连接构造如图 2.5-30 所示，木柱与梁连接节点如图 2.5-31 所示。

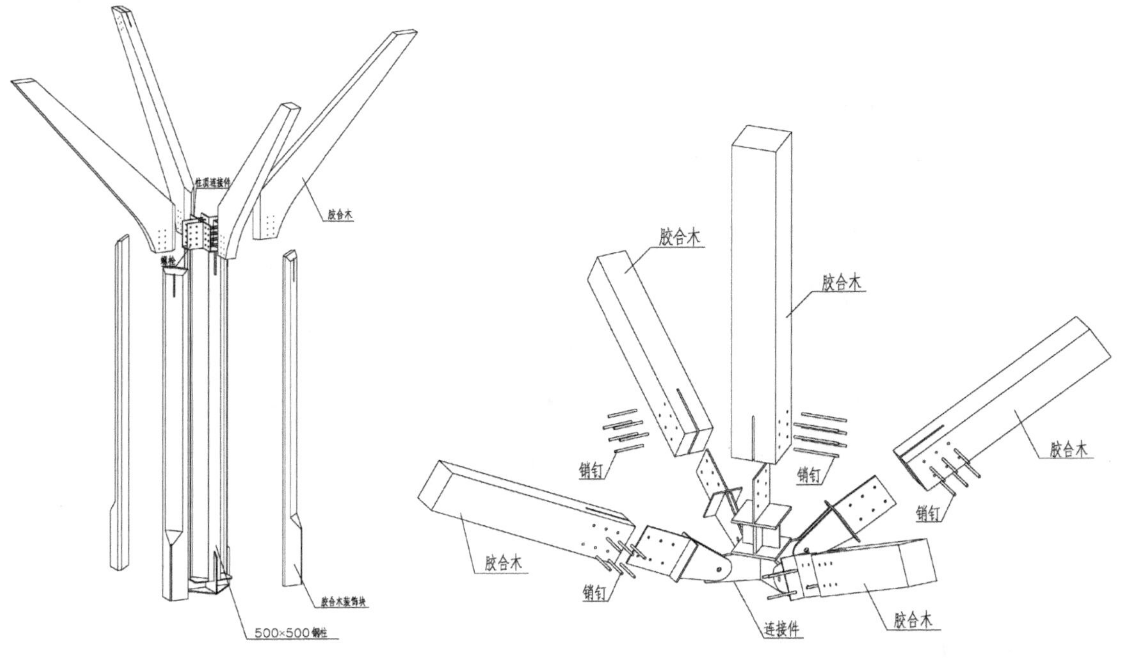

图 2.5-28　12 号楼竖向支撑拆分图　　图 2.5-29　12 号楼竖向支撑节点构造

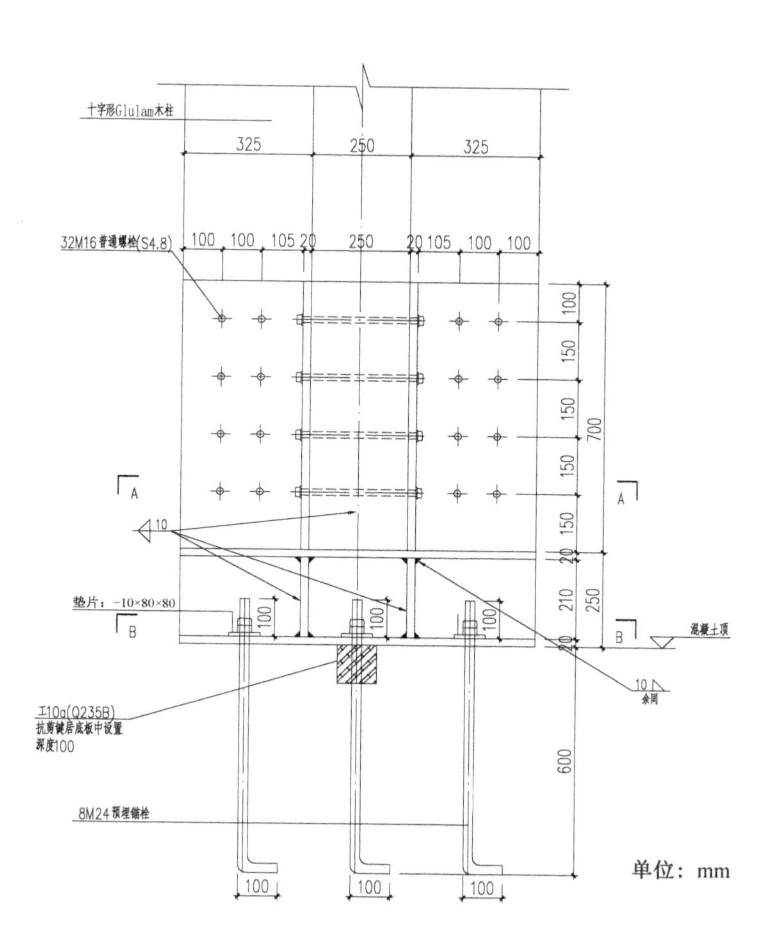

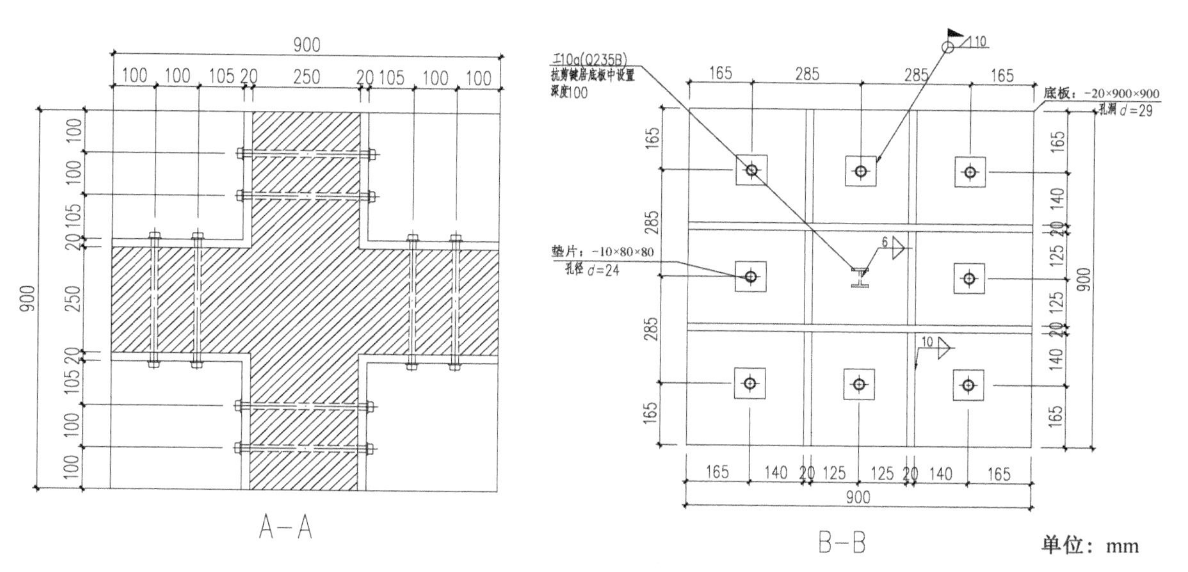

图 2.5-30　12 号楼十字形木柱底部连接构造

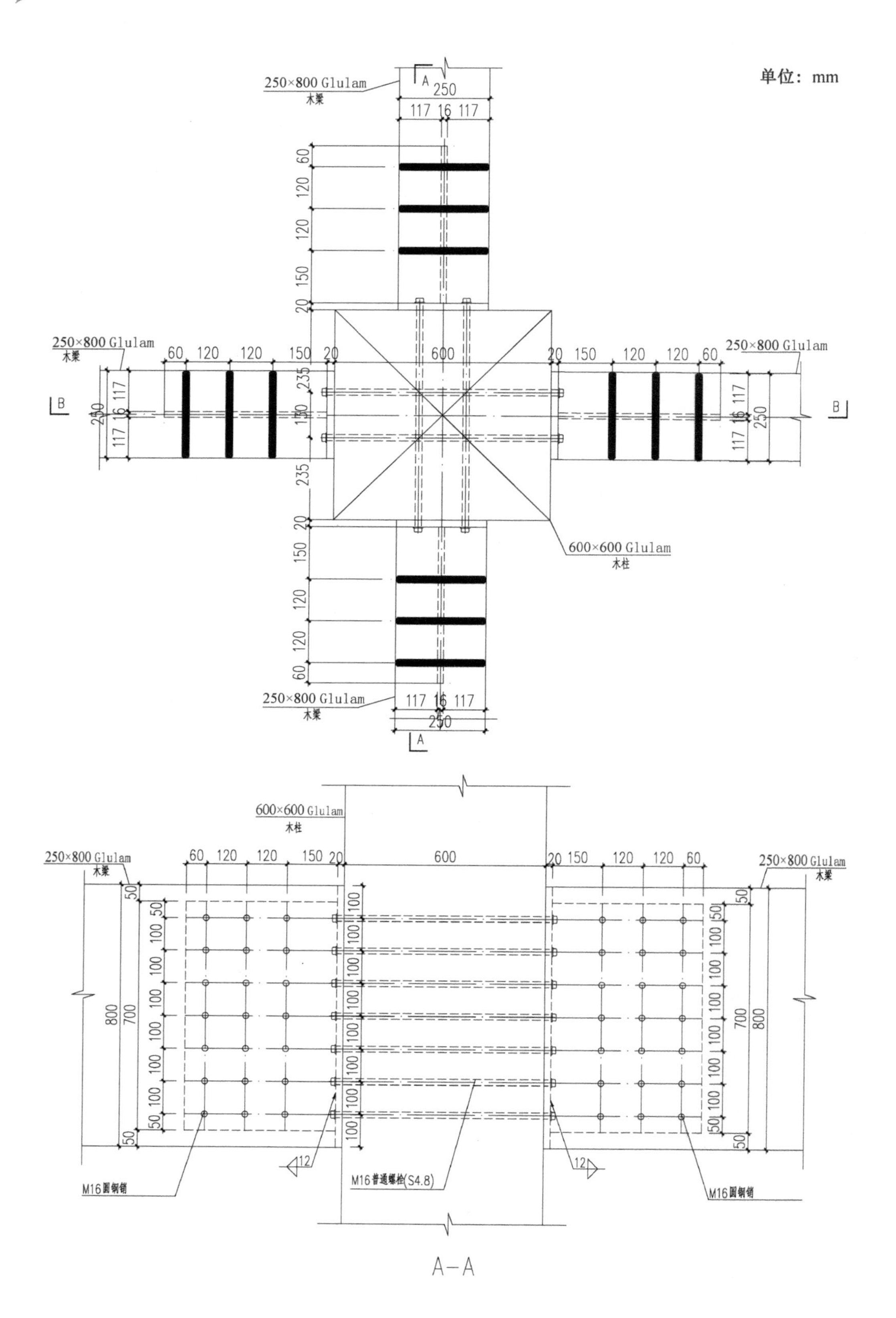
单位：mm
250×800 Glulam
木梁
600×600 Glulam
木柱
M16圆钢销
M16普通螺栓(S4.8)
A—A

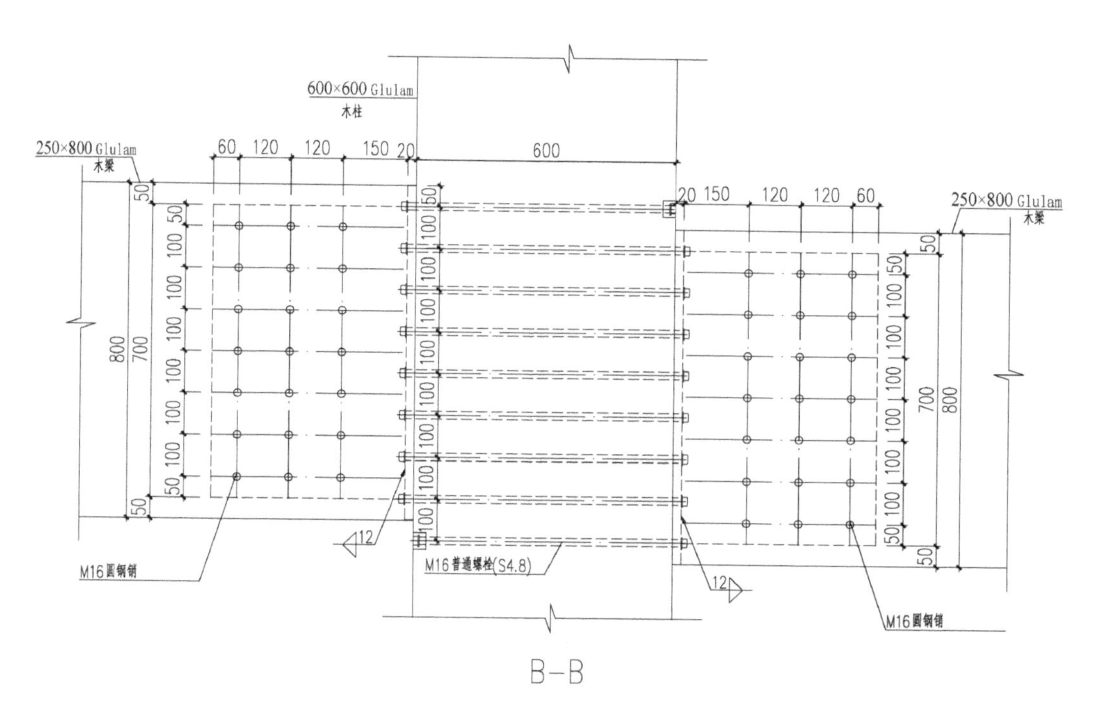

图 2.5-31　12 号楼木柱与梁连接节点

装配化装修是以标准化设计、工厂化部品和装配化施工为主要特征，实现工程品质提升和效率提升的新型装修模式。基于装配化装修的特征，设计和部品选型时应坚持干式工法、管线与结构分离、部品集成定制，并遵循模块化设计、可逆安装设计的原则。本节重点介绍了装配化装修的技术配置方案、装配化装修部品以及精细化设计内容。

2.6　装配化装修

南京江北新区人才公寓（1 号地块）项目装修总面积约 18.17 万 m^2，共 2 357 户住宅。其中户内隔墙采用 100%轻钢龙骨隔墙以及装配化墙板饰面，厨卫吊顶均采用铝扣板，地面采用约 78%的架空楼地面体系，如表 2.6-1 所示，标准化部品部件的应用提高了施工效率。同时，项目根据不同需求，配置不同的装配化装修系统整体解决方案，如表 2.6-2 所示。

表 2.6-1　南京江北新区人才公寓（1 号地块）装配化装修系统应用统计

技术配置选项	实施情况	规格	装配化率
装配化内隔墙	●	—	采用装配化内隔墙 100% （户内）

（续表）

技术配置选项	实施情况	规格	装配化率
架空楼地面	●	约 143 473 m^2	约占地面面积的 78%
集成吊顶（厨卫）	●	—	采用 100%铝扣板吊顶
装配化厨房	●	约 2 357 个	采用 100%集成厨房
装配化卫生间	●	约 2 588 个	采用 100%集成卫生间
集成内门窗	●	—	采用 100%集成内门窗

表 2.6-2　南京江北新区人才公寓（1 号地块）装配化装修系统整体解决方案

	1.0 版（普通住宅）	2.0 版（未来住宅）
外墙/承重墙	龙骨调平＋自饰复合墙板	龙骨调平＋自饰复合墙板（壁纸/仿墙砖）
内隔墙	轻钢龙骨系列＋岩棉＋自饰复合墙板	轻钢龙骨系列＋岩棉＋自饰复合墙板＋管线分离
吊顶	石膏板轻钢龙骨吊顶＋铝扣板吊顶（厨卫）	石膏板轻钢龙骨吊顶＋铝扣板吊顶（厨卫）
地面铺装	架空模块＋自饰复合地材	架空模块＋自饰复合地材＋集成采暖、地送风等模块
厨房	墙：自饰复合墙板＋管线分离 顶：集成吊顶 地：架空模块＋自饰复合地材	墙：自饰复合墙板＋管线分离 顶：集成吊顶 地：架空模块＋自饰复合地材
卫生间	整体/集成卫浴＋管线分离 墙：自饰复合墙板 顶：集成吊顶 地：防水底盘＋保温装饰一体砖	整体/集成卫浴＋管线分离 墙：自饰复合墙板 顶：集成吊顶 地：防水底盘＋保温装饰一体砖
工业化部品部件	成品栏杆、整体橱柜、集成收纳	成品栏杆、整体橱柜、集成收纳、适老适幼部品、智慧家居

装配化装修部品主要涉及装配化内隔墙、装配化墙面、装配化架空楼地面、装配化吊顶、集成门窗、集成卫浴、集成厨房、集成收纳、集成给水部品、薄法同层排水部品以及集成采暖等内容，部品系统规格、排版应结合部品具体生产规格进行设计，并符合现行《建筑模数协调标准》（GB/T 50002—2013）的规定，且应达到指导工厂生产的深度。

1. 装配化内隔墙

南京江北新区人才公寓（1 号地块）项目采用轻钢龙骨隔墙系统（图 2.6-1～图 2.6-8）主要由组合支撑部件、连接部件、填充部件、预加固部件等构成，具体如表 2.6-3 所示。轻钢龙骨隔墙系统是指一种集成墙面形式，空腔内便于成套管线集成和隔声部品填充。隔墙部品属于非结构受力构件，隔墙应进行保温、隔音、阻燃、防潮处理，单元隔墙与隔墙之间、单元隔墙与墙顶地之间的连接应牢固。

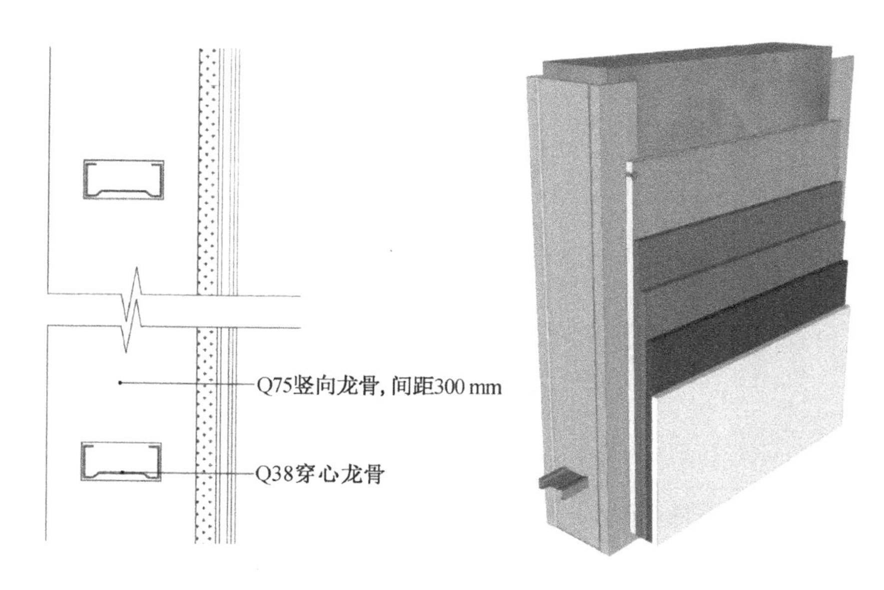

图 2.6-1　轻钢龙骨隔墙构造

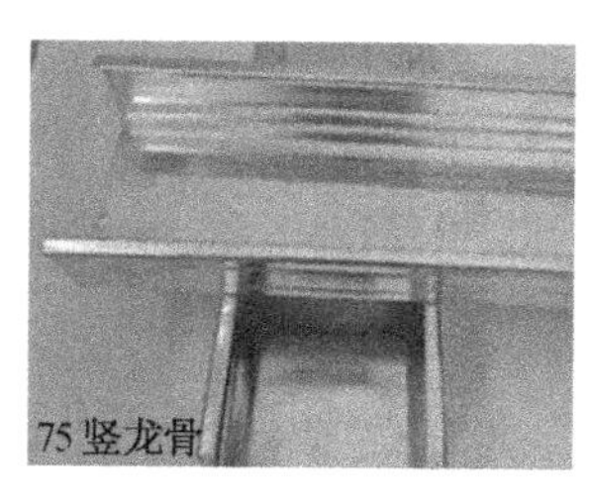

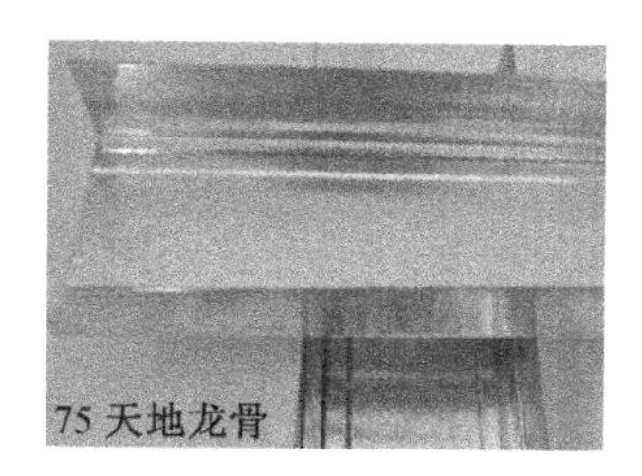

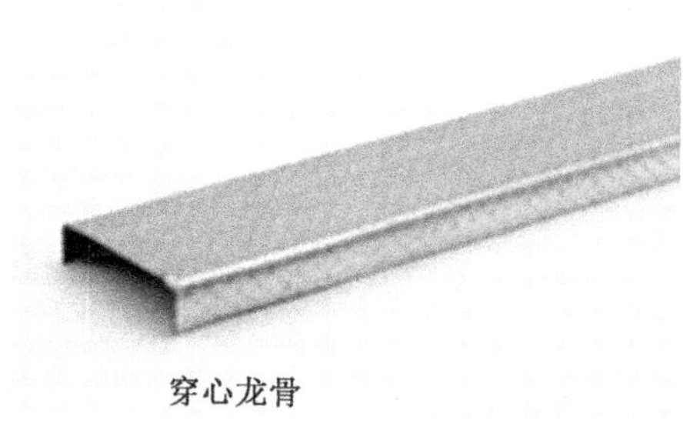

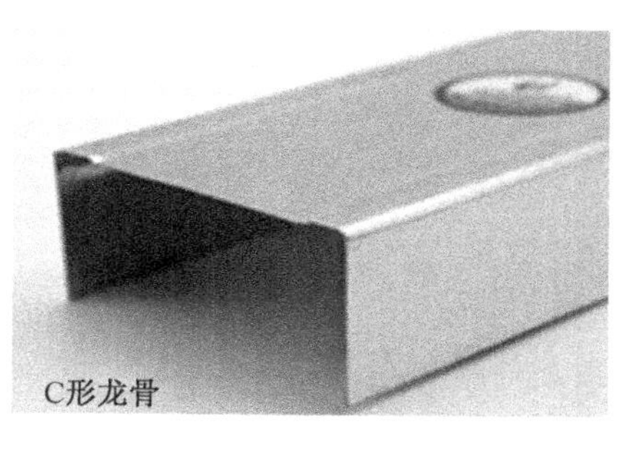

图 2.6-2　轻钢龙骨部件

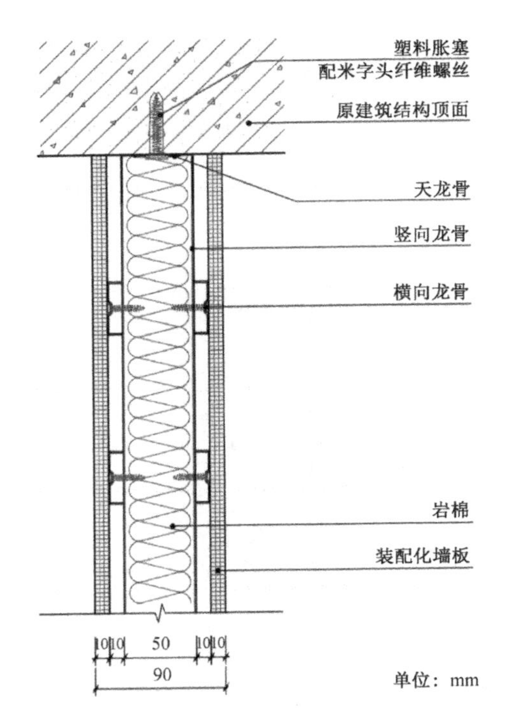

图 2.6-3 轻钢龙骨隔墙节点

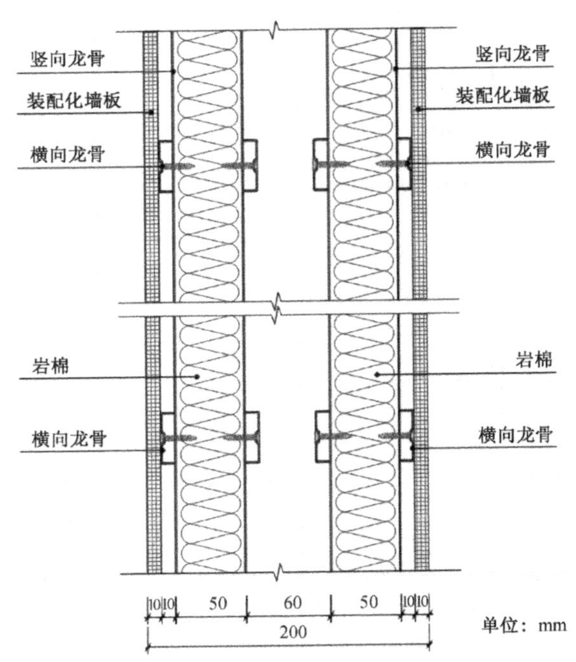

图 2.6-4 200 mm 加厚轻质隔墙节点

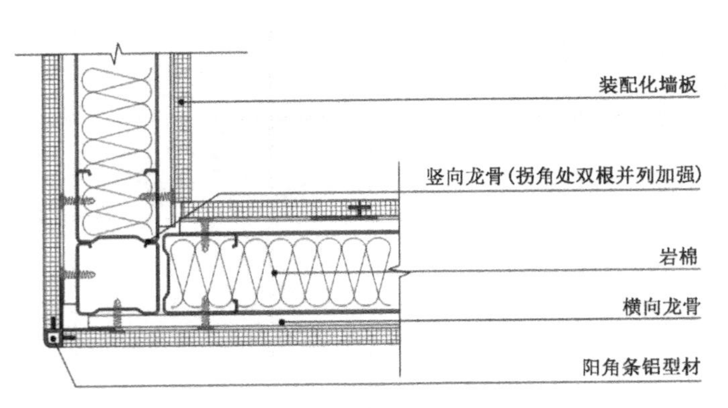

图 2.6-5 轻质隔墙拐角连接构造节点

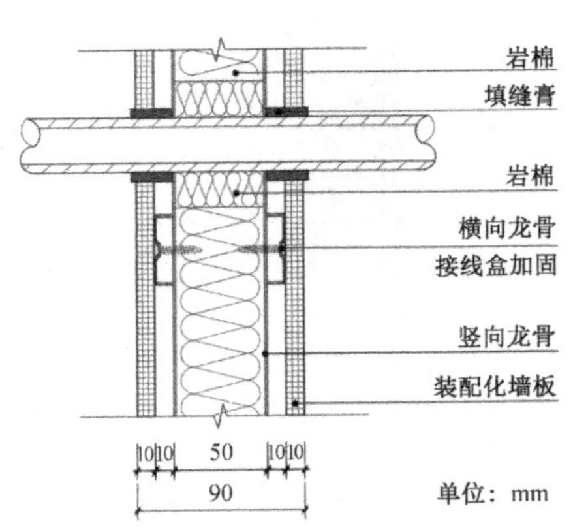

图 2.6-6 轻质隔墙穿管封堵节点

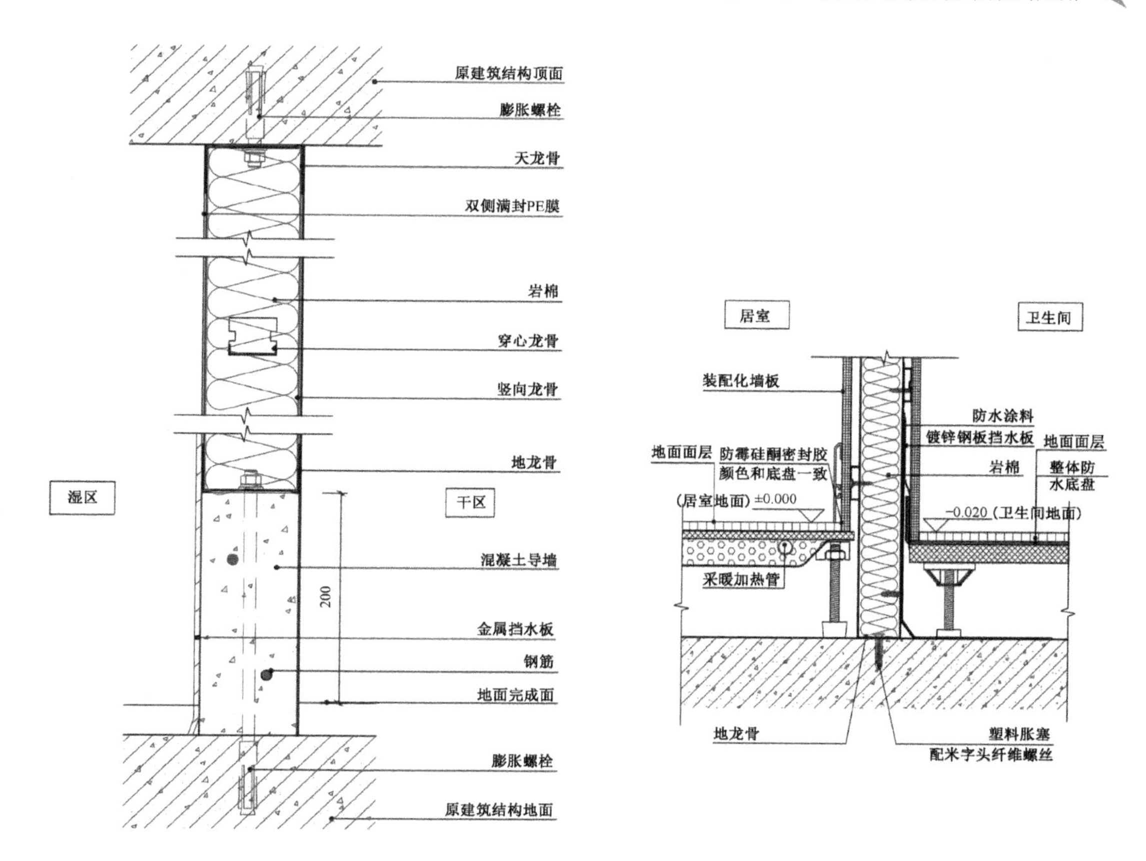

图 2.6-7　干湿区装配化隔墙节点

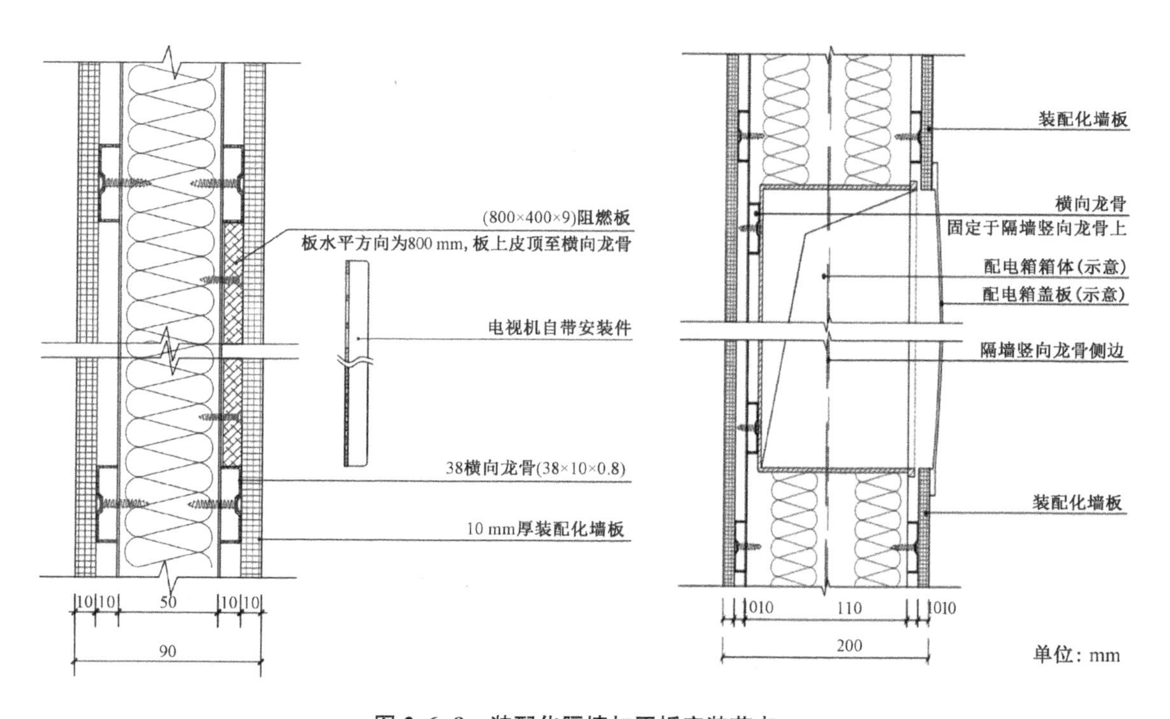

图 2.6-8　装配化隔墙加固板安装节点

表 2.6-3　轻钢龙骨隔墙系统部品构成

<table>
<tr><th>序号</th><th colspan="2">内　容</th></tr>
<tr><td rowspan="2">1</td><td rowspan="2">组合支撑部件：隔墙由轻钢龙骨支撑，具体由天地轻钢龙骨、竖向轻钢龙骨和通贯轻钢龙骨连接做支撑体</td><td>居住建筑主要应用 50 系列轻钢龙骨支撑</td></tr>
<tr><td>办公建筑主要应用 100 系列轻钢龙骨支撑</td></tr>
<tr><td>2</td><td colspan="2">连接部件：轻钢龙骨与墙顶、地面等结构体的连接，通常应用塑料胀塞螺丝；龙骨之间的连接，通常应用磷化自攻螺丝</td></tr>
<tr><td rowspan="2">3</td><td rowspan="2">填充部件：隔墙内填充岩棉板、挤塑板、聚乙烯发泡材料等，主要起到吸音、降噪作用</td><td>居住建筑主要应用 50 系列容重 80 kg/m³ 的岩棉，基本规格为 400 mm×1 200 mm×50 mm</td></tr>
<tr><td>办公建筑主要应用 100 系列容重 80 kg/m³ 的玻璃棉，基本规格为 400 mm×1 200 mm×100 mm</td></tr>
<tr><td>4</td><td colspan="2">预加固部件：对于隔墙上需要吊挂超过 15 kg 或者即使不足 15 kg 却产生振动的部品时，需要根据部品安装规格预埋加固板，加固板与支撑体牢固结合，一般使用不低于 9 mm 带有防火涂层的阻燃板</td></tr>
</table>

项目套内轻钢龙骨隔墙由轻钢龙骨＋50 mm 厚保温隔音岩棉，外侧 38 调节龙骨固定成品饰面板。套内和公区墙面为装配化无机矿物覆膜板系统：38 龙骨＋配套可调节螺栓＋水泥基板覆膜（UV 板）墙板＋配套收口线条（图 2.6-9～图 2.6-12）。

装配化墙板应用实景如图 2.6-13 所示。

2. 装配化吊顶

南京江北新区人才公寓（1 号地块）项目居室空间采用成品石膏板吊顶，具有良好的装饰效果和较好的吸音性能。厨卫吊顶采用铝扣板集成吊顶，具有以下特点：搭接自动调平，免吊挂易安装，便于管道维护，饰面效果多样；施工过程中无需现场裁切，无粉尘，无噪声，快速装配，不用预留检修口；拆装快速，打理轻松，翻新便捷等。厨房铝扣板吊顶安装实景如图 2.6-14 所示。

图 2.6-9　轻钢龙骨隔墙安装

图 2.6-10　38 隔音棉填充

图 2.6-11 38 龙骨安装

图 2.6-12 成品墙板安装

图 2.6-13 装配化墙板应用实景

图 2.6-14 厨房铝扣板吊顶安装实景

3. 装配化架空楼地面

装配化架空楼地面应结合节能和隔声需要进行设计，且宜按一体化、标准化、模块化为原则进行产品选型。其中架空模块实现将架空、调平、支撑功能三合一；自饰面复合地板材质偏中性，性能介于地砖和强化复合地板之间，并兼顾两者优势，可免胶安装。装配化架空楼地面系统部品主要由架空地面模块、地面调整脚、自饰面复合地板和连接部件构成（表 2.6-4），具体构造如图 2.6-15～图 2.6-17 所示。

表 2.6-4　装配化架空楼地面系统部品构成

序号	内容	
1	架空地面模块	型钢架空地面模块以型钢与高密度复合地板基层为定制加工的模块，根据空间厚度需要，可以定制高度 20 mm、30 mm、40 mm 系列的模块，标准模块宽度为 300 mm 或 400 mm，长度可以定制
2	地面调整脚	点支撑地面调整脚是将模块架空起来，形成管线穿过的空腔
		调整脚根据处于的位置，分为短边调整脚和斜边调整脚，斜边调整脚在模块靠近墙边时使用，调整脚底部配有橡胶垫，起到减震和防侧滑功能
3	自饰面复合地板	自饰面复合地板应用于不同的房间，可以选择石纹、木纹、砖纹、拼花等各种质感和肌理的饰面，也可以根据客户需要定制深浅颜色、凹凸触感、光泽度
		复合地板厚度通常为 10 mm，宽度通常为 200 mm、400 mm、600 mm，长度通常为 1 200 mm、2 400 mm，也可以根据优化房间尺寸定制
4	连接部件	模块连接扣件将一个个分散的模块横向连接起来，保持整体稳定
		连接扣件与调整脚使用米字头纤维螺丝连接，地脚螺栓调平对 0～50 mm 楼面偏差有强适应性。边角用聚氨酯泡沫填充剂补强加固
		地板之间采用工字形铝型材暗连接；需要做板缝装饰的可配合土字形铝型材做明连接，成为一个整体

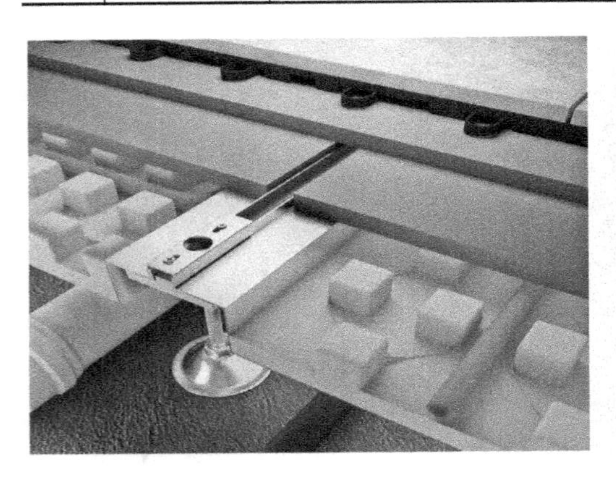

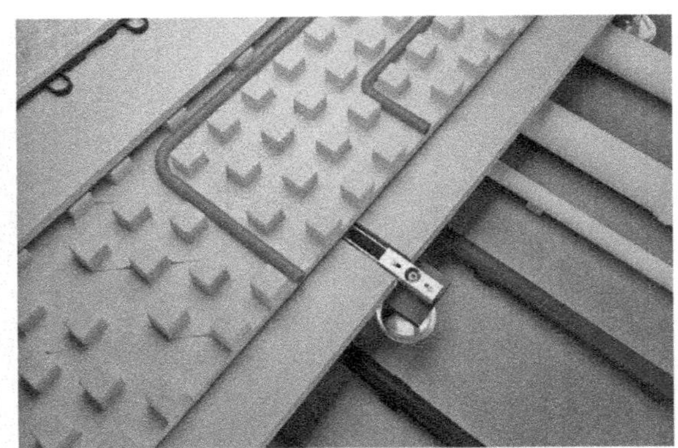

图 2.6-15　装配化架空楼地面系统

装配化架空楼地面安装工法如表 2.6-5 所示，现场安装过程如图 2.6-18～图 2.6-19 所示。

图 2.6-16　架空楼地面细部连接构造（踢脚线、地面面层）

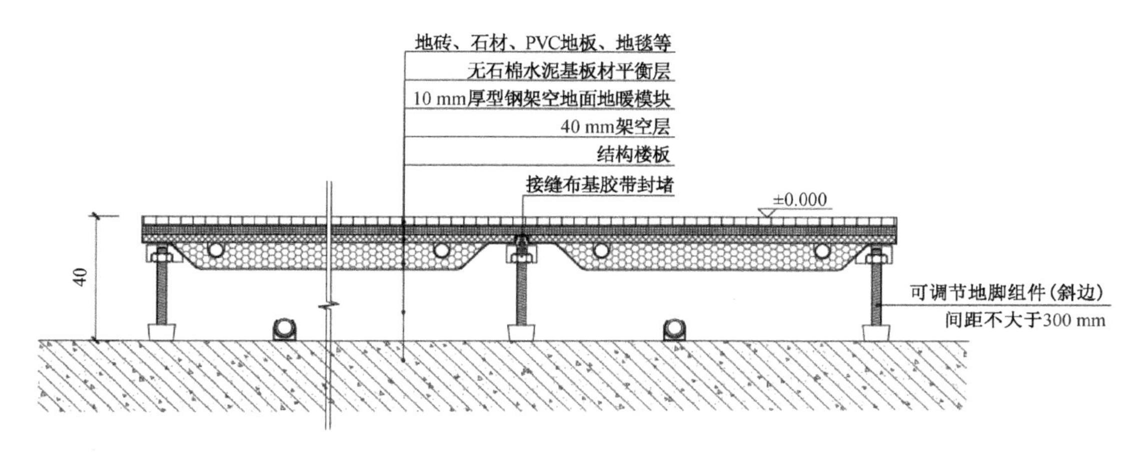

图 2.6-17　架空楼地面连接构造

表 2.6-5　装配化架空楼地面安装工法

序号	步骤	内　容
1	设备管线敷设	根据设计图纸完成设备管线的合理定位与敷设，并经隐蔽验收合格
2	定位	按照施工图纸沿墙面弹出地面的标高控制线，然后沿着控制线用膨胀螺丝固定好边支撑龙骨的位置，并在龙骨的底部用三角垫片垫实
3	安装地暖模块	按照设计图纸布置好可调节的地脚支撑件，然后沿着边支撑龙骨开始在地脚组件上敷设地暖模块，并用自攻螺丝连接牢固，地暖模块之间的缝隙用聚氨酯发泡胶填充严实，在进行地暖模块的安装时，要求地暖加热管没有接头且不得突出于地暖模块表面，敷设完成后应进行隐蔽验收
4	敷设平衡层	完成地暖模块的敷设验收检查后，开始敷设复合板制成的平衡层，对于采用地暖模块的瓷砖面层，其平衡层材料也可采用水泥层压板，以避免过热的温度对脚底造成伤害
5	敷设面层	室内空间一般采用木地板、瓷砖或者新型的石塑地板，具体选择需要综合考虑结构形式和用户需求，在安装时全部采用干法作业用地板胶进行粘贴。需要注意的是当采用石塑地板时，需要先将材料提前进场在现场放置 24 h，保证温度与施工现场一致后再进行施工作业

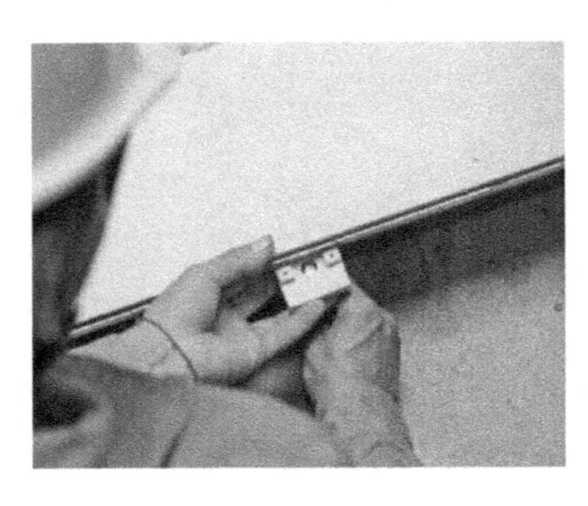
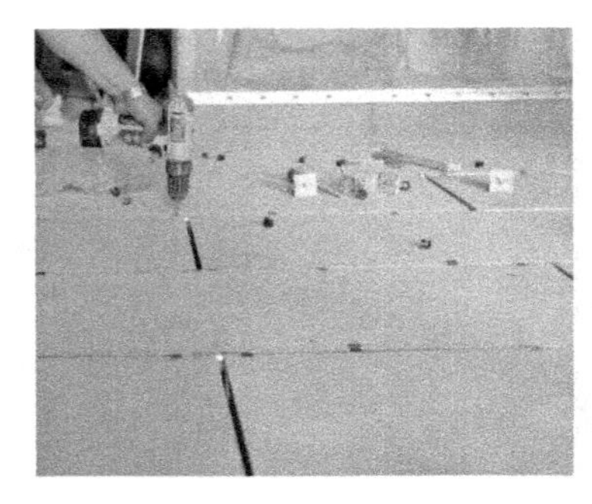

图 2.6-18　装配化架空楼地面安装过程

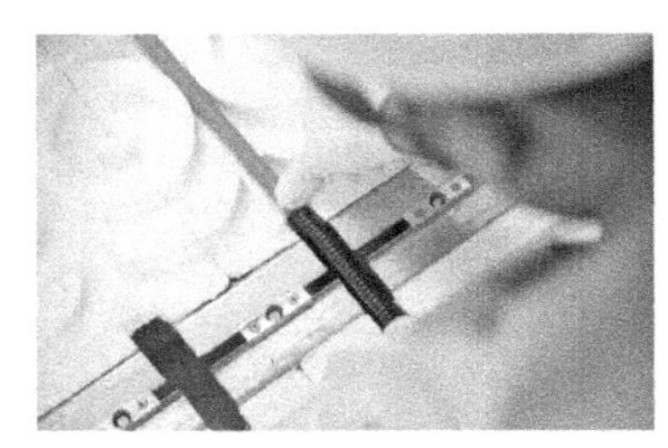

图 2.6-19　装配化架空楼地面地暖模块安装过程

南京江北新区人才公寓（1 号地块）项目根据现场实际标高，通过地脚螺栓杆件调节以满足水平度的要求，螺栓高度可满足下部地暖及管线铺设要求，螺栓杆件上部和挤塑聚苯乙烯泡沫板（XPS）连接，铺设整体平衡层二次对地面进行找平，安装方便且易达到要求；地暖模块依附于结构内部，根据架空系统的模数进行相应软管的铺设，可变程度高，便于维修和拆卸，满足地暖辐射和面层实木复合地板的要求。

其中，3 号楼采用新型装配式架空系统：地脚螺栓＋钢龙骨架空层复合地暖模块＋平衡板＋4 mm 聚乙烯（PE）整体底盘＋瓷砖面层，并采用斜撑加固保证稳定性，橡胶垫起到减震效果，如图 2.6-20～图 2.6-23 所示。

（1）土建系统加钢结构系统下装配化装修的相互交融及收口

墙板龙骨以及地面龙骨与主体结构的连接均有一定的可调节性，面层板块设置铝合金收口条。

（2）连接结构创新

纵横向均设置钢方管，钢方管交叉点设置地脚螺栓，通过配套钢制连接件锚固形成整体钢框架，每隔一定间距的柱脚螺栓设置一道钢筋斜撑，增加系统的稳定性。

（3）架空系统下的各隐蔽工程分布与交接

地面架空系统下有约 230 mm 的空间，机电、暖通等管道布置在架空层之间，架空体系的地脚螺栓通过实地放线，避开隐蔽管道。

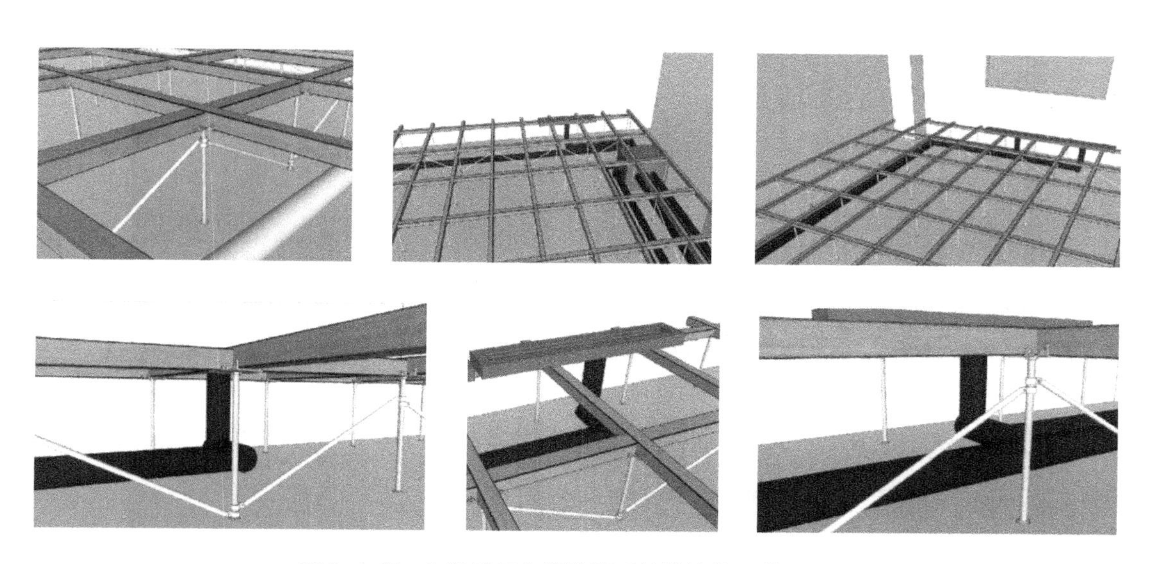

图 2.6-20 3号楼架空楼地面系统模块化组装及加固

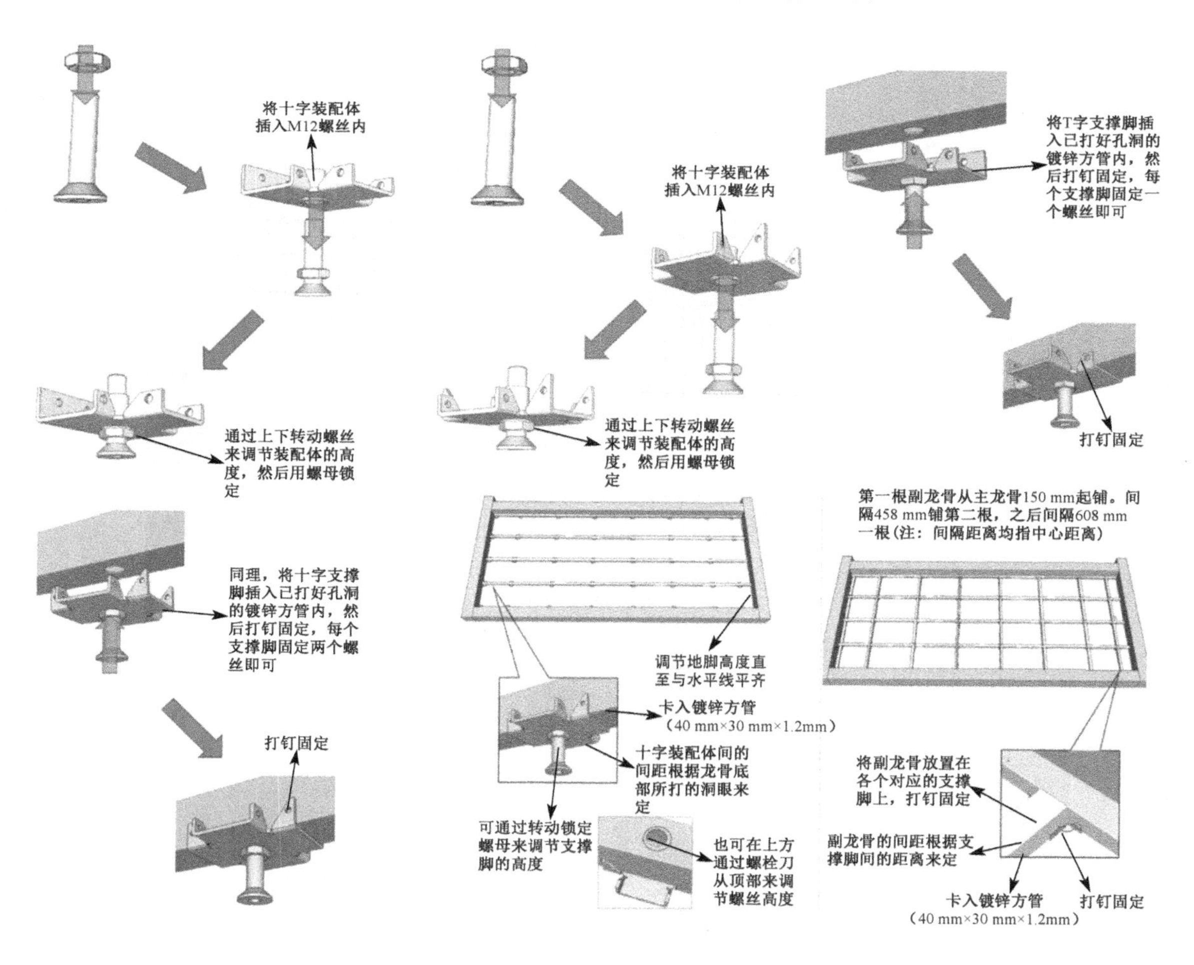

图 2.6-21 地脚安装示意

(a) 清扫现场　(b) 地面调平

(c) 地面支撑铺设完成　(d) 保温板铺设

(e) 架空地面基层完成　(f) 面层、防潮垫铺设

图 2.6-22　架空楼地面系统现场施工

图 2.6-23　3 号楼架空楼地面系统实景展示

4. 装配化厨房

装配化厨房部品是由地面、吊顶、墙面、橱柜、厨房设备及管线等通过设计集成、工厂生产、干式工法装配而成的厨房（图 2.6-24～图 2.6-27），重在强调厨房的集成性和功能性，其部品特点如表 2.6-6 所示。

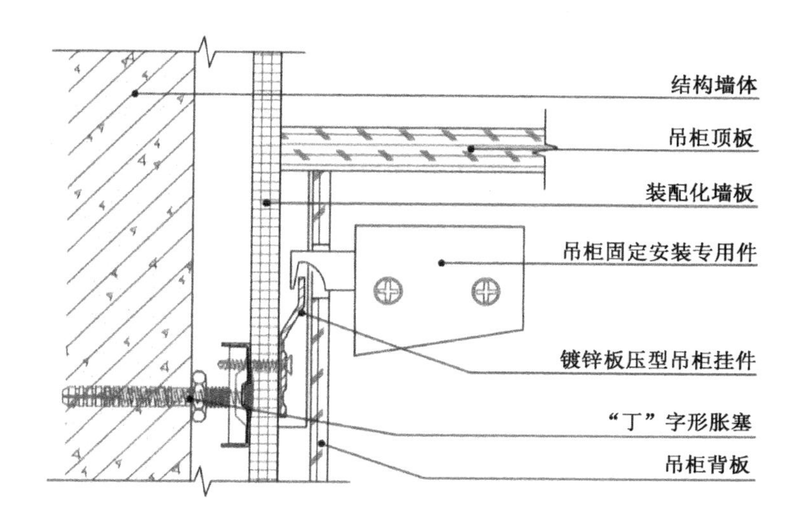

图 2.6-24　吊柜安装构造节点

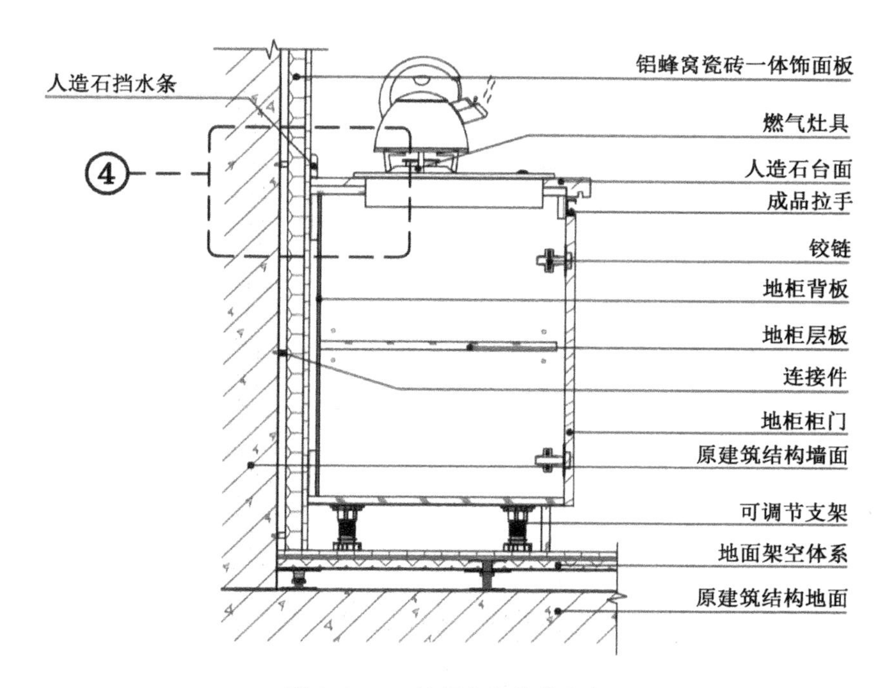

图 2.6-25　地柜安装构造节点

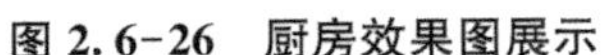

图 2.6-26　厨房效果图展示

图 2.6-27　厨房实景图展示

表 2.6-6　装配化厨房系统部品特点

序号	内　容
1	集成厨房更突出空间节约，表面易于清洁，排烟高效
2	墙面颜色丰富，耐油污，减少接缝易打理
3	柜体一体化设计，实用性强
4	台面采用石英石，适用性强、耐磨
5	排烟管道暗设在吊顶内
6	采用定制的油烟分离烟机，直排室外，排烟更彻底，无需风道，可节省空间
7	柜体与墙体预埋挂件
8	整体厨房全部采用干法施工，现场装配率 100%
9	吊顶实现快速安装，结构牢固、耐久，且平整度高、易于回收

南京江北新区人才公寓（1 号地块）项目装配化厨房通过橱柜、台面同灶具、洗涤用具、吸油烟机、灯具、龙头及开关插座等设备设施一体化集成设计，选用饰面丰富、耐油污、接缝精准严密的墙板，并预留加固板等措施，厨房吊顶安装以墙体为主要支撑，集成排烟管道、灯具等设施，吊顶内各类管线布放标准，并预设检修空间。采用集成厨房模块，有利于大规模工业化生产及采购成本降低。标准化的橱柜系统，实现操作、储藏等不同功能的统一协作，使其达到功能的完备与空间的美观。

5. 装配化卫生间

南京江北新区人才公寓（1 号地块）项目 10 栋普通住宅公寓建筑和 1 栋百年住宅建筑中，共安装了 2 588 个装配化卫生间。通过应用证实，现场施工速度快、质量高、效果好，节省了大量人力、材料及工期，解决了卫生间二次装修所造成的施工烦琐、环境污染、资源浪费等问题，完全符合国家装配式建筑和绿色建筑的要求。

（1）卫生间防水底盘及排水

本项目 1 号～11 号住宅、公寓地面采用架空系统和同层排水相结合，在原有地面的基础上，采用架空系统，地脚螺栓杆件作为结构进行支撑并起到调平的作用。在结构下部留有足够的空间，以便铺设同层排水的管线，螺栓杆件上部除了连接保温板外，加设了整体防水底盘，将上部卫生间的水汽隔离于架空层之外，起到了防水的作用且便于后期维修（图 2.6-28）。

卫生间地面在钢架支撑系统上铺设硅酸钙基层，硅酸钙板上方设置整体聚丙烯（PP）防水底盘，杜绝渗漏，底盘上铺贴瓷砖，确保效果美观。同时，柔性整体防水底盘对空间的适应性极强，可根据使用空间形状进行柔性定制。卫生间降板高度仅为 150 mm，采用整体防水底盘、薄法同层侧排地漏，在架空地面下布置排水管，与其他房间无高差。在卫生间洁具后方砌一堵假墙，形成一定宽度的布置管道的专用空间。高密度聚乙烯（HDPE）排水管采用热熔对接，排水支管不穿越楼板，在假墙内敷设、安装，在同一楼层内与主管相连接。

装配化卫生间安装实景如图 2.6-29 所示。

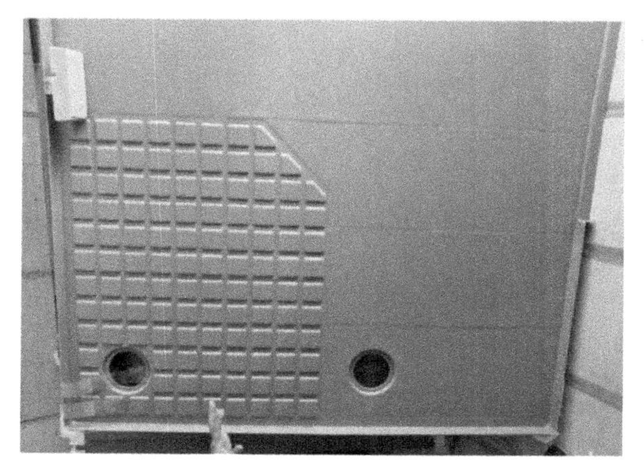

图 2.6-28　整体防水底盘

图 2.6-29　装配化卫生间安装实景

（2）防水措施

项目集成式卫生间采用“3 道防水保障措施＋2 道排水措施”3 种墙体材料，分别构成了卫生间的防水体系和保温隔热体系。第一道防水采用独特翻边锁水设计的热塑复合防水底盘，第二道采用四周铺满聚乙烯（PE）防水薄膜以及缝承接工字形铝型材防水面板，第三道采用防水保障措施为混凝土底板面上涂抹厚聚氨酯防水涂料，形成了一个完整的避水空间，有效防止了卫生间一侧的水浸湿墙面，较好地解决了传统卫生间地面易渗漏水的问题，有利于采用同层排水，便于后期维护和改造（图 2.6-30～图 2.6-37）。

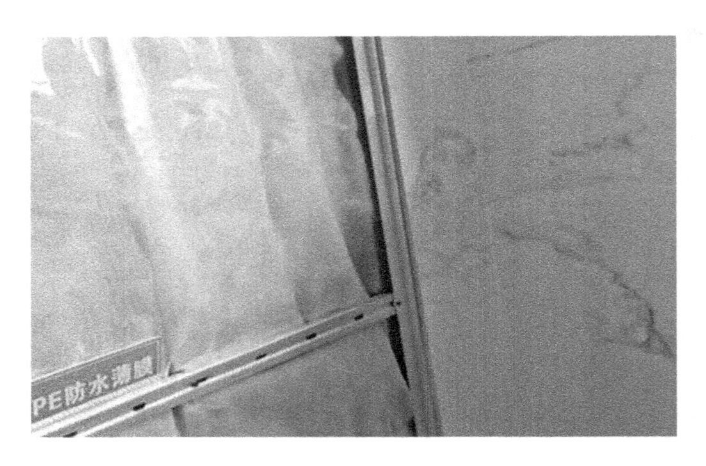

图 2.6-30　墙面 PE 防水薄膜

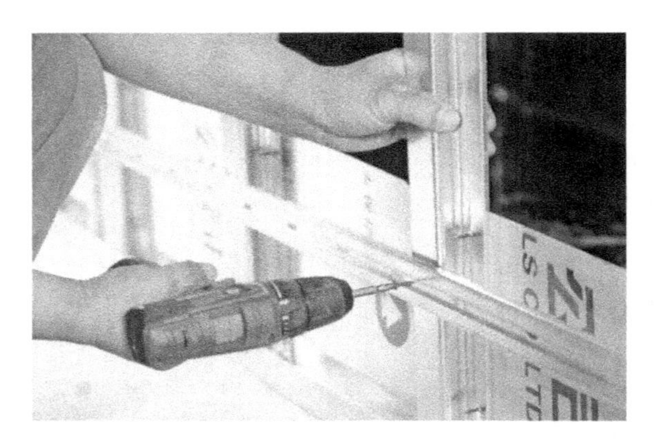

图 2.6-31　安装镀锌钢板

图 2.6-32　处理钢板与地面接缝

图 2.6-33　涂刷聚氨酯防水涂料

图 2.6-34　PE 防水薄膜安装

图 2.6-35　地面模块安装

图 2.6-36　卫生间效果图展示

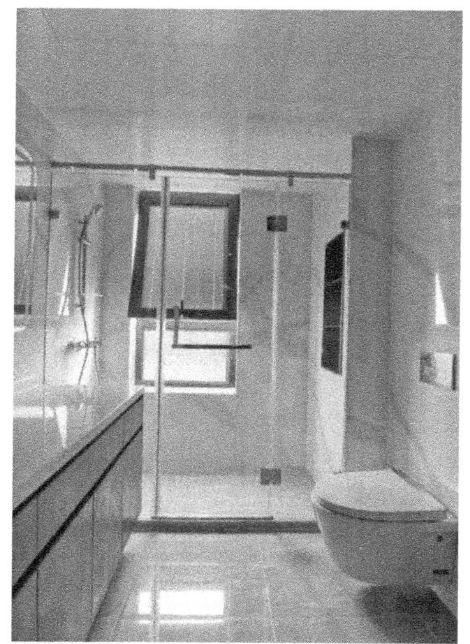

图 2.6-37　3 号楼装配化卫生间实景照片

6. 装配化门窗

成品门窗具有防水、防火、防撞、耐久性强特点，且集成门窗质量稳定，安装便利，能够延长部品使用期限，降低维护难度。另外，自饰复合板为主材质不受光线和温度变化影响，饰面效果丰富。装配化门窗连接如图 2.6-38 所示，其应用实景如图 2.6-39 所示。

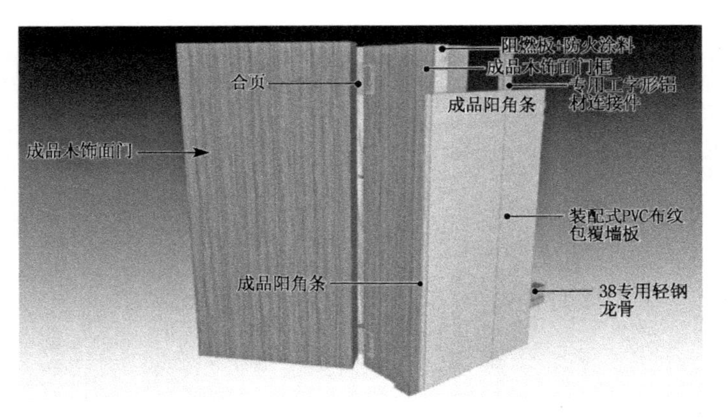

图 2.6-38　装配化门窗连接

图 2.6-39　装配化门窗应用实景

2.7　智能化设计

随着生活水平的不断提高，人们对美好生活的需求不仅仅是物质丰富、安居乐业，更多的是追求精神愉悦，人人需要发展机会、需要创造热情、要有社会参与感，追求共同价值观。居住建筑需求升级如图 2.7-1 所示。

为此，南京江北新区中央商务区开发运营有限公司打造江北健康城人才公寓智慧社区标杆，建设 3.0 智慧社区。一是建立统一平台，实现软硬件一体化的服务；二是赋能物业，线下线上服务转型，降本提效；三是为业主提供便利的生活服务，满足业主对美好生活的需求。

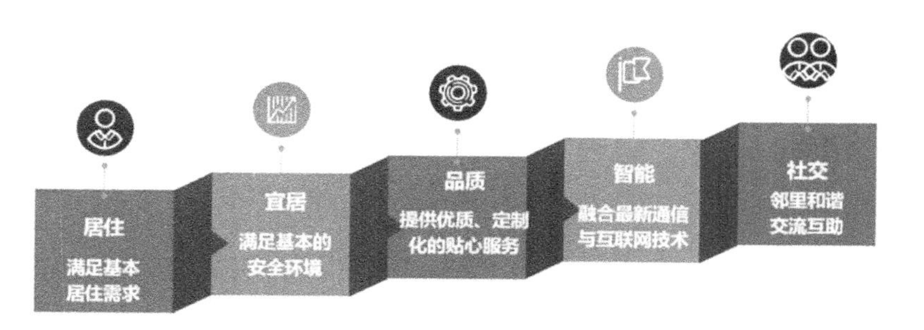

图 2.7-1　居住建筑需求升级

1. 技术构架

智慧社区涉及的用户体验包括智慧安防、智慧物业、智慧养老、智慧健康 4 方面内容，涉及 3 大维度，30 个智慧场景（图 2.7-2、图 2.7-3）。

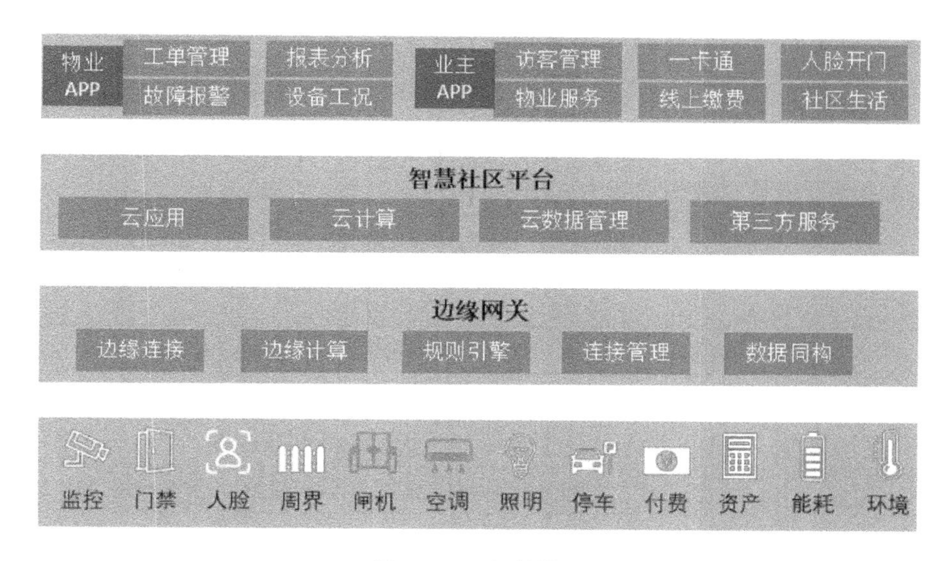

图 2.7-2　智慧社区

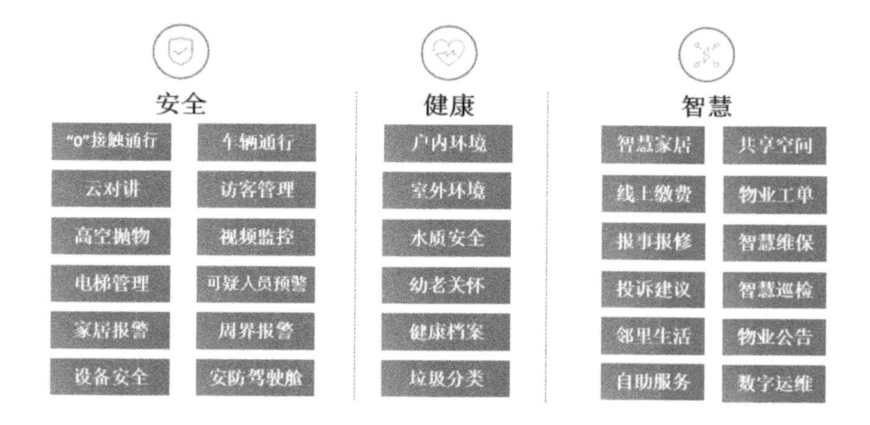

图 2.7-3　智慧场景

2. 安全

安全维度主要包括无人值守停车、电梯管理、访客管理、可视云对讲、视频预警、家居报警及设备安全等方面。

无人值守停车：业主车辆可无障碍通行，在手机端进行按月、按年的缴费；访客车辆，如果没有预约就临时放行，扫码支付。

电梯管理：从原来的“人等电梯”，变为“电梯等人”。一是进单元时，刷脸打开单元门的同时也按了电梯，走到电梯厅时，电梯已经在一楼。二是出门前按一下对讲招梯键，等换好鞋，电梯已经到家门口所在楼层等待中。

视频预警：通过视频抓拍的技术，相当于又给小区安排了 24 h 不休不眠的保安。小区内如有快递或送餐人员，送完餐或快递后没有及时离开，这时物业保安可以上前询问其一直在小区逗留的原因。同样，小区里一些中介或者发传单的人员会有影响居民活动环境的行为，物业保安也应及时发现并制止。另外，根据抓拍信息，有些人原本可能以访客身份进入，近期却频繁出现，他们是租户还是有其他的情况，物业就可以特别关注。有了这样的提前预警功能，将事后调取监控查看变为事前预防做安保措施。

安全维度智慧场景内容如表 2.7-1 所示。

表 2.7-1　安全维度智慧场景

维度	场景	内　　容
安全	无人值守停车	车牌流视频识别功能，无需发卡
		绑定手机免密支付，无感出入
		访客车辆，扫码支付
	电梯管理	电梯控制：用户需刷卡授权或二维码识别到指定楼层
		电梯控制：用户进入首层大堂后，电梯自动开门迎接
		室内呼梯：户内对讲分机预约，提前呼叫电梯
	访客管理	用户发出访客邀请 填写访客姓名、车牌 发送短信链接 录入访客人脸信息
	可视云对讲	手机应用软件（APP）实现音视频对讲开门
		支持 Android/iOS
		家人多用户同时振铃
	视频预警	对夜间频繁出入人员及对应抓拍记录分析，提前预警
		对长时间停留的非小区业主进行预警处理（快递、送餐）
		对频繁进出，在公共区域进行非正常活动的人员做预警
		对非社区住户，频繁出入人员及对应抓拍记录进行分析，提前预警

（续表）

维度	场景	内　　容
安全	家居报警	监控中心接收报警
		移动端同时接收报警
	设备安全	设备运行状态
		设备故障报警
		报警信息联动
		报警信息推送

3. 健康

健康维度主要包括室内环境、室外环境、水质安全、幼老关怀等方面，详见表 2.7-2。

表 2.7-2　健康维度智慧场景

维度	场景	内　　容
健康	室内环境	空气质量传感器，监测室内环境
		联动空调，改善室内环境
	室外环境	室外小气象站
		监测小区内的温度、湿度、风速风向、空气颗粒物 $PM_{2.5}$ 含量等指标
		信息发布推送当天天气情况
	水质安全	生活用水总管监测水质
		余氯、浊度、pH
	幼老关怀	孤寡老人长时间未出入社区，进行预警
		利用人脸特征分析，对特殊老人（失智）情况提前预警，主动预防
		利用行为分析，对儿童活动区情况进行预警分析，危险时触发报警

4. 智慧

智慧维度主要包括健康档案、家居安防、家居场景、家居控制、自助服务、共享空间、物业公告、智慧运维等方面，详见表 2.7-3。

家居安防：有数据显示 90%的人在烹饪过程中会走开，家里存在着安全隐患。本项目做了应用软件，让报警信息可以同时推送到保安和业主手机，及时杜绝家里的安全隐患。

运维管理：过去物业公司对人员的效能没有量化参考，安保人员的工作数量、质量都无法量化。工单系统可以对安保的工作进行评估，如安保人员每月处理的工单量、响应速度、业主对服务完成的满意度等。另外，工单系统对工单的类型也能进行分析，有针对性地进行管理。业主投诉的工单较多，说明服务不好；设备故障的工单较多，说明维修保养时间到了。

表 2.7-3 智慧维度智慧场景

维度	场景	内　容
智慧	健康档案	健康小屋，常规体检，合理的保养建议和运动建议
		健康档案，支持手机端查看历史信息，随时关注业主健康
	家居安防	家居安防开启远程管理 监测入户门厅安全，家庭成员可远程调看图像
		监控中心接收报警，物业人员及时查看，消除险情 检查燃气探测器、双鉴探测器、紧急按钮、红外幕帘
		移动端同时接收报警，可移动端设置撤、布防
	家居场景	回家模式、离家模式
		观影场景、聚会场景
		温湿度监测，联动空调新风、地暖
		一键布、撤防，紧急求助
	家居控制	智能中控
		移动端控制
		语音控制包括智能控制、天气预报、社区服务、语音聊天、音乐播放 家居控制包括灯光控制、空调控制、窗帘控制、影音控制、场景控制等
		场景面板控制
	自助服务	智能快递柜
		无人售货柜
		无人超市
	共享空间	扫码健身
		共享洗衣房
		共享餐厅
		共享办公
	物业公告	精准发布
		电梯厅信息发布
		室外信息发布
	智慧运维	工单管理，工单池派单—处理—完成工单、统计工单
		在线保修
		在线投诉
		运维大数据

第三章　未来居住建筑工程实践

我国建筑平均寿命仅40年，远低于欧美等发达国家和地区，建筑的短寿命化将带来可预期的大拆大建，造成大量的资源浪费。同时居住者生命周期内家庭结构的持续变化，带来建筑空间和功能需求的不断迁移，传统住宅已无法满足家庭要求。南京江北新区人才公寓（1号地块）3号楼作为江苏省住房和城乡建设厅绿色智慧建筑（新一代房屋）课题示范项目，探索未来居住建筑的实践应用。3号楼将人才公寓作为城市的一部分整体考虑，融入健康、共享、开放等设计理念，打造开放型居住综合体。3号楼的1～6层为共享公共空间，设置了丰富的公共服务业态、创客及展示空间，营造丰富的共享业态和交流场所。3号楼的7～28层为可变居住空间，为不同需求的人群提供多样化的居住空间。3号楼预制装配率达到80%，装配化装修率达到100%，建筑节能综合指标超过80%，获得绿色建筑三星、健康建筑三星设计标识，是江苏省第一栋装配式组合结构的开放式居住建筑，获得2022年度华夏建设科学技术奖一等奖。

3.1　项目简介

3.1.1　项目概况

南京江北新区人才公寓（1号地块）3号楼建筑面积约2.2万m^2，地上28层，总高度96.3 m，是中国第一栋装配式组合结构的开放式居住建筑。3号楼以新型工业化方式为建造手段，综合运用了当前中国最高水准的工业化建造技术、绿色健康技术、科技智慧技术、可变建造技术、建筑太阳能光伏发电一体化技术（图3.1-1）。

图3.1-1　3号楼实景照片

3.1.2 项目定位

3 号楼整体用户定位为科研人才、高端专业人才等，打造与江北新区相匹配的“开放、现代、绿色的高端人才社区”。项目利用江北新区国家级新区、国家级自贸区、南京国际健康城板块区位优势及人才资源，建成江北新区最开放、最现代、最生态、最健康的高品质人才住宅，为南京江北新区的可持续发展提供有力的人才供给保证（图 3.1-2）。

图 3.1-2 3 号楼服务对象

3.2 设计理念

作为新时代居住建筑的示范实践项目，3 号楼以“坚持人与自然和谐共生”为基本原则，以营造健康、舒适、自然的人居环境为核心，依托建筑大数据和工业化建造，打造全生命周期绿色低碳、百年耐久、动态更新、智慧宜居的高品质人居综合体，引导绿色共享的未来生活理念和文化。

3 号楼将不同定位的住宅公寓、空中园林、共享健身、共享厨房、共享办公、创客空间、商业服务、养老服务在开放性的垂直空间中予以植入，在垂直空间中实现“2020 建筑”和“2035 建筑”的功能复合。居住者可以做到“足不出栋”，即可享受到现代化的便利服务（图 3.2-1）。

3 号楼构建了一个开放而有适应能力的体系，满足人们对不同功能空间、不同舒适度的要求，形成一个可变、可改进、可升级换代的开放平台。同时，项目打破传统建筑分专业的机械设计思维，从整体角度审视建筑，消除以往设计、施工、运营等各环节以及建筑、结构、机电等各专业之间相互脱节的状况，实现一种系统化、整体化的建筑思维模式和设计理念。3 号楼依托大空间灵活可变的建筑体系，在垂直层面上提供差异化的功能空间，构成可以充分满足居住需求的“垂直社区”（图 3.2-2、图 3.2-3）。

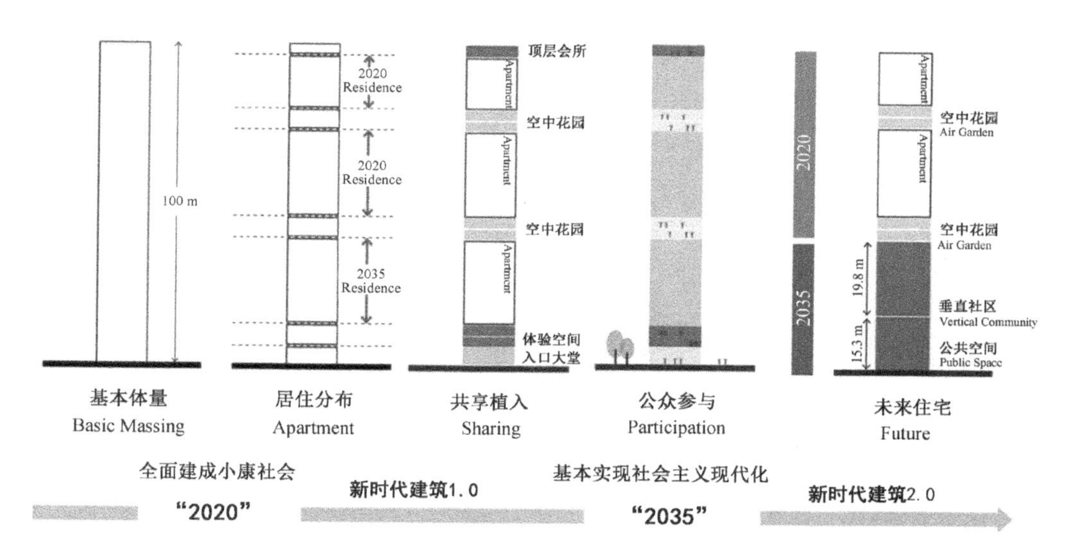

图 3.2-1　功能空间植入

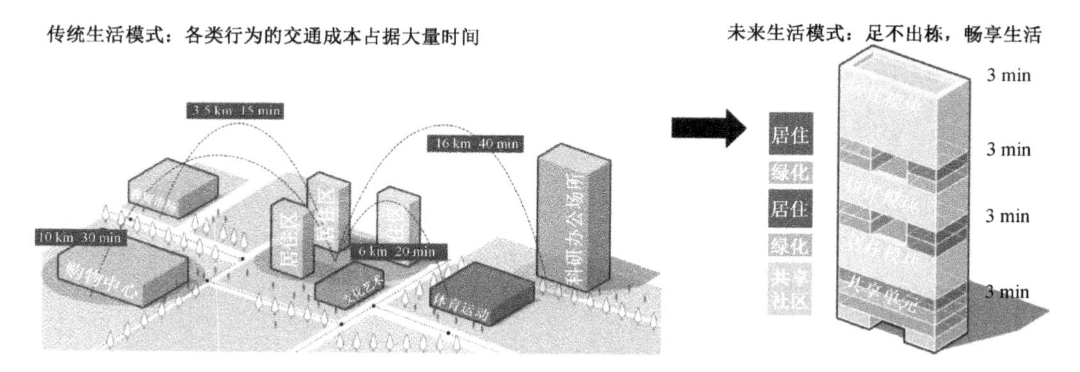

图 3.2-2　垂直社区设计理念

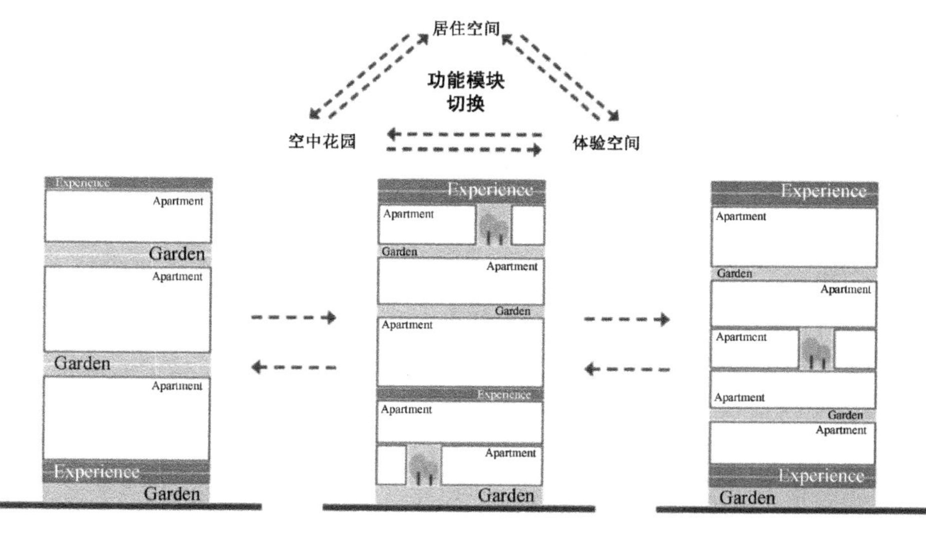

图 3.2-3　项目垂直空间可变设计理念

3号楼引入江南私家园林理念，营造空中四合院的生活氛围。项目以四户为一组合单元形成空中四合院，入户空间即为空中四家花园，为四户的老人和小孩提供更亲近自然的休闲空间，增加体验感和幸福感（图3.2-4）。

图3.2-4　空中四合院设计理念

3.3　基于长寿命设计理念的建筑设计

3号楼按照《百年住宅建筑设计与评价标准》（T/CECS-CREA 513—2018）进行设计和建造，集中采用了SI建筑体系技术，依托建筑大数据和工业化建造，打造全生命周期绿色低碳、百年耐久、动态更新、智慧宜居的高品质人居综合体，引导绿色共享的未来生活理念和文化。

3.3.1　考虑工业化建造的标准化设计

3号楼以标准化、模块化、可变性为设计原则，采用了平面标准化、户型标准化、立面标准化等设计手法，最大限度地提高部品部件的标准化率，从而提高建造效率、降低建造成本，充分发挥工业化建造建筑的优势。

1. 平面标准化设计

3号楼平面采用标准化柱网，包括7.8 m和8.4 m两种尺寸（图3.3-1），打造大尺度空间框架，为内部空间的灵活可变提供条件。户型单元内部仍然可以进一步进行拆分，为住宅空间的可变性提供更多可能。

2. 户型模块化设计

户型基本功能空间模块包括厨房模块、卫浴模块、居室模块、起居模块，通过模块的不同组合形式形成8种基本户型（表3.3-1）。

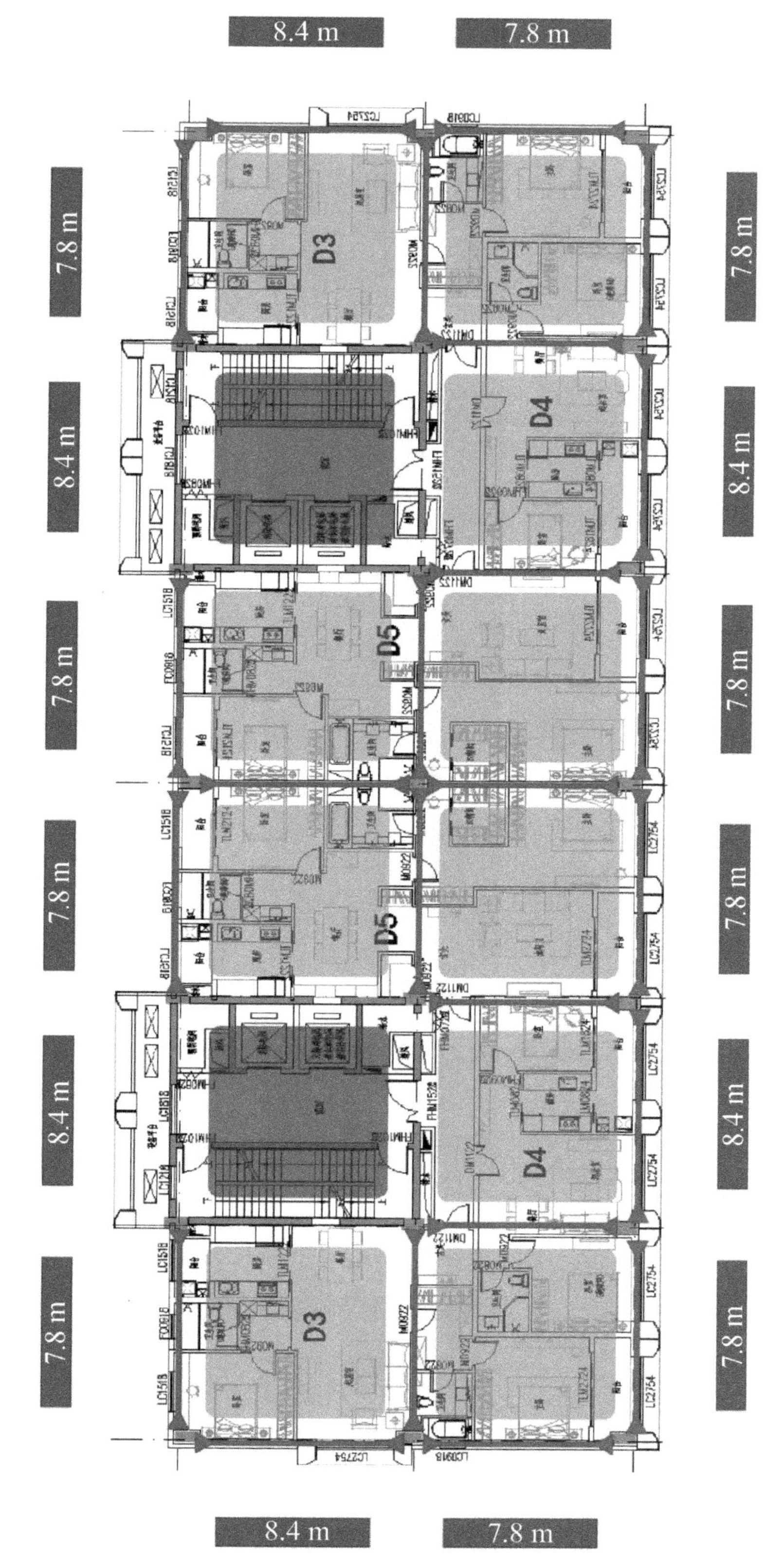

图 3.3-1　3号楼柱网尺寸

表 3.3-1　3 号楼户型概况

户型	套型	套内面积/m²	户数	所在楼层	套内面积/m²	建筑面积/m²	公摊面积/m²
D1	四室两厅三卫	152.52	13	4F、21F、22F、25～28F	152.52	207.17	46.69
D2	三室两厅三卫	155.29	12	21F、22F、25～28F	155.29	206.57	46.56
D3	两室两厅两卫	110.95	12	15～20F	110.95	150.29	33.87
D4	两室一厅一卫	68.4	12	15～20F	68.4	92.91	20.94
D5	两室两厅两卫	128.46	24	11F、7～10F、12F、15～20F	128.46	170.54	38.44
D6	四室两厅三卫	184.18	4	23F、24F	184.18	281.64	93.25
D7	三室两厅三卫	132.19	16	7～10F、11～14F	132.19	178.73	40.28
D8	一室一厅一卫	47.15	9	4F、11～14F	47.15	64.47	14.53

每种基本户型组合后可以衍生出更多的户型种类。3 号楼户型共有 3 种组合变化模式，如图 3.3-2～图 3.3-4 所示，其标准层平面如图 3.2-5、图 3.2-6 所示。

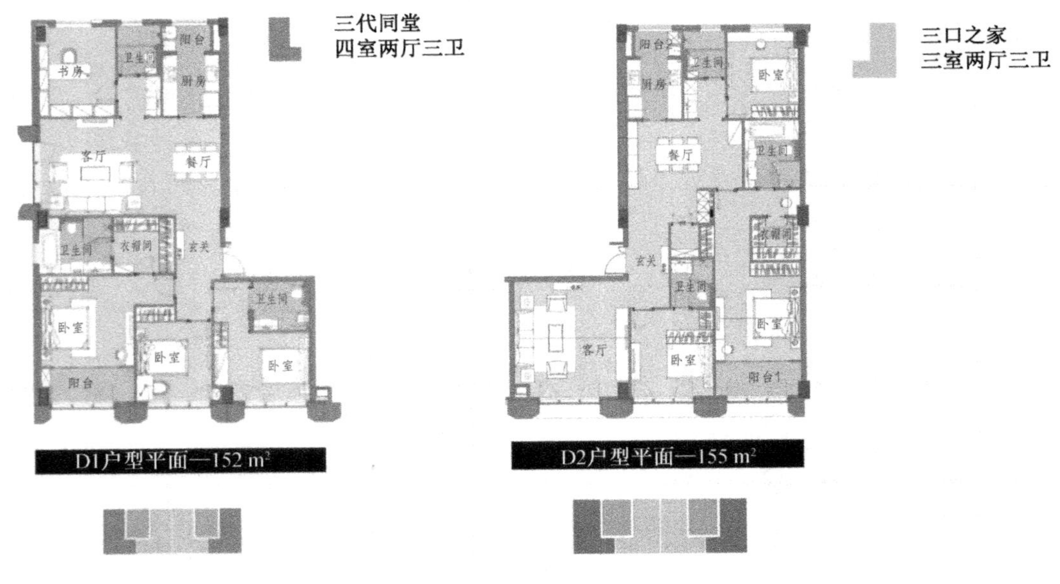

图 3.3-2　3 号楼标准层组合模式：D1＋D2

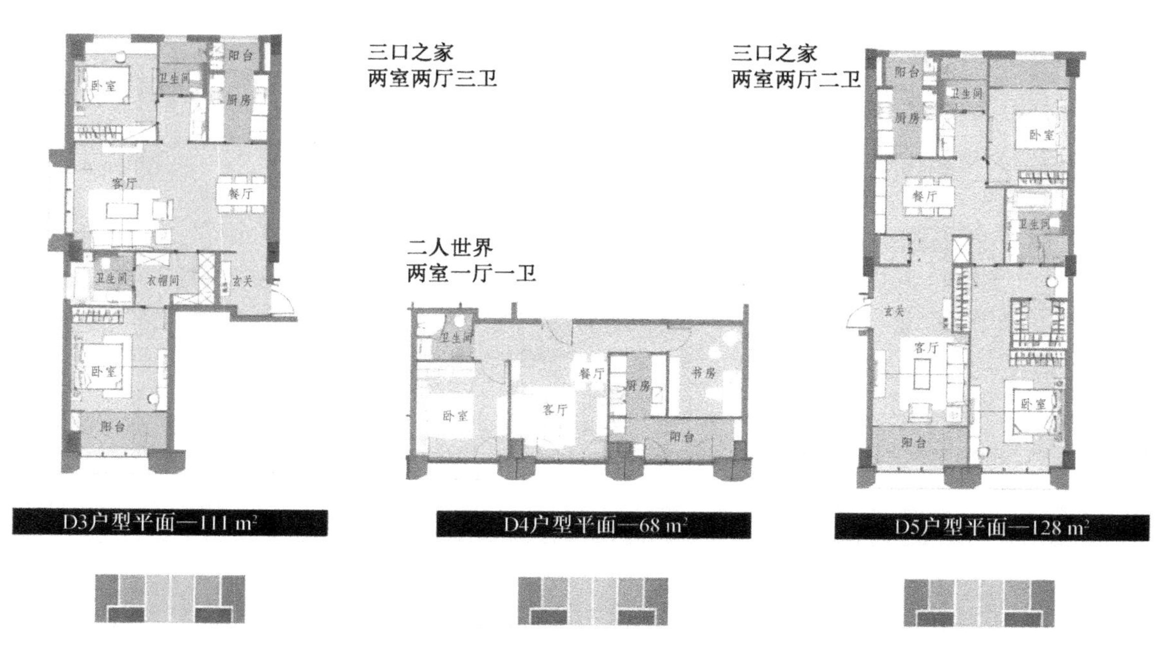

图 3.3-3 3 号楼标准层组合模式：D3＋D4＋D5

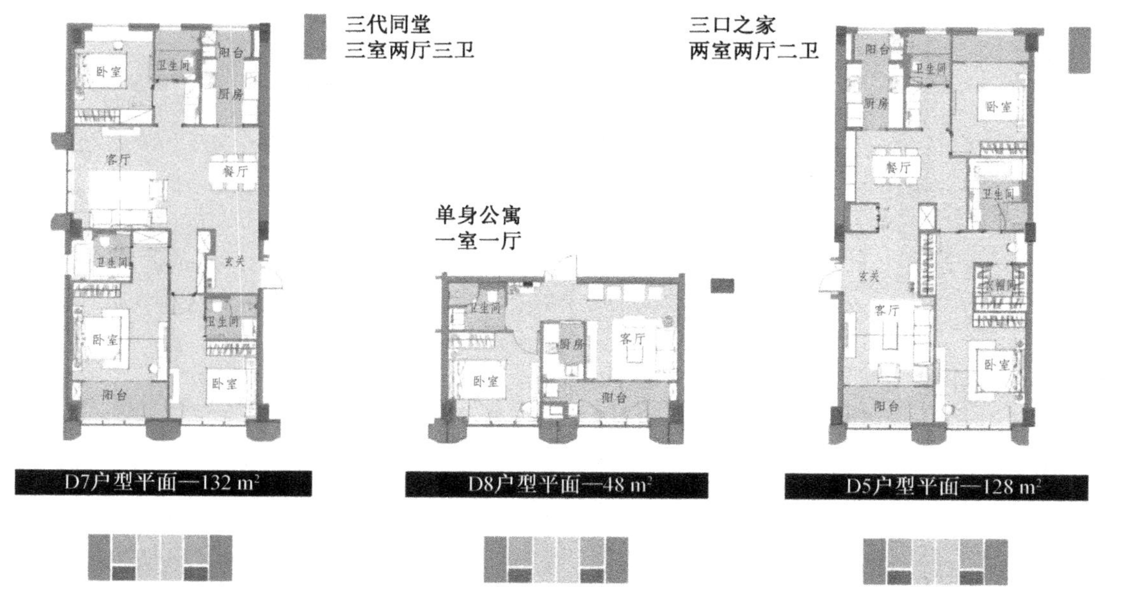

图 3.3-4 3 号楼标准层组合模式：D7＋D8＋D5

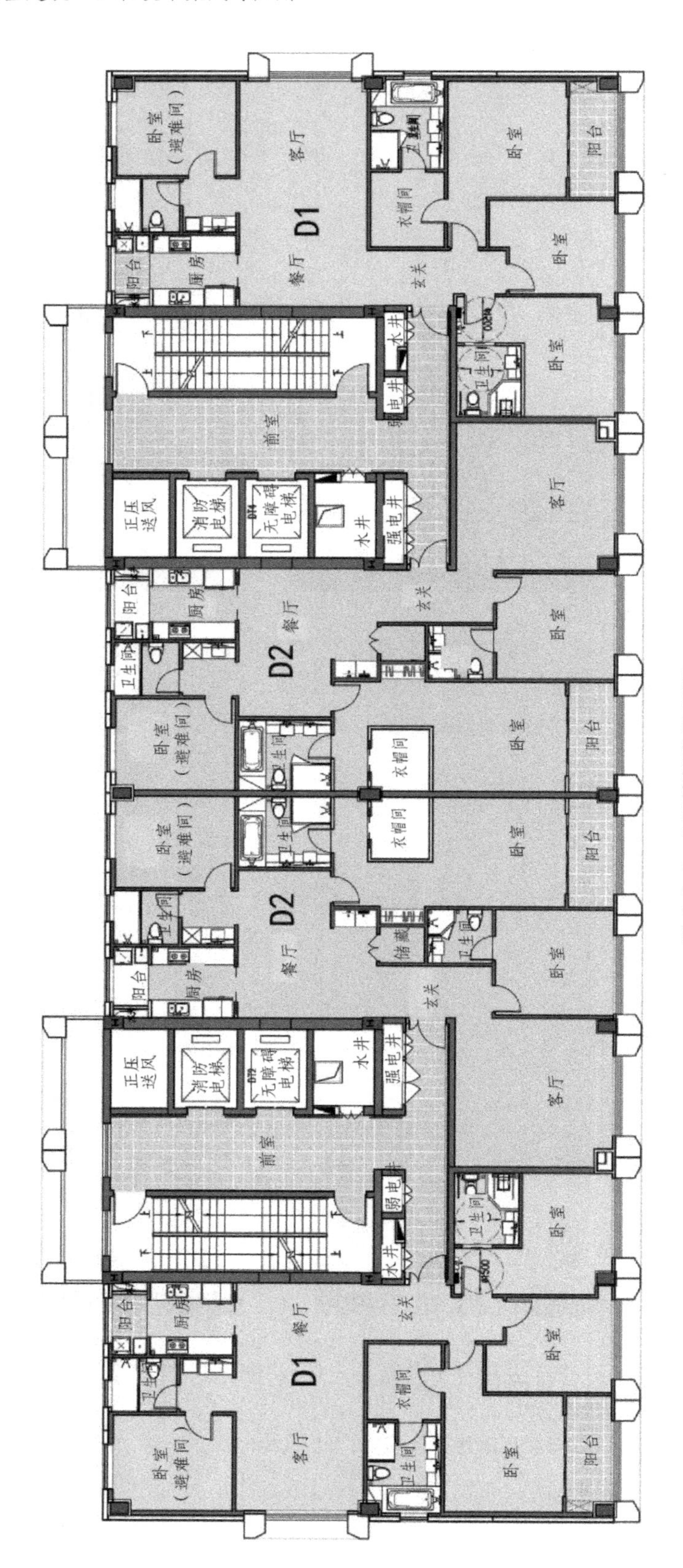

图 3.3-5　3 号楼标准层平面一

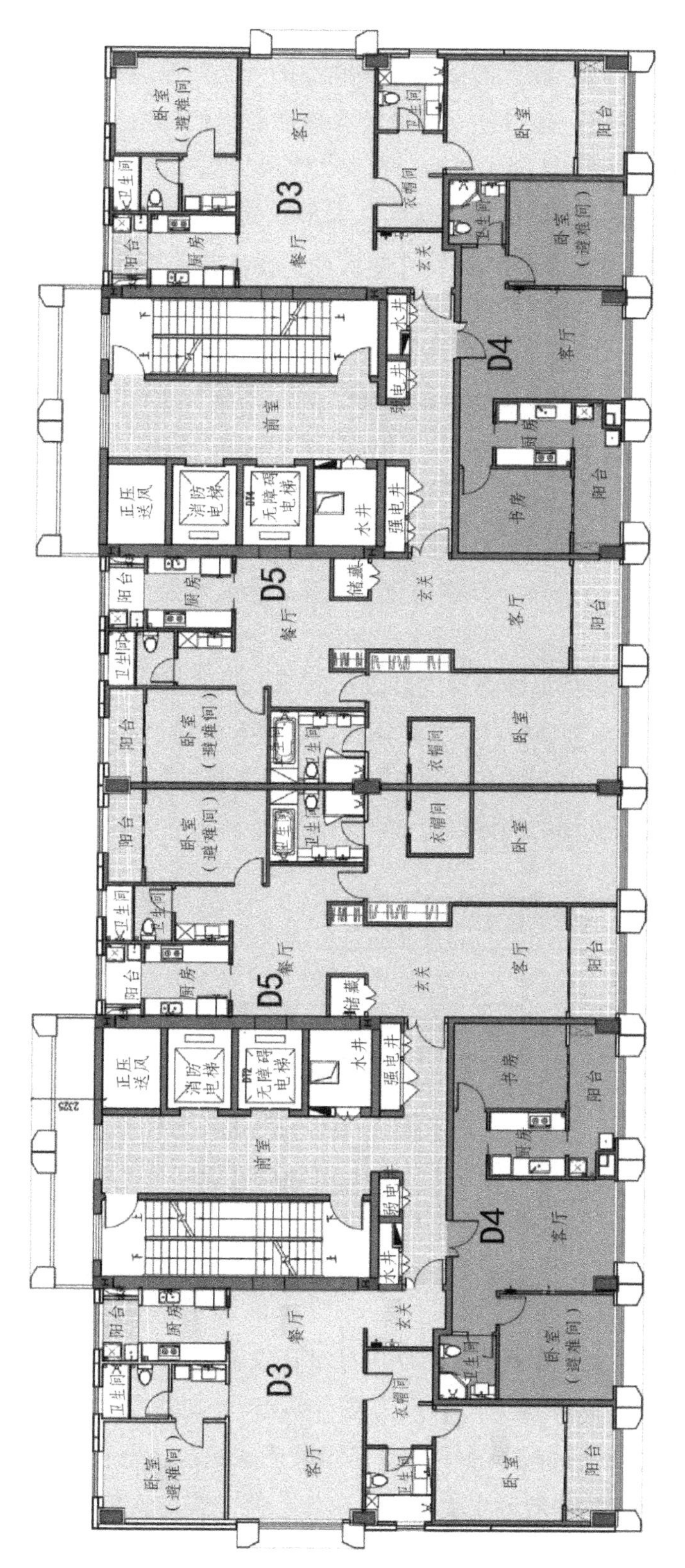

图 3.3-6　3 号楼标准层平面二

3. 立面标准化设计

建筑外立面设计不应是设计师个性化的体现和实验性的产物，而应是综合社会、经济、技术、文化等诸多因素的设计。建筑外立面设计应该注意人们的生活经验和审美习惯，创造出能够为广大群众所理解和认同的装饰，做到“雅俗共赏”。

多数建筑设计的一线从业者认为装配式建筑的立面形象受到“标准化”的制约，只能是呆板、单调、重复的。事实上，装配式建筑立面设计在标准化的构件与结构基础上，通过多样化的组合方法，可以使得建筑形成具有一定的空间造型和个性化的变化，取得成本与效益的平衡。

装配式建筑的其中一个优势是能将建筑分解成零碎的小构件，通过设计预制生产后运至现场拼装而成。这些拆分后的小构件是塑造立面的重要基础元素，立面设计应充分地挖掘这些构件与立面设计的关系，研究这些构件的拼接组合方式，达到立面的多样化设计效果。如：通过外墙板之间及外墙板与门窗的虚实对比，形成简洁大方的立面构成关系。通过组织窗元素在外墙板上的排布，以格构化的线条来表现装配式建筑的基本立面肌理。

装配式建筑立面的预制构件根据标准化程度可以分为：标准构件和非标构件。而根据构件的使用功能可以拆分为：预制外墙板、门窗、阳台、楼梯电梯间、其他小型功能构件等。其中预制阳台包含了栏杆栏板的设计，小型功能构件有空调机位、遮阳板、分户隔板、雨篷等。预制装配式建筑外立面的构件拆分如图 3.3-7 所示。

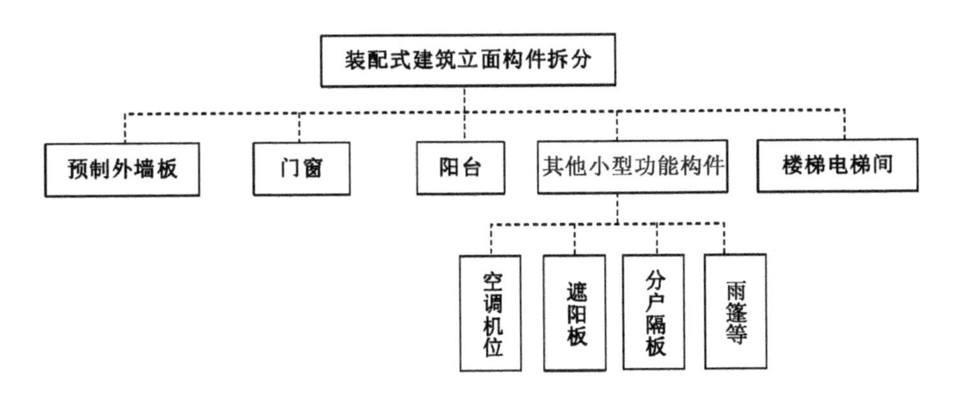

图 3.3-7　装配式建筑立面构件拆分

3 号楼建筑外立面采用工业化的处理手法，使用标准化玻璃纤维增强混凝土（GRC）模块构件（图 3.3-8），构件尺寸模数化，以两层为基本单元，在水平方向和垂直方向上进行镜像拼合，一改传统住宅立面的局限性，充分体现装配式建筑工业设计的美感和形象。住宅的层高相同，使得预制构件的量化生产更为高效，便于装配式技术的快速实施，达到一定使用年限后亦便于拆卸更换，实现立面可变。

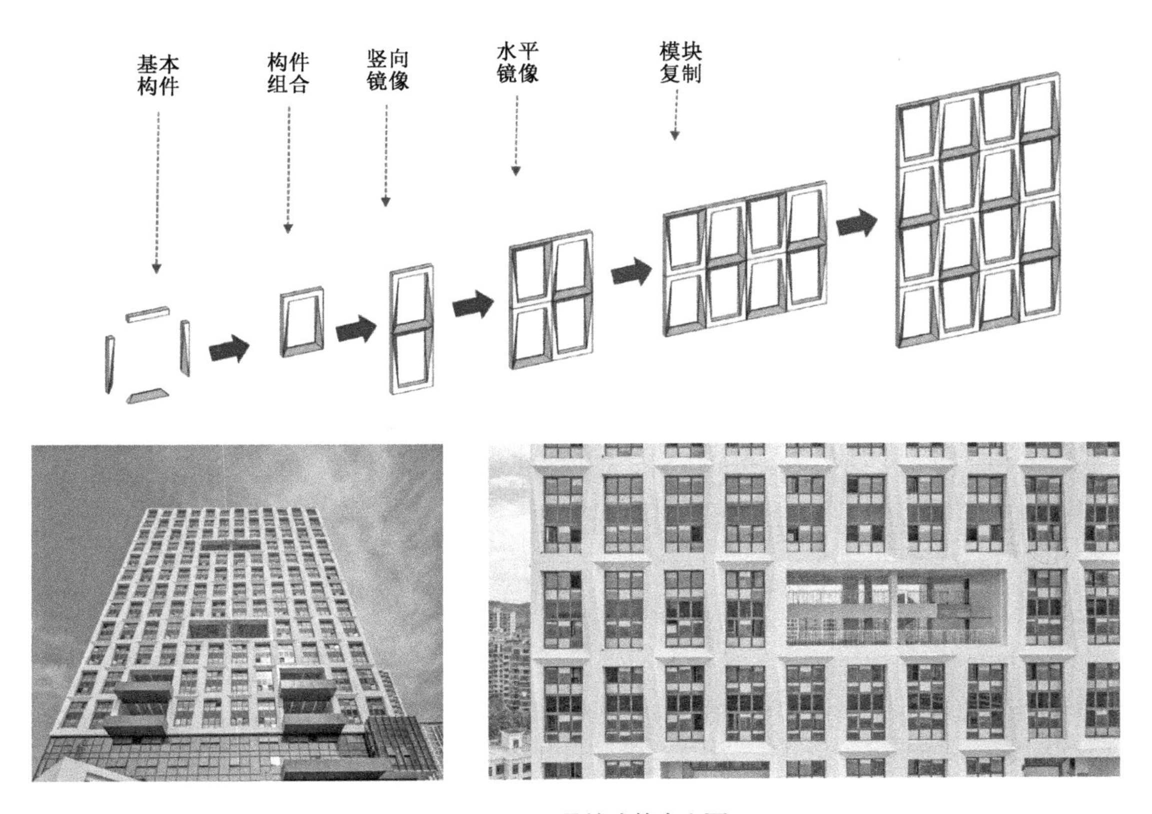

图 3.3-8 3号楼建筑南立面

3.3.2 SI 建造技术体系

3号楼集成应用 SI 建筑体系（Skeleton-Infill Building Systerm），打造百年耐久、可更新、可升级的百年住宅。SI 住宅的基本理念为：通过将主体结构部分与内装及设备等部分明确进行分离，确保在不损伤建筑主体结构部分的前提下可随意更新内装部分乃至户型，从而延长住宅的使用寿命，并提高住宅未来持有的价值。

3号楼主体结构为钢框架—混凝土剪力墙结构（图 3.3-9），该结构体系轻质高强、抗震性能好，钢结构空间布置自由，可形成大柱距、大开间的开放性住宅，开间可比混凝土大 30%～50%左右。在此基础上运用装配化装修技术，达到功能可变、户型可变的长寿命住宅。

1. 装配化装修整体解决方案

装配化装修部位包括外墙/承重墙、内隔墙、吊顶、地面铺装、厨房、卫生间、工业化部品部件等，详见表 3.3-2。

装配化卫生间应用防水底盘，优势显著：(1) 预制流水坡度，安装便捷；(2) 功能区域划分合理，使用更舒适；(3) 采用多层复合防水结构：芯蜂窝＋专用防水膜（2层）＋

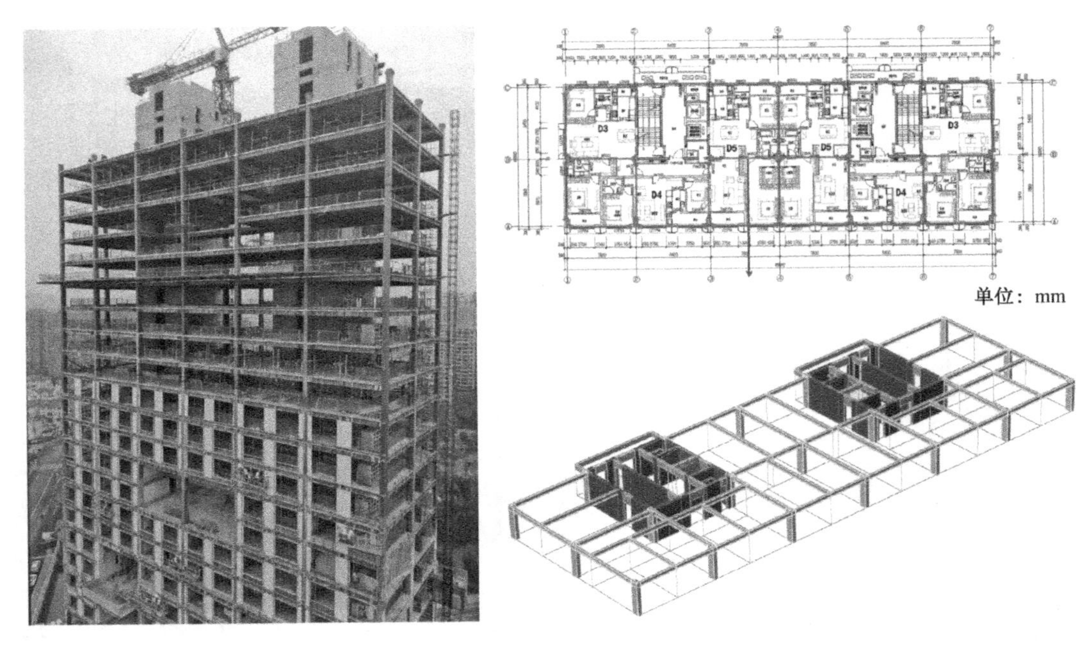

图 3.3-9　3 号楼框架—混凝土剪力墙结构

聚氨酯玻璃纤维（3 层）＋PU 整体水盘＋水泥纤维板＋瓷砖；（4）底盘漏口对接配件运用双偏心环，全密封圈防漏水、防臭气。

装配化架空地面运用自动化复合瓷砖地板生产线，确保瓷砖拼缝高低精细度和一致性；采用专用支撑模块及扣件，实现施工现场快速拼装。支撑模块可通过螺纹调节高度，并可选不同的高度规格。

表 3.3-2　3 号楼装配化装修系统整体解决方案

部位	做　法
外墙/承重墙	龙骨调平＋自饰复合墙板（壁纸/仿墙砖）
内隔墙	轻钢龙骨系列＋岩棉＋自饰复合墙板＋管线分离
吊顶	石膏板轻钢龙骨吊顶＋铝扣板吊顶（厨卫）
地面铺装	架空模块＋自饰复合地材＋集成采暖、地送风等模块
厨房	墙：自饰复合墙板＋管线分离 顶：集成吊顶 地：架空模块＋自饰复合地材
卫生间	整体/集成卫浴＋管线分离 墙：自饰复合墙板 顶：集成吊顶 地：防水底盘＋保温装饰一体砖
工业化部品部件	成品栏杆、整体橱柜、集成收纳、适老适幼部品、智慧家居

2. 管线分离技术体系

针对建筑可变性需求，3 号楼采用了集成化的核心筒设计（图 3.3-10），即将本栋所有竖向机电管线系统全部集成于核心筒内，套内仅设横向管线，室内设置架空层，管线与结构层完全分离，便于在建筑使用期间内对空间的重新调整组合。同时，核心筒开间宽度与住宅部分协调一致，保证外墙板的模数统一协调。集成化核心筒设计使得竖向干线系统形成建筑机电系统的“树干”，而水平支线系统形成“枝叶”（图 3.3-11）。主要建筑空间内的机电系统在保持和主干连接的同时，可以保证其最大的自由度。

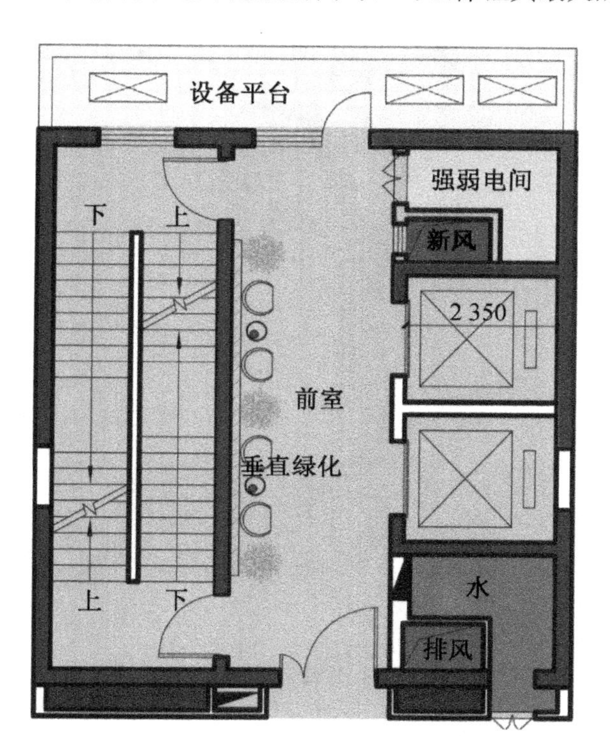

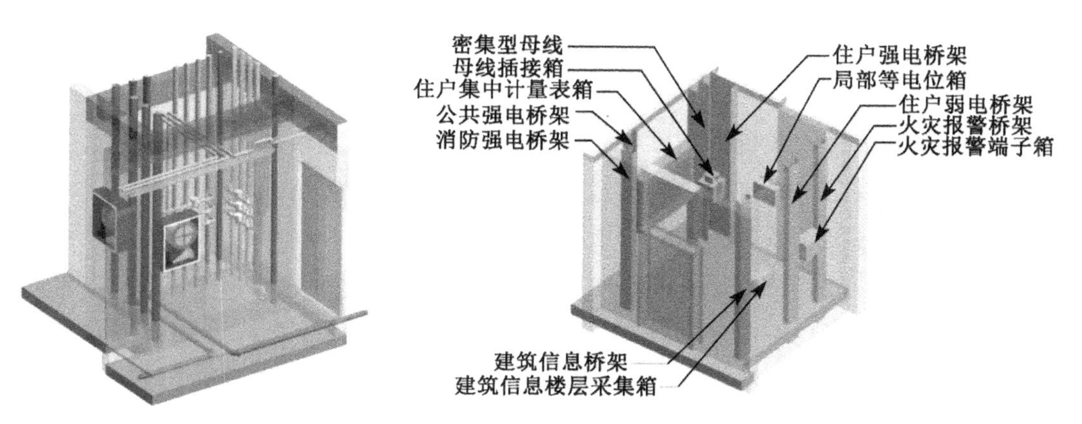

图 3.3-10　集成化核心筒设计

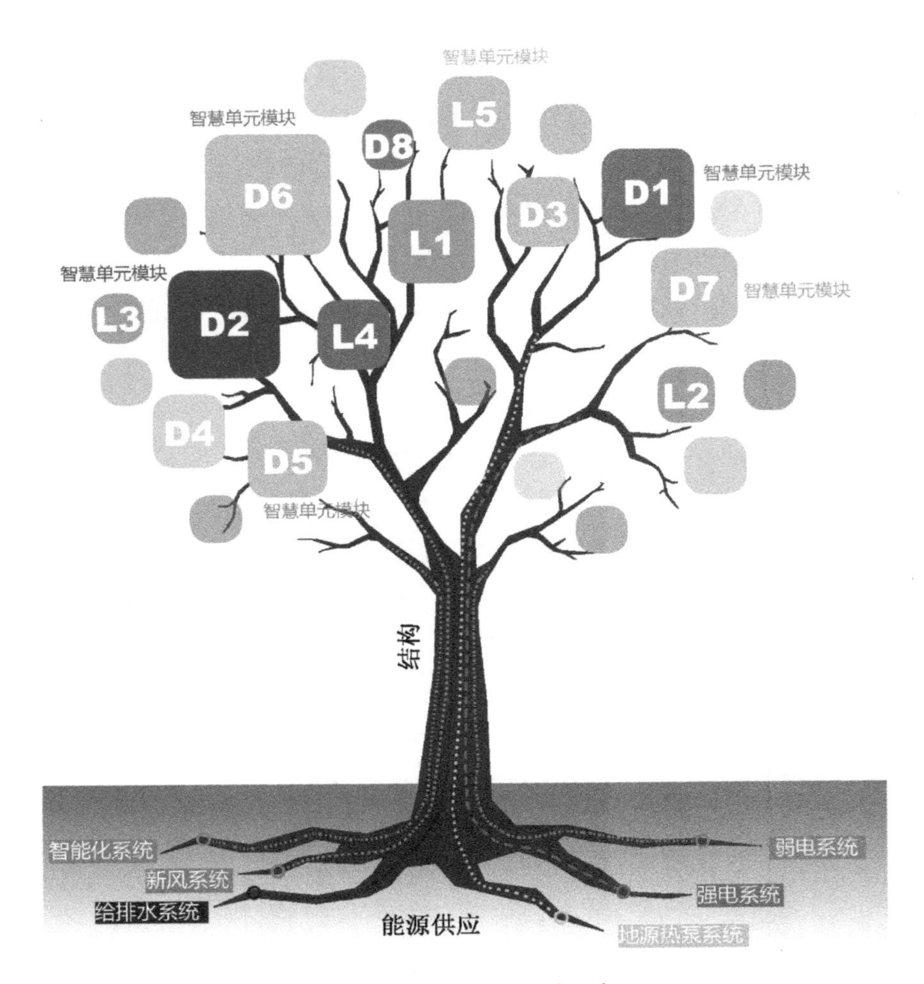

图 3.3-11　智慧树设计理念

3 号楼供配电系统采用放射式与树干式相结合的方式，单台容量较大的用电设备由配电间进线柜直接放射式供电。公区用电和户内用电分别自成系统，配电间设置在地下室一层，配电竖井设置在核心筒。公区配电采用放射式配电，可以灵活设置配电箱的位置；户内采用树干式母线槽配电，方便调整楼层配电箱的容量，灵活适应不同的户型组合用电。装配式建筑的设备与管线设计宜采用集成化技术、标准化设计。设置两处配电竖井，各类设备与管线综合设计、减少平面交叉，合理利用空间，设备与管线应合理选型、准确定位。公区和户内的设备与管线在架空层或吊顶内设置。3 号住宅楼给水、排水干管于核心筒四周设置，集中安装，入户给水支管在吊顶内敷设，排水支管在架空层内敷设，满足检修使用的同时，更便于适应建筑空间布局的可变性需要。3 号楼竖向管线设置如图 3.3-12 所示，管井平面示意图如图 3.3-13 所示，户内管线设置剖面如图 3.3-14 所示。

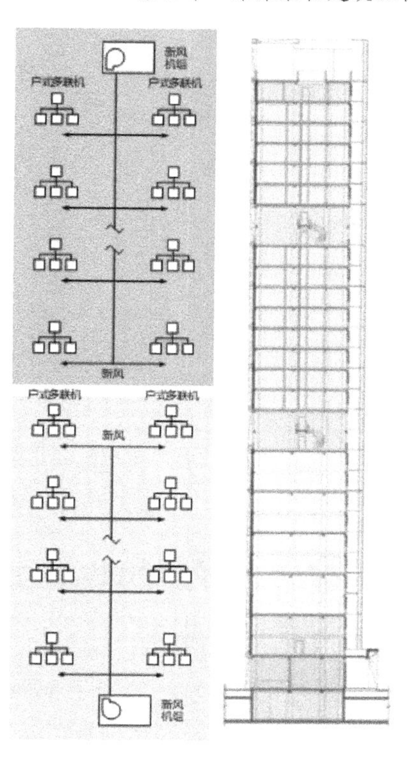

图 3.3-12　3 号楼竖向管线设置

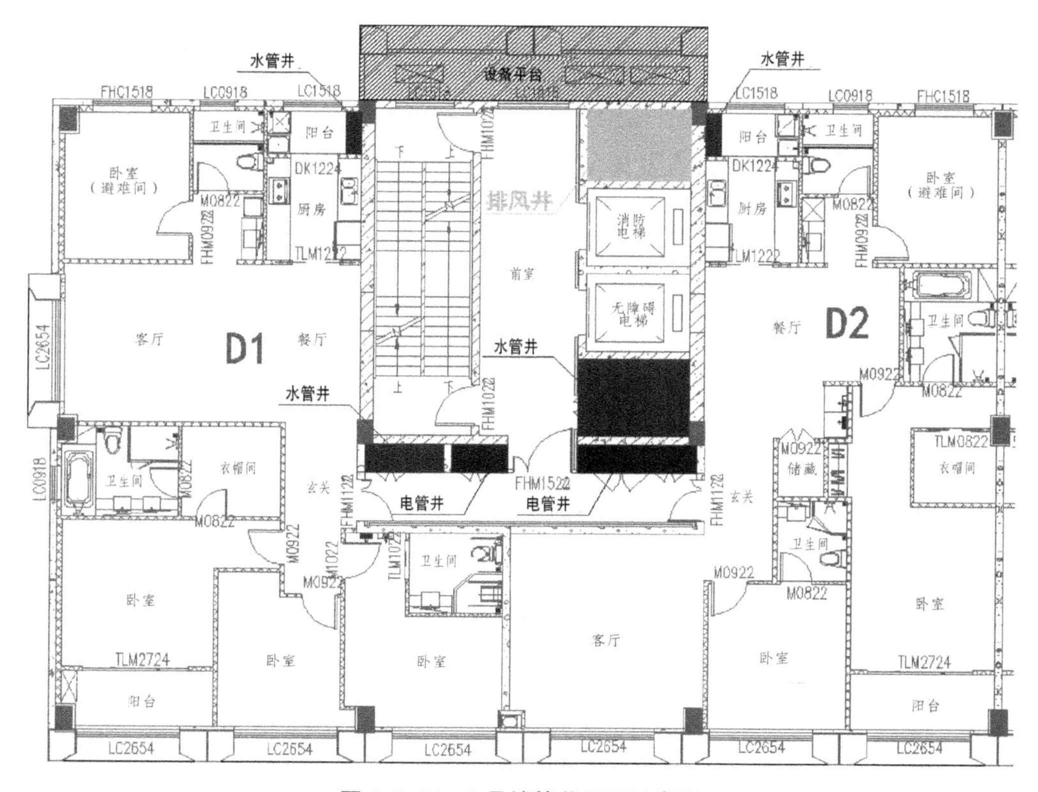

图 3.3-13　3 号楼管井平面示意图

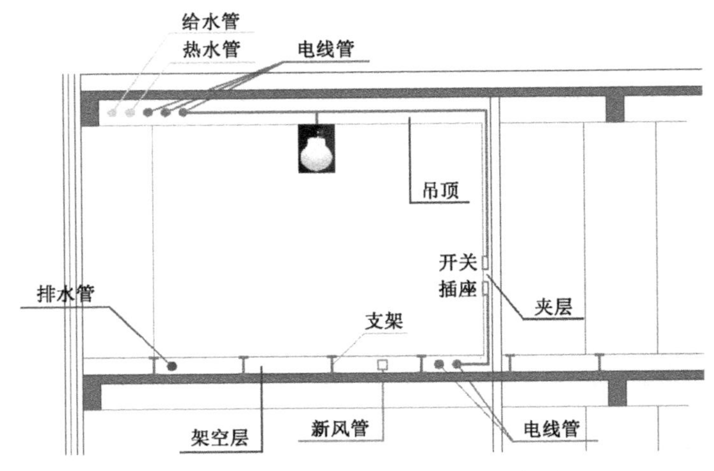

图 3.3-14　户内管线设置剖面示意图

3.4　基于健康、舒适的共享社区设计

3.4.1　共享社区功能分区

建筑整体分为下部共享社区及上部居住空间两大区域。1～6 层为共享社区公共空间，设置了丰富的公共服务业态以及创客、展示空间。其中：1 层为入户大堂、共享餐厅、无人超市等。2 层提供共享健身服务，3～4 层为未来技术展厅和未来住宅体验区，5～6 层为共享创客空间及青年公寓。7～28 层为高端人才住房，为不同需求的人群提供多样化的居住空间。1～6 层建筑功能分区如图 3.4-1 所示，1～6 层建筑平面如图 3.4-2～图 3.4-7 所示。

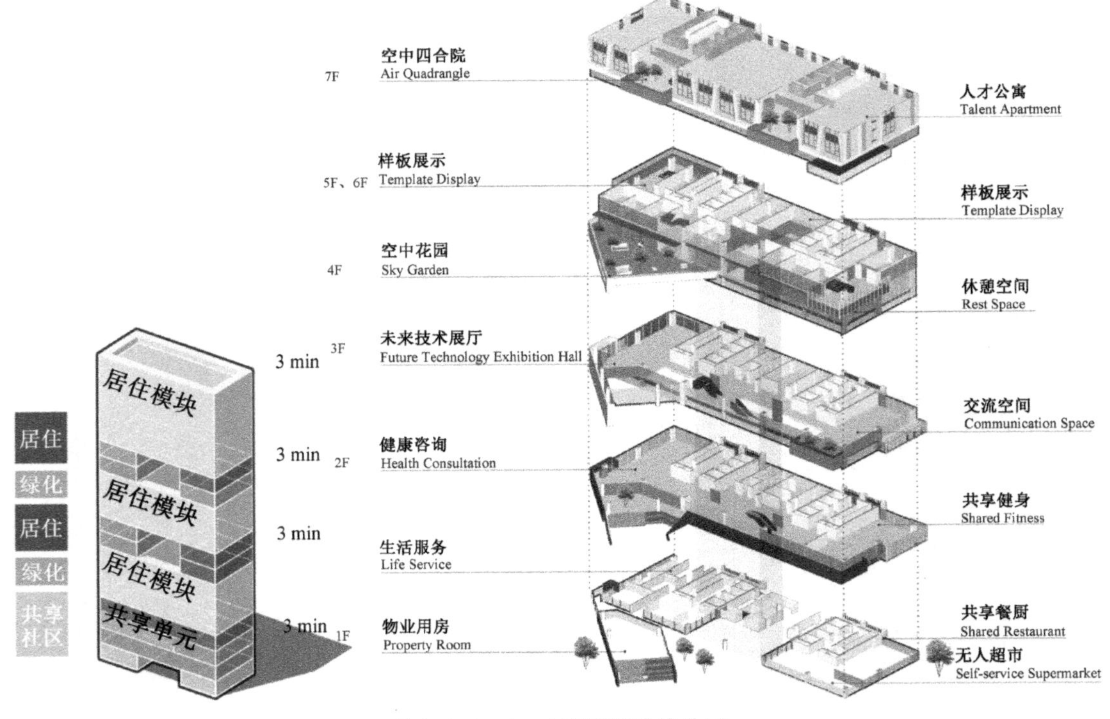

图 3.4-1　1～6 层建筑功能分区

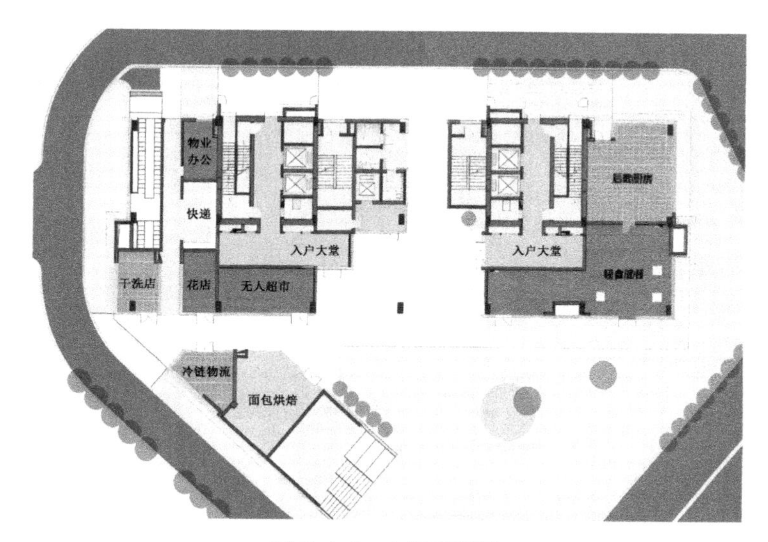

图 3.4-2　1 层平面图

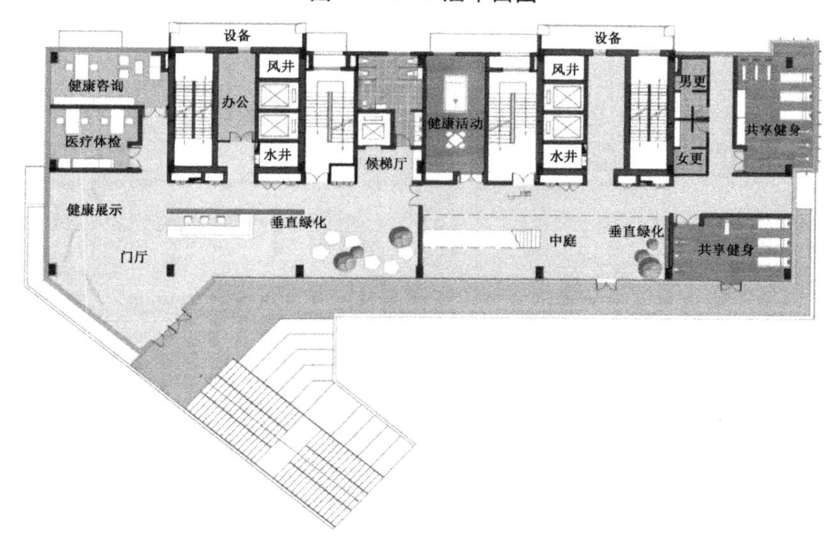

图 3.4-3　2 层平面图

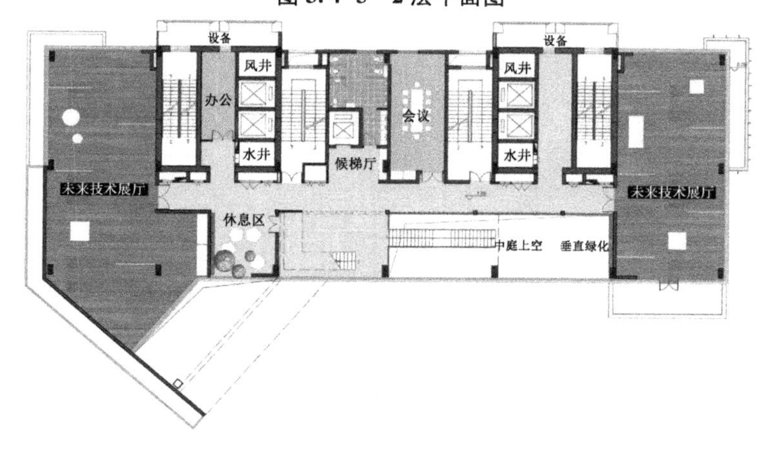

图 3.4-4　3 层平面图

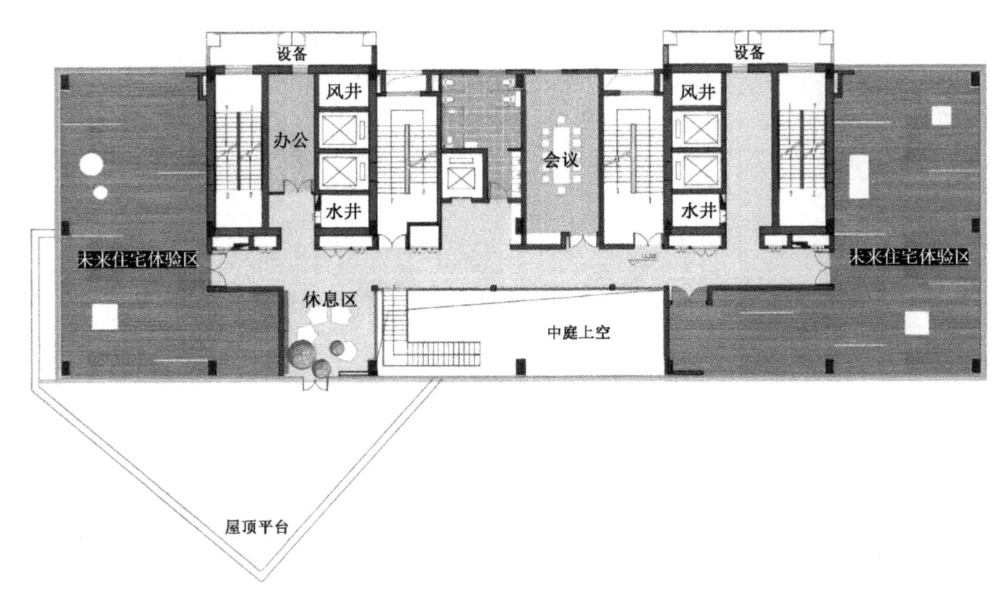

图 3.4-5　4 层平面图

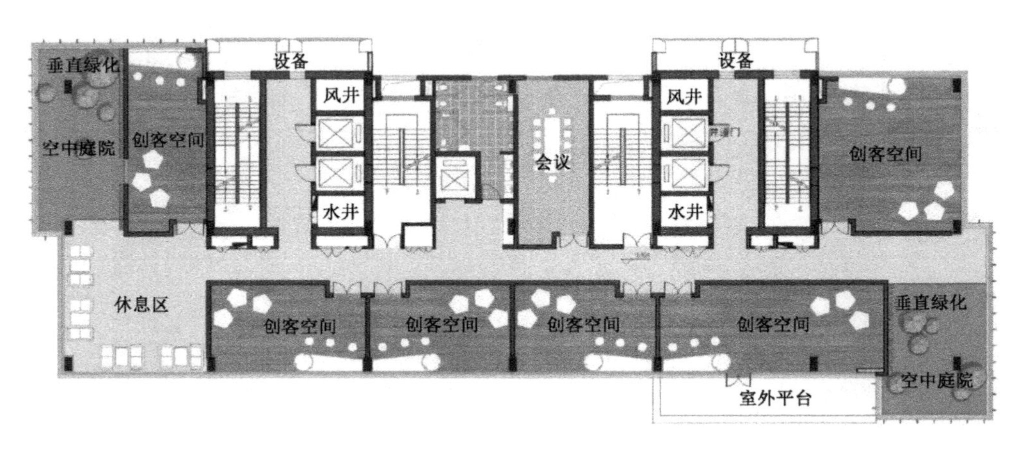

图 3.4-6　5 层平面图

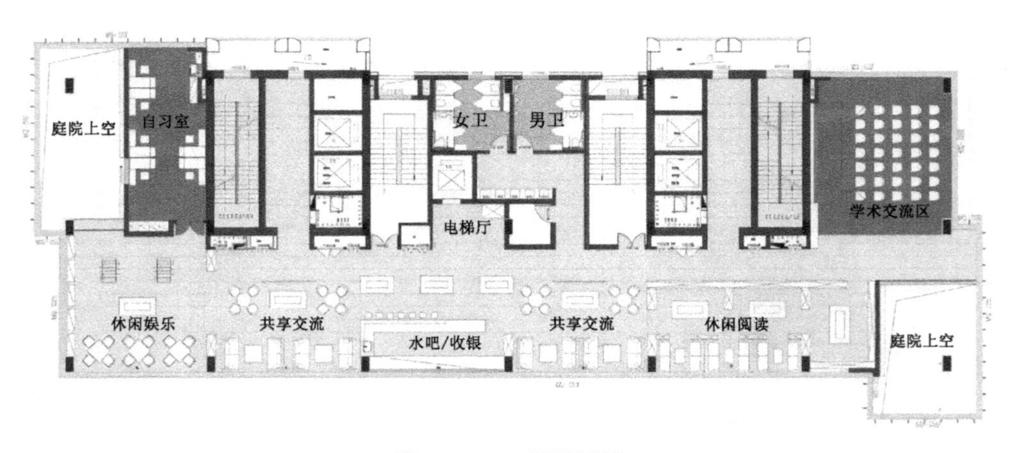

图 3.4-7　6 层平面图

3.4.2　足不出栋活动空间设计

随着家庭结构和社会观念的变迁，人们的居住模式发生重大改变，越来越多的居住环境过分强调私密性，却忽视了人们对公共交往的需求。因此，3 号楼试图在楼栋本身，通过植入“空中四合院”的概念，形成绿意盎然、尺度适宜的邻里交往空间。3 号楼在 7 层、9 层设置了 4 个不同主题的凸出“空中四合院”，各有 120 多 m² 的挑高空间。每四户居民可以共享这片小天地，也会为其他入住者提供更多的自由交流和讨论空间。“空中四合院”效果如图 3.4-8 所示。

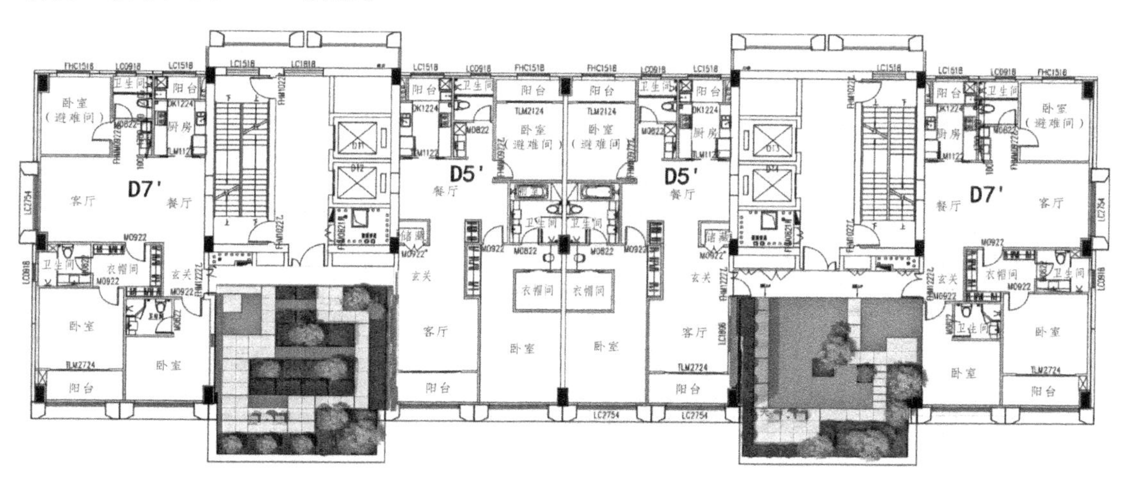

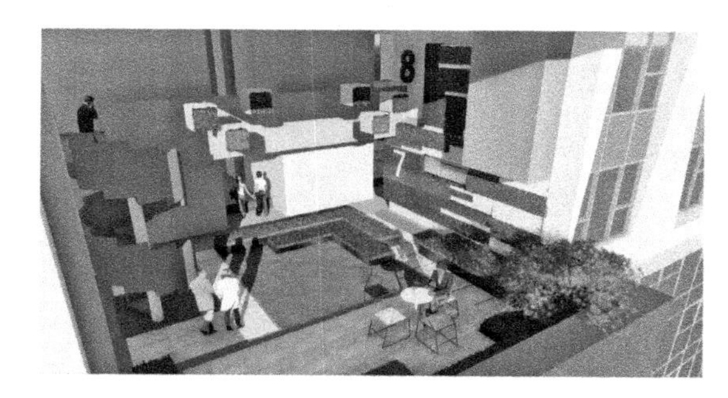

图 3.4-8　空中四合院

3 号楼将 14 层景观设计为青年活动区，通过设置咖啡厅区域、电影观看区、攀爬区，为青年人提供了一个休闲娱乐的场所。23 层景观设计为老年活动区，通过设置品茶区域、下棋区域、老年健身区域，为老年人提供了一个养生休闲的场所。

14 层、23 层建筑平面图及效果图如图 3.4-9～图 3.4-12 所示。

为满足现代人不断增强的健康生活理念的需求，3 号楼试图利用设计改善社区住户的行为模式，打破传统平面运动方式，在社区中置入三维立体健康跑道。同时在路径上将不同功能的空中四合院串联，打造丰富的公共交流空间，提升住户体验，从“被动健康”到“主动健康”。（图 3.4-13）。

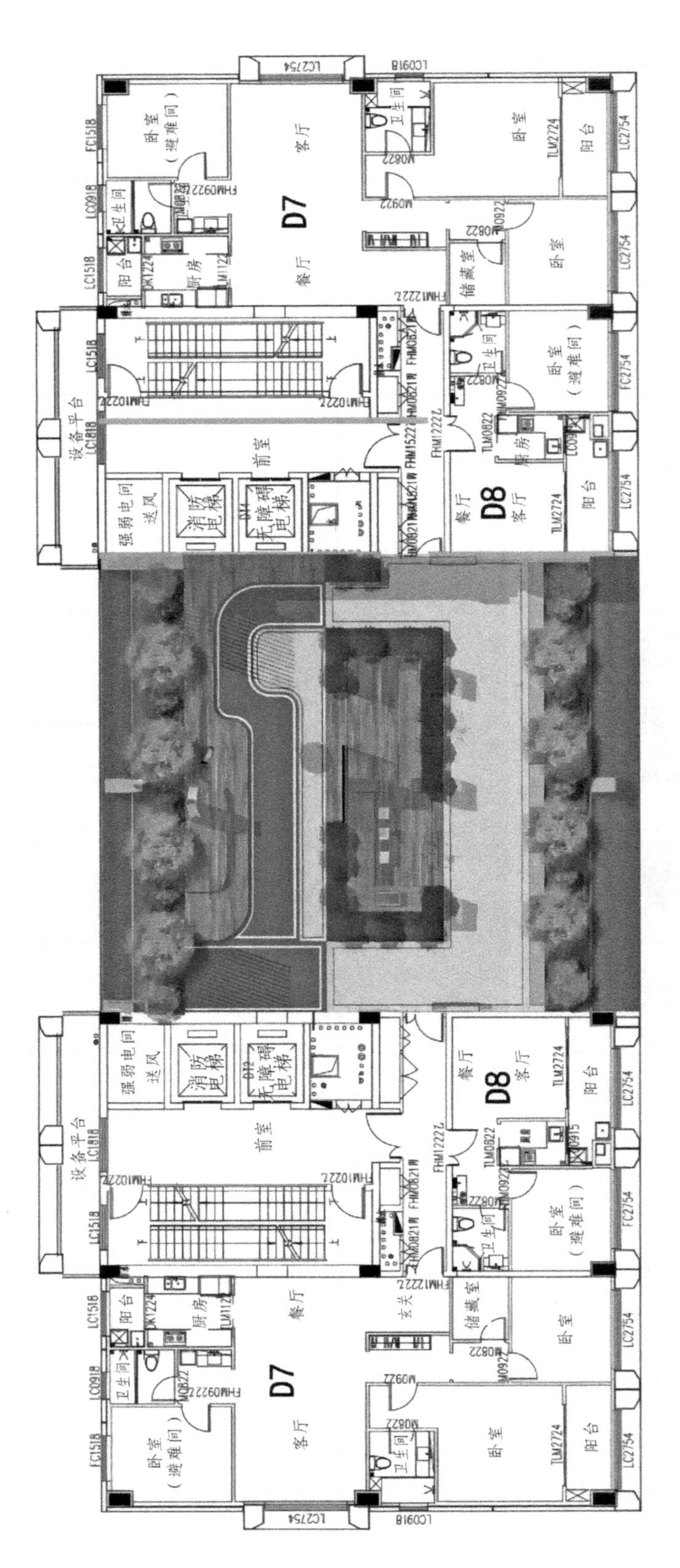

图 3.4-9　14 层建筑平面图

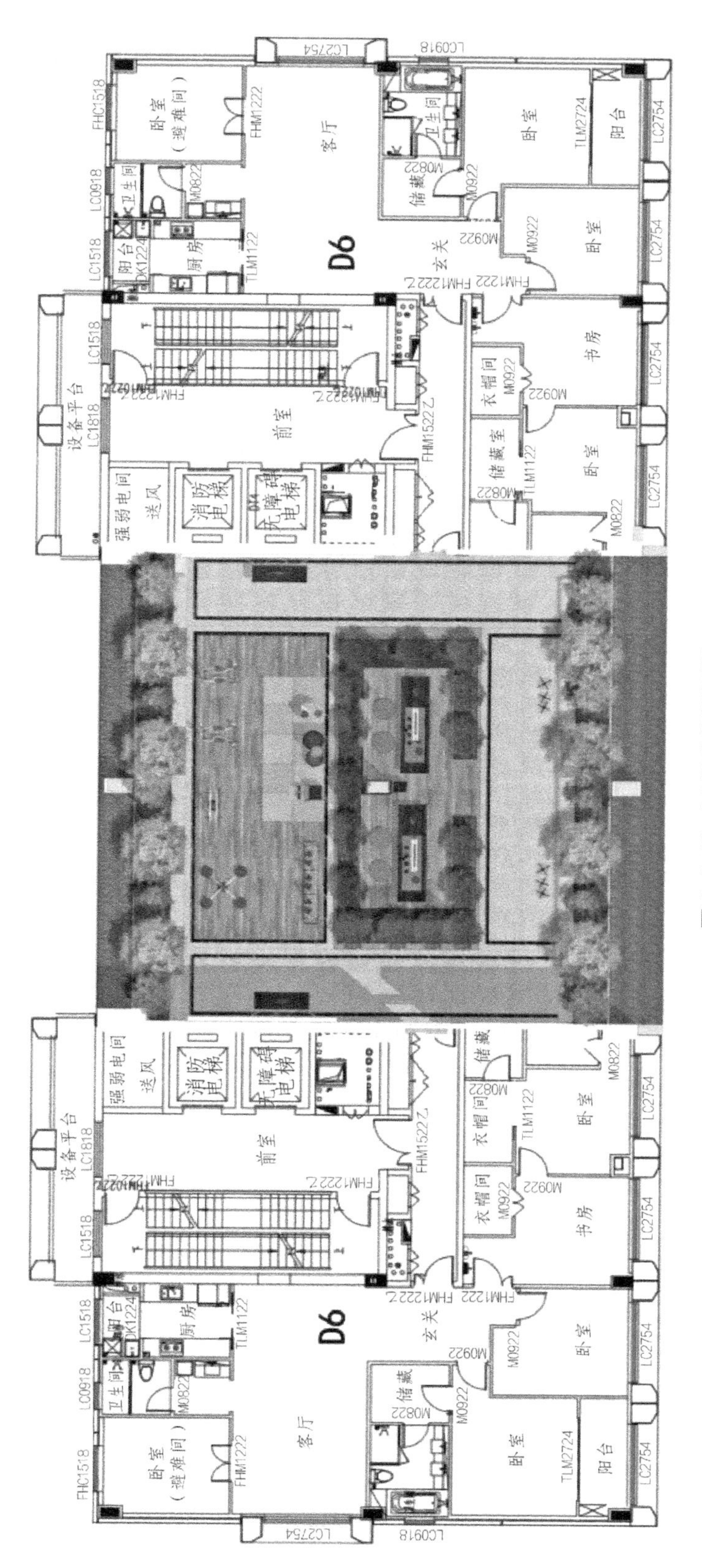

图 3.4-10　23层建筑平面图

图 3.4-11　14 层青年活动区效果图

图 3.4-12　23 层老年活动区效果图

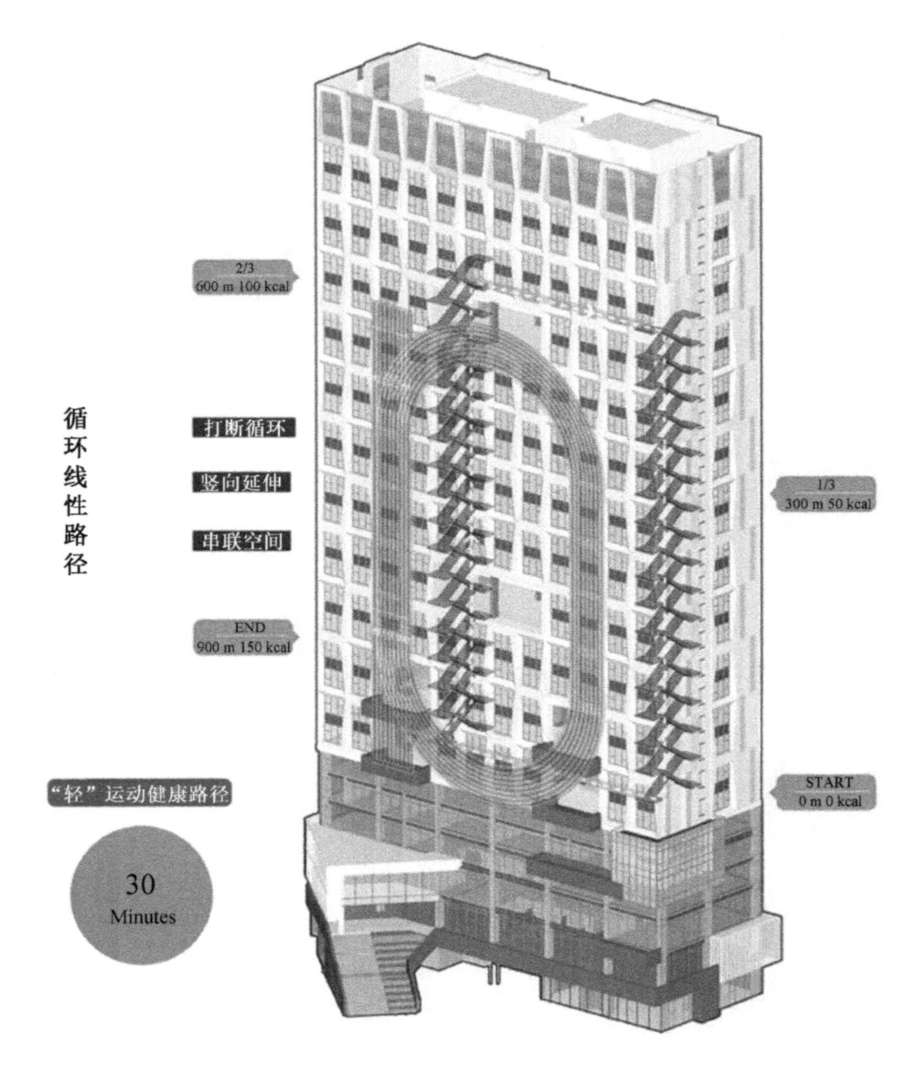

图 3.4-13　三维立体跑道示意图

第四章　专项技术研究与实践

南京江北新区人才公寓（1 号地块）项目 3 号楼北立面及东西山墙采用预制混凝土外挂墙板，南立面采用玻璃纤维增强混凝土（Glass Fiber Reinforced Concrete，GRC）幕墙，本章预制混凝土外挂墙板部分介绍了预制混凝土外挂墙板的节点构造、防水构造以及相关试验研究，GRC 幕墙部分介绍了模块化设计方法、连接构造以及相关的生产加工工艺。

4.1　预制混凝土外挂墙板

预制混凝土外挂墙板适用于工业与民用建筑的外墙工程，在国外广泛应用于混凝土框架结构、钢结构的公共建筑、住宅建筑和工业建筑中。近几年，预制混凝土外挂墙板在国内也得到了一定程度的应用。预制混凝土外挂墙板具有如下优势：(1) 在工厂采用工业化生产，具有施工速度快、质量好、维修费用低的特点；(2) 利用混凝土可塑性强的特点，根据工程需要可充分表达设计师的意愿，使建筑外墙具有独特的表现力；(3) 可设计成集外饰、保温、墙体围护于一体的夹层保温外墙板。

预制混凝土外挂墙板与主体结构的连接节点形式可分为点支承连接和线支承连接，具体如表 4.1-1 所示。

表 4.1-1　预制混凝土外挂墙板与主体结构连接方式

连接方式	点支承	线支承
构造特点	外挂墙板与主体结构通过不少于 2 个独立支承点传递荷载，并通过支承点的位移实现外挂墙板适应主体结构变形能力的柔性支承方式。采用点支承的外挂墙板与主体结构的连接宜设置 4 个支承点：当下部 2 个为承重节点时，上部 2 个宜为非承重节点（下承式）；相反，当上部 2 个为承重节点时，下部 2 个宜为非承重节点（上承式）	外挂墙板局部与主体结构通过现浇段连接的支承方式。外挂墙板与主体结构采用线支承连接时，宜在墙板顶部与主体结构支承构件之间采用后浇段连接，墙板的底端应设置不少于 2 个仅对墙板有平面外约束的连接节点，墙板的侧边与主体结构应不连接或仅设置柔性连接
优点	外挂墙板能释放自身温度作用产生的节点内力，并适应主体结构的变形，从而不产生附加内力。点支承外挂墙板具有墙板构件和连接节点受力明确，能完全适应主体结构变形，施工安装简便且精度和质量可控等优点	墙板与主体结构间不存在缝隙，对建筑使用功能影响较小

（续表）

连接方式	点支承	线支承
缺点	点支承外挂墙板与主体结构连接节点数量有限，且通常连接节点在破坏时的延性十分有限，因此应对连接节点的设计合理性、加工和施工质量予以重视	由于线支承外挂墙板与支承构件之间采用现浇混凝土段连接，因此墙板构件通常会对支承构件的刚度和受力状态产生一定的影响，在支承构件设计过程中应予以考虑

外挂墙板的接缝宜与建筑立面分格线位置相对应，并应结合表 4.1-2 所列因素合理确定墙板分格形式和尺寸。

表 4.1-2　外挂墙板立面划分原则

序号	划分原则
1	建筑外立面效果与外门窗形式
2	建筑防排水要求
3	构件加工、运输、安装的最大尺寸和重量限值
4	外挂墙板支承系统形式
5	外挂墙板接缝宽度及墙板变形要求

预制混凝土外挂墙板主要板型划分及选用情况如表 4.1-3 所示。

表 4.1-3　预制混凝土外挂墙板主要板型划分及选用情况

外挂墙板立面划分	立面特征简图	模型简图	常用尺寸
整板间	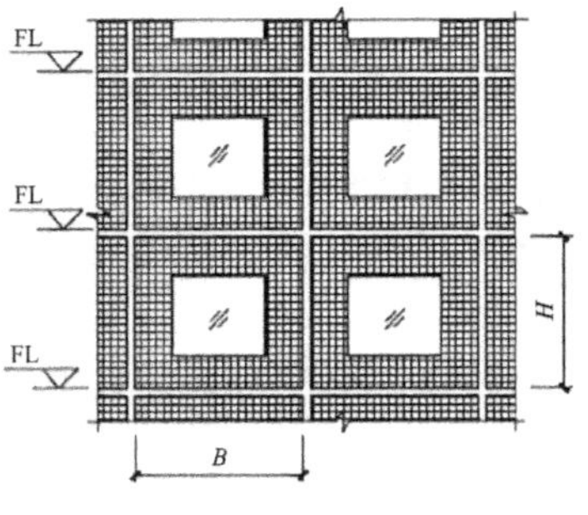 FL FL FL H B	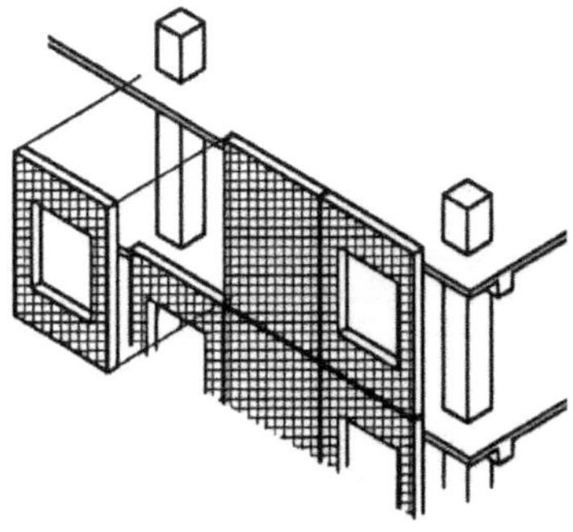	板宽 $B\leqslant 6.0$ m 板高 $H\leqslant 5.4$ m
横条板	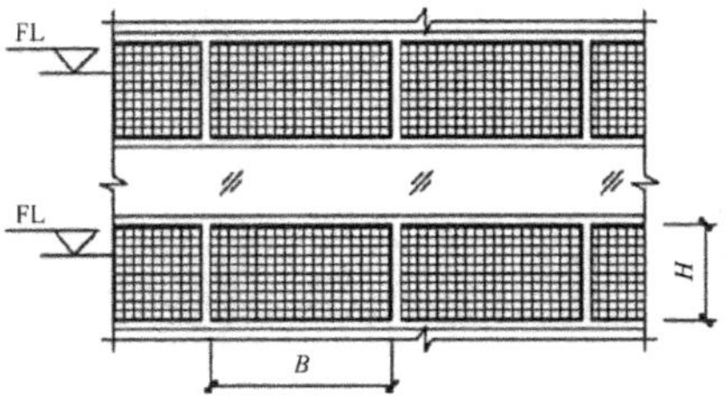 FL FL H B	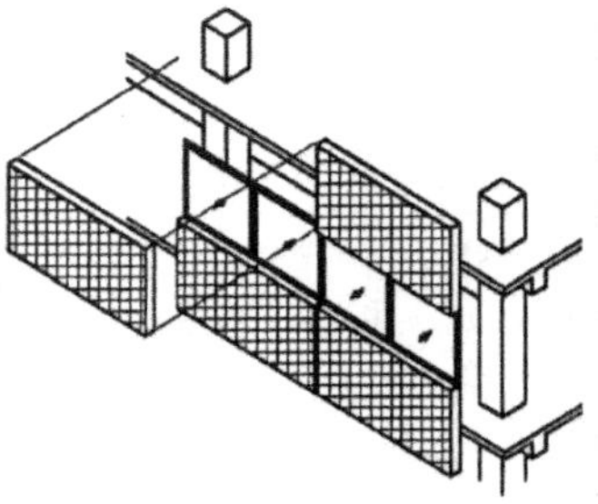	板宽 $B\leqslant 9.0$ m 板高 $H\leqslant 2.5$ m

（续表）

外挂墙板立面划分	立面特征简图	模型简图	常用尺寸
竖条板	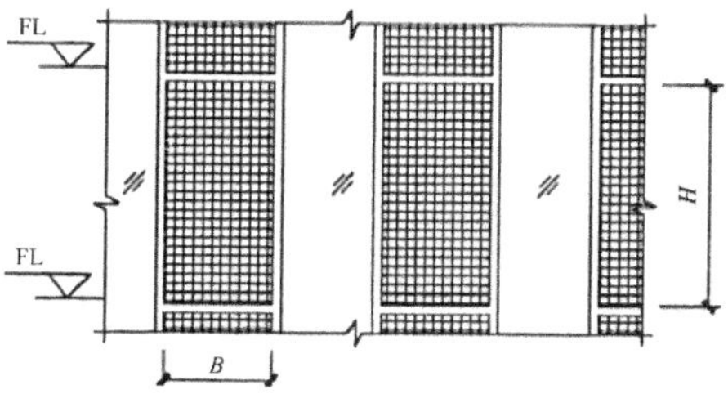	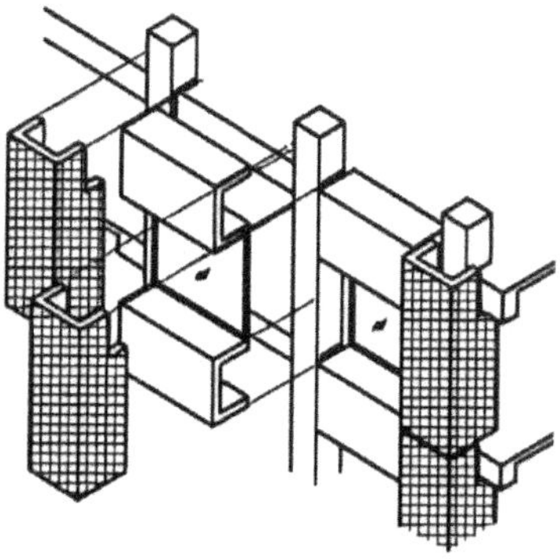	板宽 $B\leqslant 2.5$ m 板高 $H\leqslant 6.0$ m
装饰板	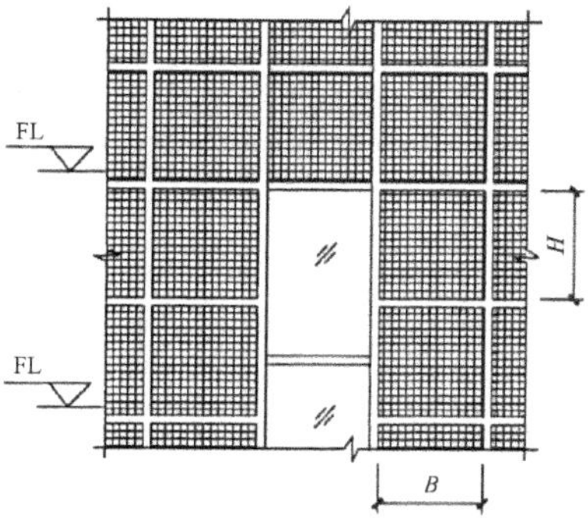	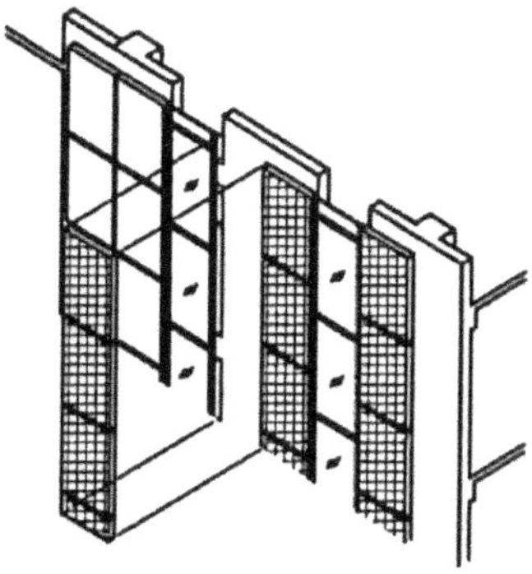	板宽 $B\leqslant 2.5$ m 板高 $H\leqslant 6.0$ m

注：参考《预制混凝土外墙挂板（一）》（16J110-2　16G333）

预制混凝土外挂墙板运动模式的选择原则如表 4.1-4 所示。

表 4.1-4　预制混凝土外挂墙板运动模式的选择原则

运动模式	运动简图	选择原则
线支承	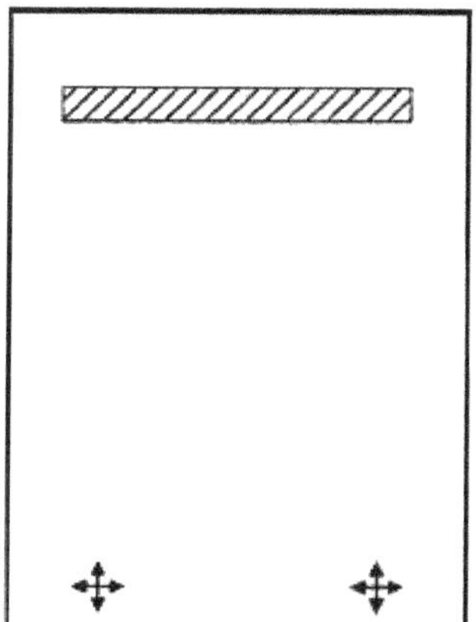	外挂墙板适用于混凝土结构且对防水、隔音要求较高的建筑

（续表）

运动模式		运动简图	选择原则
点支承	平移式	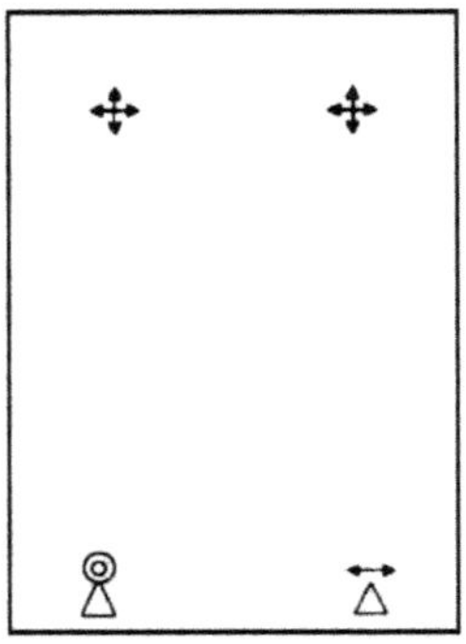	外挂墙板适用于整间板，适合板宽大于板高的情况
	旋转式	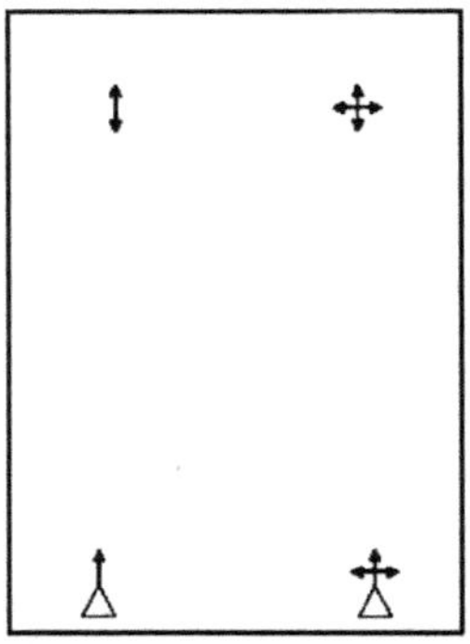	外挂墙板适用于整间板和竖条板，适合板宽不大于板高的情况
	固定式	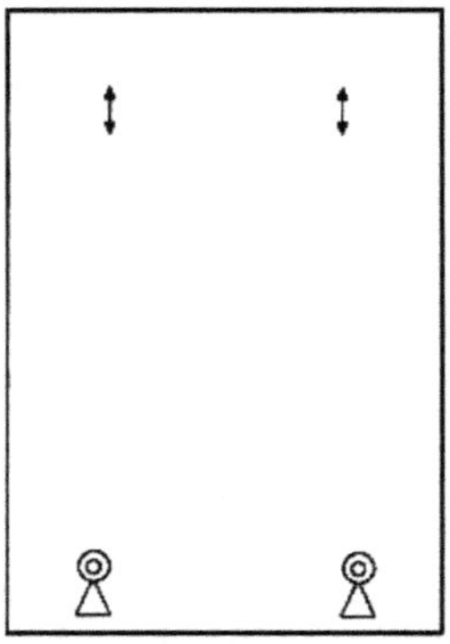	外挂墙板适用于横条板和装饰板

注：预制混凝土外挂墙板运动模式的选择还需要考虑建筑功能的要求

旋转式外挂墙板主要用于办公类公共建筑，在风荷载或地震作用下，其外挂墙板会发生平面内旋转，墙板与主体结构之间的填充材料则因外挂墙板反复性旋转存在松动的风险，对于后期缝隙处防水、隔音、防烟的处理存在隐患，有可能影响到将来上下层住户的建筑使用功能。

平移式外挂墙板相对于下层的钢梁和楼板无相对位移，墙板下端和楼板之间的缝隙后期可采用水泥砂浆填实，上下户之间的防水、隔声、防烟问题可有效得到解决。不同连接方式预制混凝土外挂墙板与主体结构的相对变形如表 4.1-5 所示。

表 4.1-5　不同连接方式预制混凝土外挂墙板与主体结构的相对变形

	平移式	旋转式	固定式
弯曲变形主结构中的墙板			
剪切变形主结构中的墙板			

4.1.1　墙板布置

3 号楼北立面及东西山墙外围护结构采用预制混凝土外挂墙板，如图 4.1-1 所示。预制混凝土外挂墙板拆分图如图 4.1-2 所示，相关参数如表 4.1-6 所示。

(a) 建筑东侧山墙实景

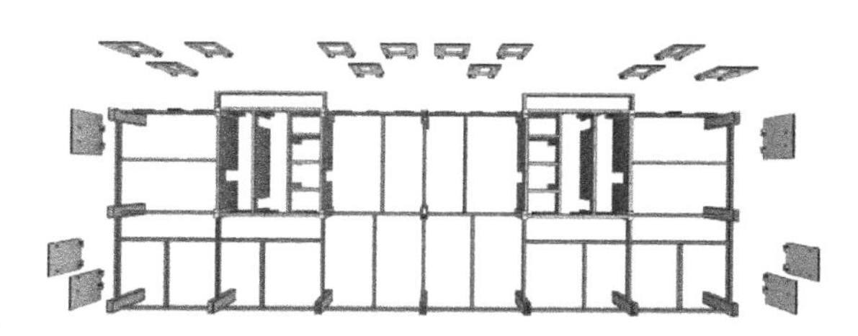

(b) 预制混凝土外挂墙板拆分

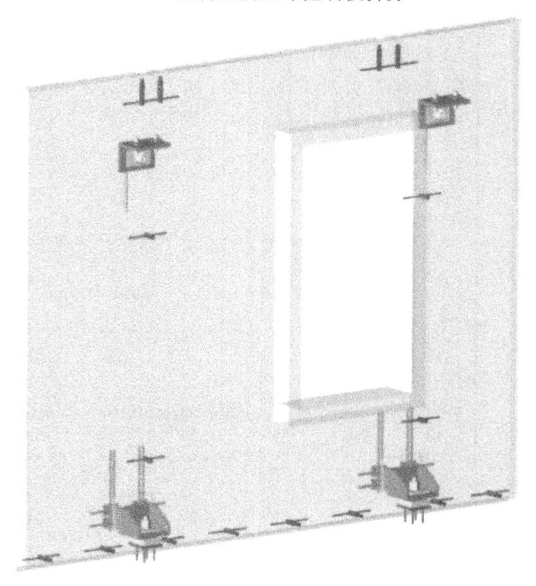

(c) 预制混凝土外挂墙板构件效果图

图 4.1-1　北立面及东西山墙预制混凝土外挂墙板

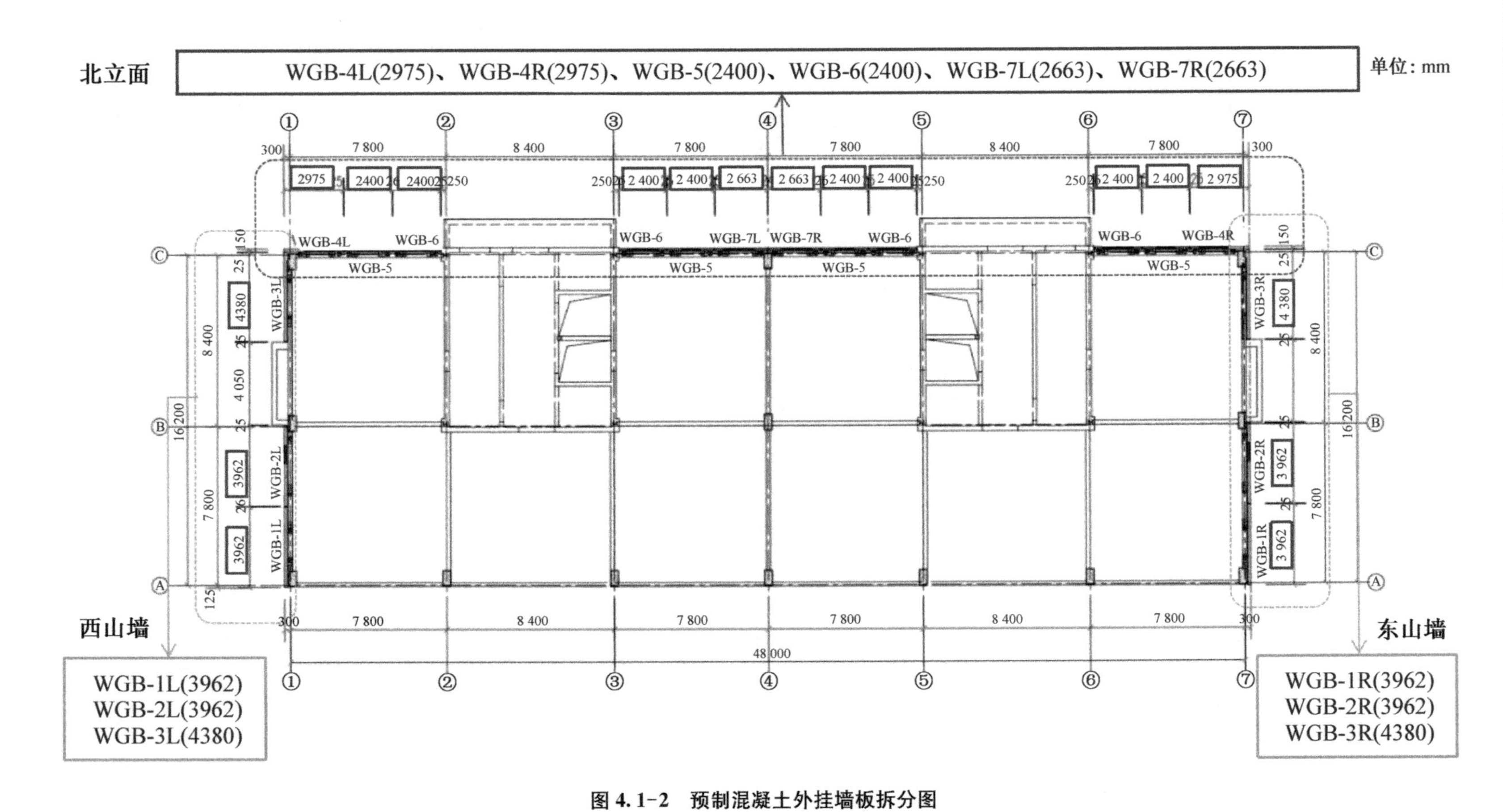

图 4.1-2　预制混凝土外挂墙板拆分图

表 4.1-6　预制混凝土外挂墙板相关参数

墙板规格	墙板宽/mm	重量/t	位置	高度/m
WGB-1L/1R	3 962	4.14	山墙	3 275
WGB-2L/2R		4.13		
WGB-3L/3R	4 380	5.16	山墙	
WGB-4L/R	2 975	2.81	北立面	
WGB-5L/R	2 400	2.51	北立面	
WGB-6L/R		2.10		
WGB-7L/7R	2 663	2.43	北立面	

4.1.2　节点构造

预制混凝土外挂墙板的上节点为非承重节点，其连接构造如图 4.1-3 所示，该构造实现了预制混凝土外挂墙板上部节点与主体结构之间能够发生相对位移的效果。通过槽钢与角钢实现了预制混凝土外挂墙板与主体钢梁有效的连接，避免了在主体钢梁翼缘上开洞，削弱钢梁的承载能力。

预制混凝土外挂墙板的下节点为承重节点，其连接构造如图 4.1-4 所示。该构造实现了预制混凝土外挂墙板与钢梁的铰接，节点具有承重功能的同时能够保持与主体结构一致的变形，墙板下端和楼板之间缝隙后期可用水泥砂浆填实，上下户之间的防水、隔声、防烟问题可得到有效解决。

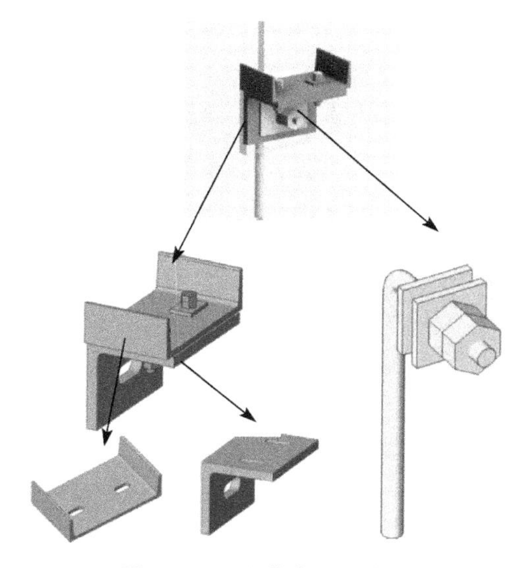

图 4.1-3　上节点连接构造

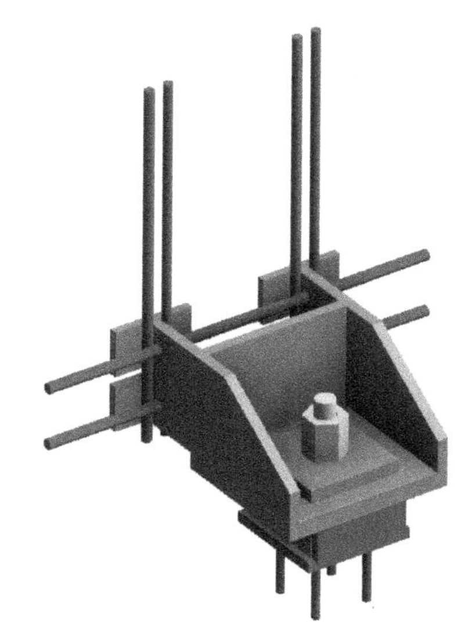

图 4.1-4　下节点连接构造

4.1.3　防水构造

预制混凝土外挂墙板之间水平缝采用高低缝或者企口缝构造，预制混凝土外挂墙板之间水平缝和竖向缝的防水采用空腔构造防水和材料防水相结合的方法，防水空腔应设置排水措施，导水管设置在十字缝上部的垂直缝中，竖向间距不超过 3 层。具体防水构造如图 4.1-5～图 4.1-7 所示。

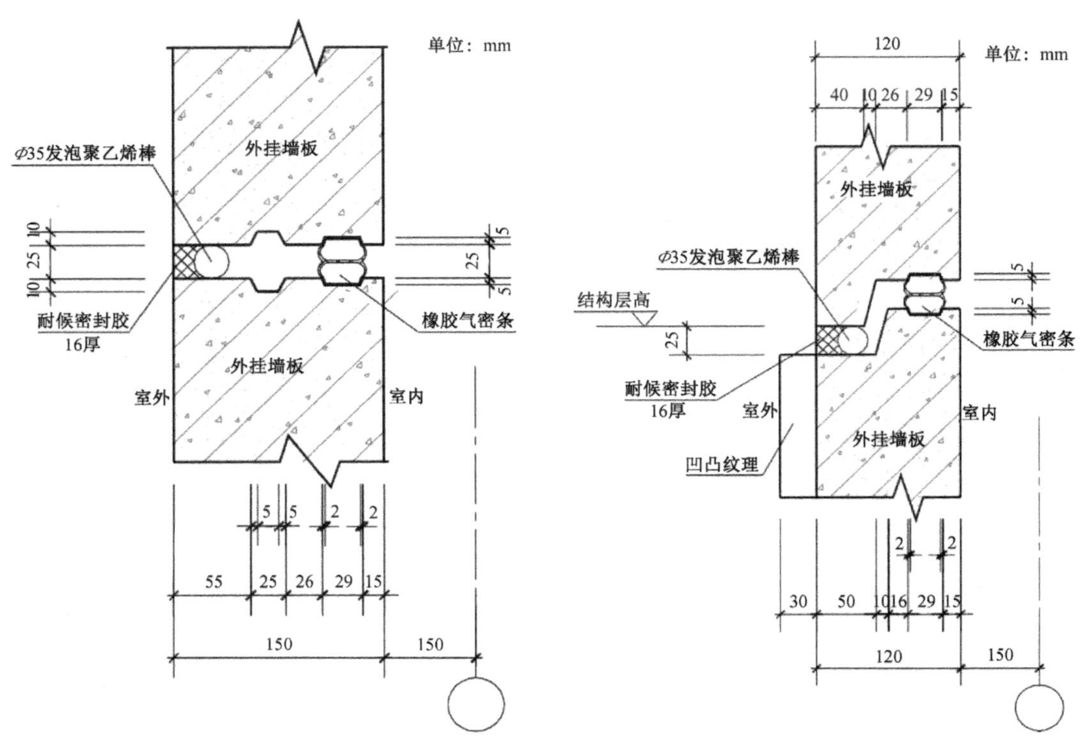

图 4.1-5　外挂墙板竖向缝

图 4.1-6　外挂墙板水平缝

预制混凝土外墙接缝防水采用耐候性密封胶，接缝处的填充材料与拼缝接触面黏结牢固，并能适应建筑物层间位移、外墙板的温度变形和干缩变形等，其最大变形量、剪切变形性能等均应满足设计要求。外墙板接缝处的密封止水带宜采用三元乙丙橡胶或氯丁橡胶等高分子材料，技术要求应满足现行国家标准《高分子防水材料　第 2 部分：止水带》（GB 18173.2—2014）J 型的规定。接缝密封材料及辅助材料的主要性能指标应符合表 4.1-7 的要求。

表 4.1-7　预制装配结构外墙接缝密封材料及辅助材料的主要性能指标

序号	密封材料及辅助材料的主要性能要求
1	硅烷改性硅酮建筑密封胶（MS 胶）主要性能指标，应符合现行国家标准《硅硐和改性硅酮建筑密封胶》（GB/T 14683—2017）的规定
2	聚氨酯建筑密封胶（PU 胶）主要性能指标，应符合现行国家行业标准《聚氨酯建筑密封胶》（JC/T 482—2022）的规定
3	三元乙丙橡胶、氯丁橡胶、硅橡胶橡胶空心气密条主要性能指标，应符合现行国家标准《高分子防水材料　第 2 部分：止水带》（GB 18173.2—2014）中 J 型产品的规定

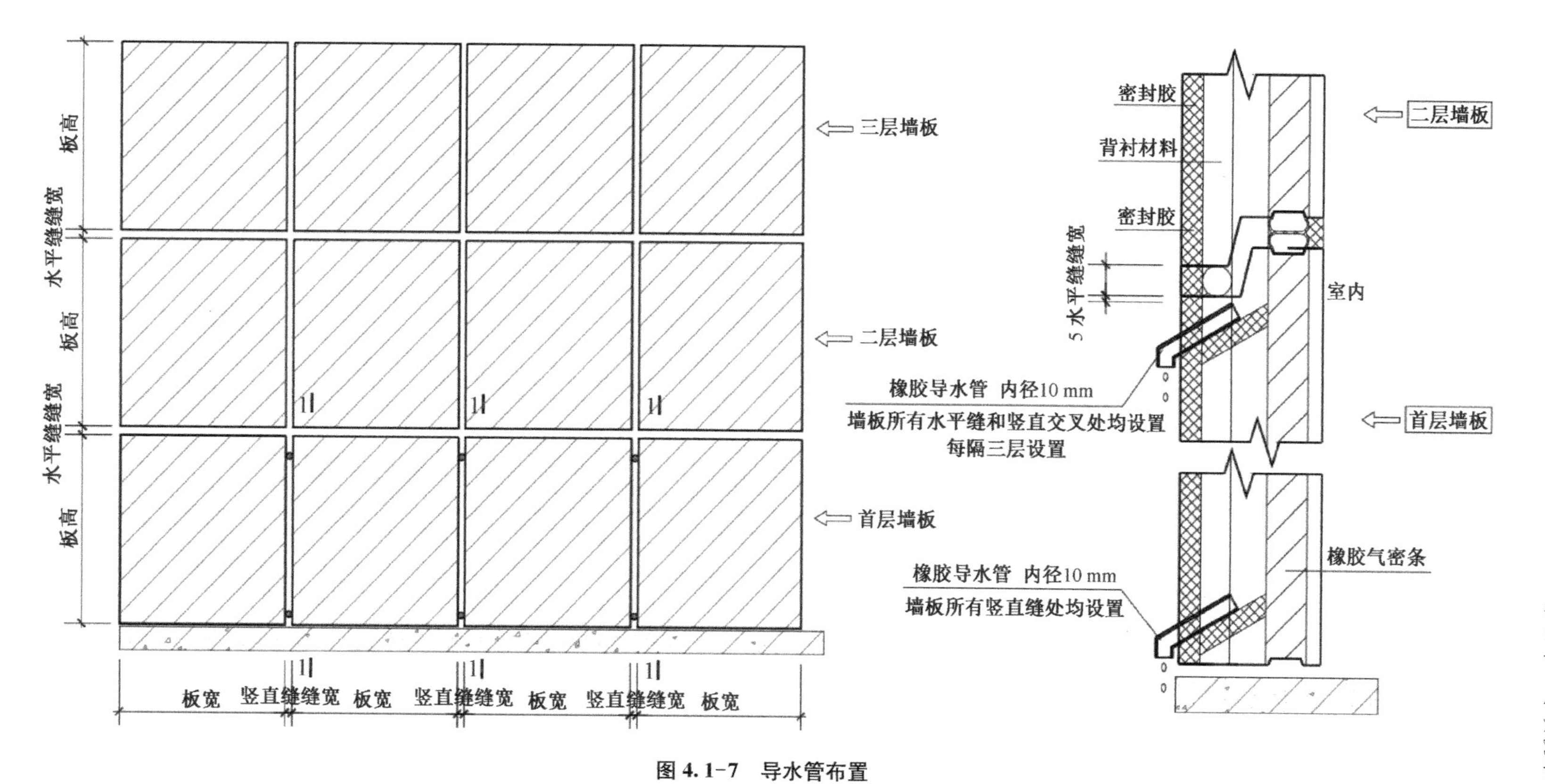
板高
水平缝缝宽
板高
水平缝缝宽
板高
三层墙板
二层墙板
首层墙板
板宽
竖直缝缝宽
板宽
竖直缝缝宽
板宽
竖直缝缝宽
板宽
密封胶
背衬材料
密封胶
5 水平缝缝宽
二层墙板
室内
橡胶导水管 内径10 mm
墙板所有水平缝和竖直交叉处均设置
每隔三层设置
首层墙板
橡胶气密条
橡胶导水管 内径10 mm
墙板所有竖直缝处均设置

图 4.1-7　导水管布置

4.1.4 试验研究

为验证预制混凝土外挂墙板连接节点的安全性能，在土木工程防灾国家重点实验室（同济大学）进行了足尺振动台试验研究。试验钢框架模型一层的层高为 3.57 m，二层的层高为 3.3 m，含柱脚及柱顶延伸段高度，模型总高约 7.17 m。钢框架平面尺寸为 5.5 m×3.5 m，钢柱型号为 HW300×300×10×15，双向主钢梁型号为 HN400×200×8×13，次钢梁型号为 HM250×175×7×11。长度方向每层每侧各挂 2 块 WGB-6 预制墙板，宽度方向每层每侧挂一块 WGB-4L 或 WGB-4R 预制墙板。模型钢框架自重约 9 t（含柱脚），预制墙板重约 28.04 t，试验模型总重约 37 t。试验相似比为 1∶1。试验用预制混凝土外挂墙板规格如表 4.1-8 所示，图 4.1-8 给出了 WGB-4R 墙板大样图，图 4.1-9 给出了 WGB-6 墙板大样图，图 4.1-10 给出了外挂墙板与主体结构的连接构造，图 4.1-11 给出了试验现场安装照片。

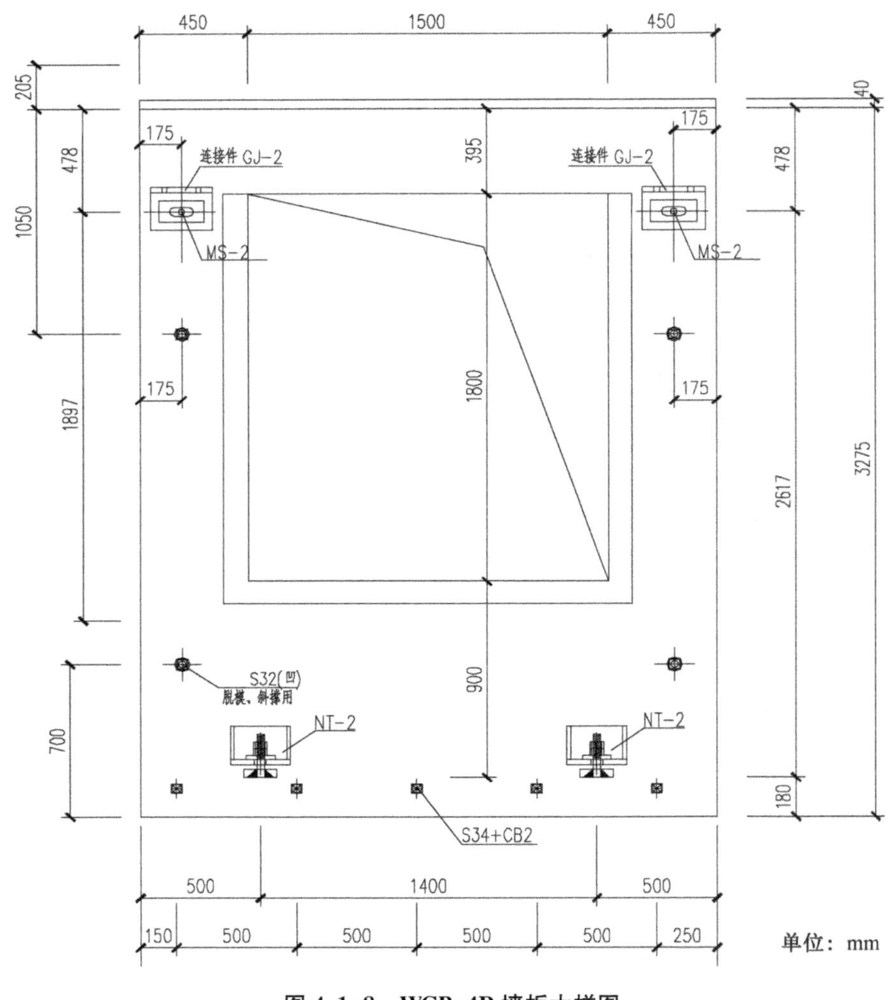

图 4.1-8 WGB-4R 墙板大样图

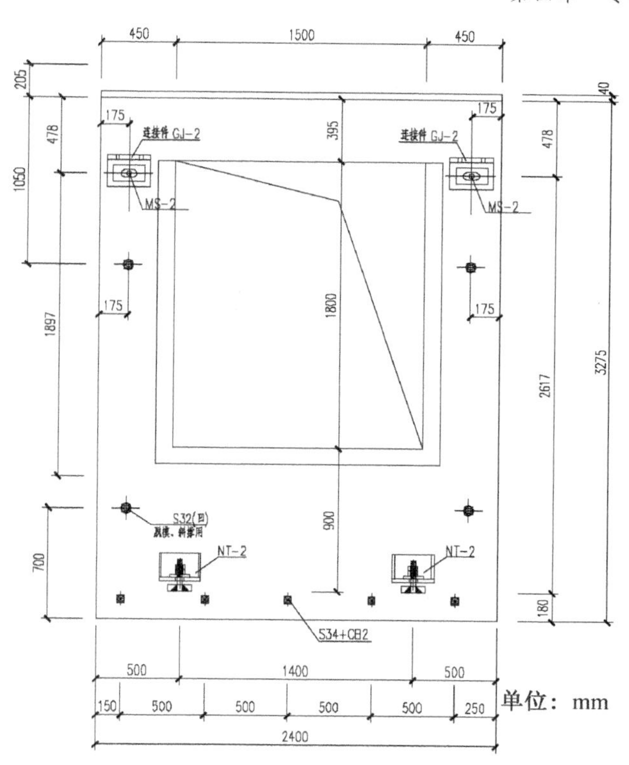

图 4.1-9　WGB-6 墙板大样图

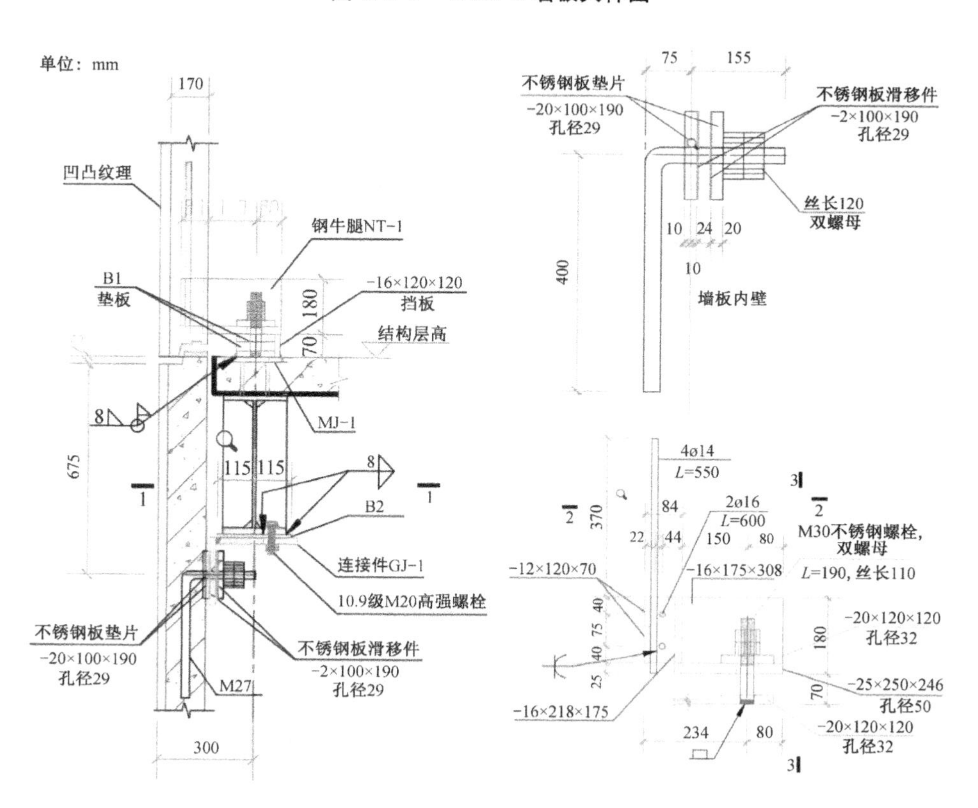

图 4.1-10　外挂墙板与主体结构的连接构造

(a) 钢框架

(b) 外挂墙板

(c) 下节点

(d) 上节点

图 4.1-11 试验现场安装照片

表 4.1-8 试验用预制混凝土外挂墙板规格

墙板规格	墙板宽	高度	重量
WGB-4L/R	2 975 mm	3 275 mm	2.81 t
WGB-6	2 400 mm	3 275 mm	2.10 t

试验选用埃尔森特罗（El Centro）地震波、帕萨迪纳（Pasadena）地震波、上海人工地震波 SHW2 作为输入地震动，试验加载工况按照 7 度多遇、7 度基本、7 度罕遇、8 度罕遇及 9 度罕遇烈度的顺序，分五个阶段对模型结构进行模拟地震试验。在不同水准地震波输入前后，对模型进行白噪声扫频。在进行每个试验阶段的地震试验时，由台面依次单向输入 El Centro 波、Pasadena 波和 SHW2 波 Y 向单向和双向各一次。在 9 度罕遇

烈度地震完成后，为进一步考察结构模型的可能破坏情况，分别进行了加速度峰值为0.8 g和1.0 g的地震波激振试验。

7度多遇烈度地震时，各地震波输入后，模型钢架及预制墙板未发现可见开裂及损坏，模型各节点位置墙体完好，墙板间无错动及移位现象。模型结构处于弹性工作状态。

7度基本烈度地震时，模型结构反应规律与7度多遇烈度地震试验阶段基本相似，模型钢架及预制墙板外观未发现明显开裂及损坏，模型各节点位置墙体完好，墙板间无错动及移位现象。模型结构依然处于弹性工作状态。

7度罕遇烈度地震时，模型结构的反应规律与7度基本烈度地震试验阶段基本相似。模型钢架及预制墙板外观未发现明显开裂及损坏，模型各节点位置墙体完好，墙板间无错动及移位现象。模型结构仍处于弹性工作状态。

8度罕遇烈度地震时，模型结构二层一块墙板窗角外侧沿排水槽在墙体上端出现一条细微裂缝，其余各墙板均无裂缝产生。墙板连接件周边墙体完好，墙板间无错动，详见图4.1-12。

9度罕遇烈度地震时，模型结构二层墙板外侧沿窗角排水槽处出现多条竖向裂缝，此时模型墙板连接件周边外观基本完好，部分拼缝两侧预制墙板因个别螺栓螺母松动而出现轻微平面内错动。白噪声扫频结果显示模型结构自振频率有所下降，表明模型结构进入弹塑性变形状态，结构刚度有所下降。

在加速度峰值0.8 g地震波试验阶段结束时，除二层已开裂墙板裂缝进一步扩展外，一层墙板外侧亦沿窗角排水槽竖向开裂，同时窗角至连接件周边出现斜裂缝和水平裂缝，水平裂缝从墙板外部沿窗角开展并延伸墙板端部贯通至墙板内侧。除开裂墙板外，其余预制墙板连接件周边墙体基本完好，部分连接件螺栓出现滑动现象，相邻墙板间平面外出现明显错动及移位，详见图4.1-13。

图4.1-12　加载8度罕遇烈度地震时墙板裂缝发展情况

图4.1-13　加载9度罕遇烈度地震时上下墙板错位

在加速度峰值 1.0 g 地震波试验阶段结束时，一、二层墙板各处裂缝继续开展并向侧面延伸，除开裂墙板外，其余各连接件周边墙体完好，部分节点安装不锈钢垫板出现松动、移位现象，Y 向一、二层墙板间出现明显错动（约 30 mm）。白噪声扫频显示模型结构自振频率又有所下降，结构抗侧刚度进一步退化，详见图 4.1-14。

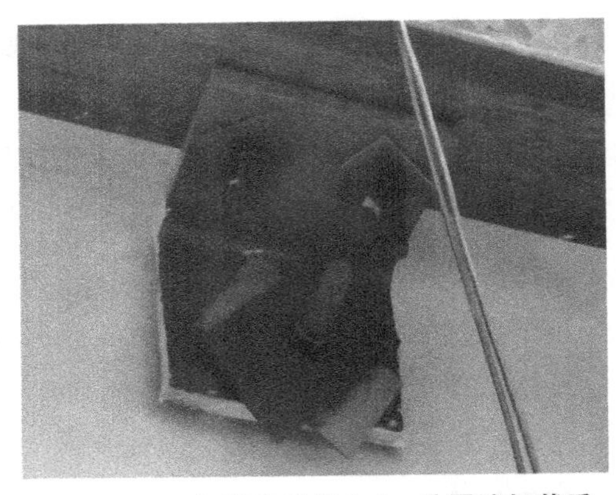

图 4.1-14 加速度峰值 0.8 g 地震波加载后上节点松动

试验过程中及试验结束，本模型构件裂缝分布可简要归纳、汇总如下：

（1）外挂墙板：8 度罕遇烈度地震输入前，墙体无可见裂缝；8 度罕遇烈度地震后，二层一块墙板外侧沿窗角排水槽上端出现一条细微裂缝，其余墙板未见明显开裂；9 度罕遇烈度地震后，二层开裂墙板外表沿窗角排水槽处出现多条竖向细裂缝；加速度峰值 0.8 g 地震波加载后，除二层开裂墙板裂缝进一步沿排水槽延伸外，一层墙板外表面窗角沿排水槽出现竖向裂缝，同时墙板两侧外表面在连接件周边伴有斜裂缝和水平裂缝出现，洞口右侧水平裂缝从墙板外侧沿窗角开展至墙板端部并贯通至墙板内侧，墙板内侧连接件周边未见明显可见裂缝。裂缝开展情况如图 4.1-15 所示，所有裂缝均为细小裂缝，宽度为 0.04～0.15 mm。

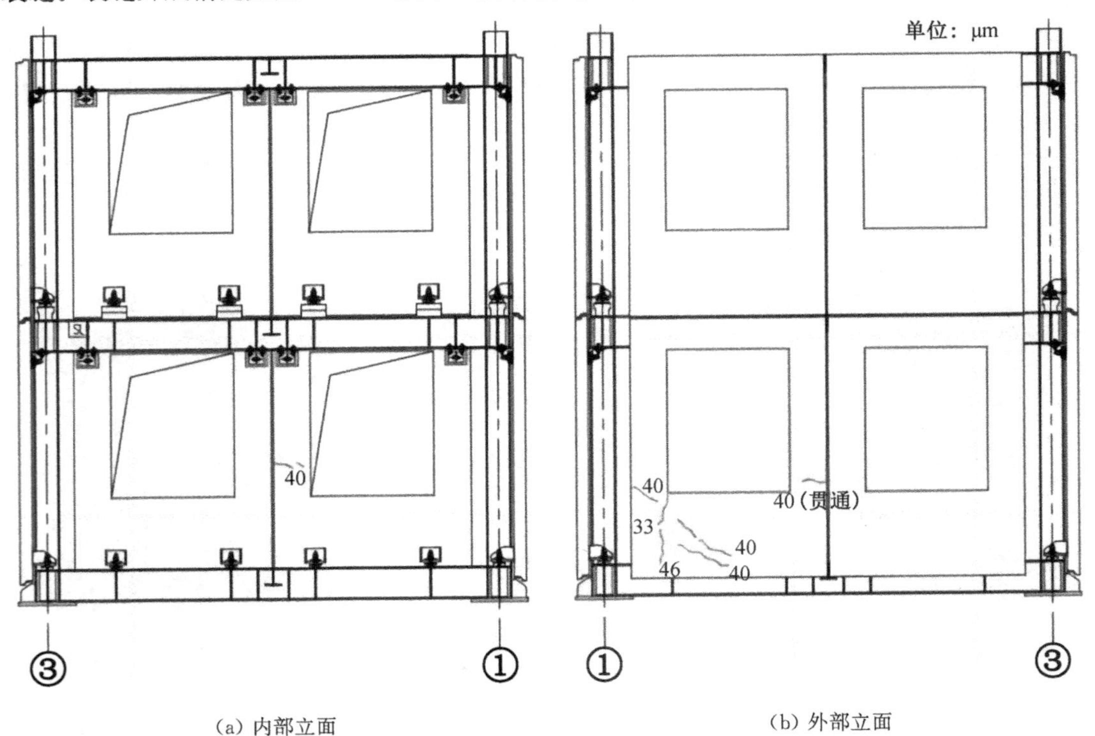

(a) 内部立面　　(b) 外部立面

图 4.1-15 墙板裂缝开展情况

（2）连接件：整个试验过程中未发现连接件出现明显变形及预埋松动现象。9度罕遇地震作用后，个别连接件螺母松动，螺栓在长圆孔内滑移造成预制墙板平面内错动，加速度峰值0.8 g地震波输入后，一层墙板外侧连接件周边墙板混凝土出现开裂，加速度峰值1.0 g地震波输入后另有部分预制墙板连接件安装钢垫板错位，部分连接件螺母松动，螺栓在长圆孔内滑移致部分墙板出现平面外错位。

分析外挂墙板上节点连接螺栓相对于上节点角钢位移，可以反映外挂墙板上节点相对于框架挂点的变形情况。本节选取二层DM1测点数据进行分析。在不同设防烈度地震波输入下，上节点螺栓相对于上节点角钢的位移如图4.1-16所示。

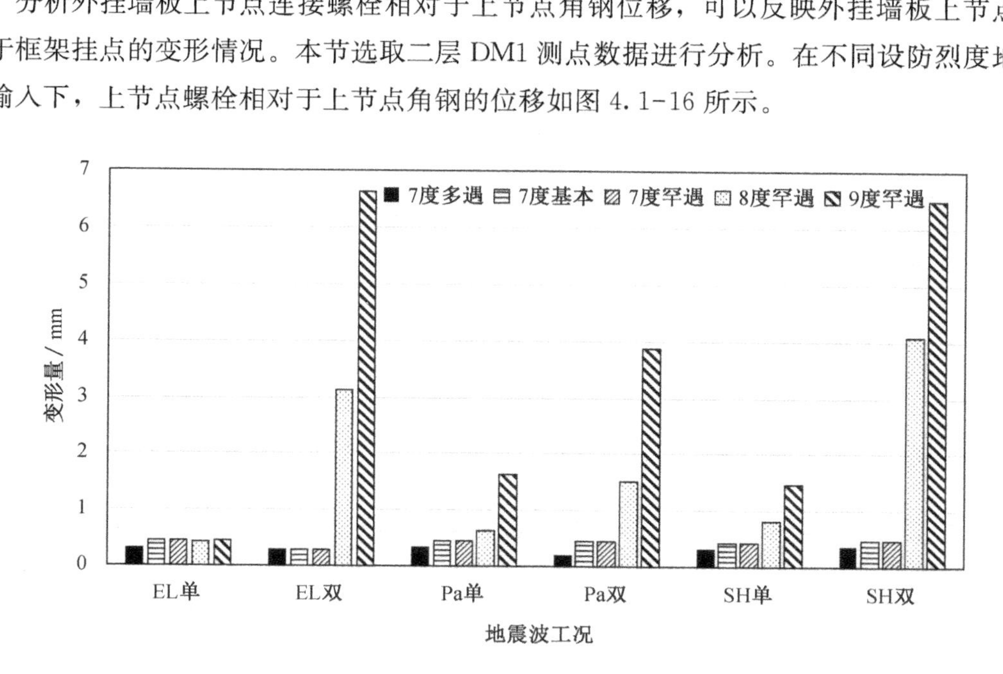

图4.1-16 在不同设防烈度地震波输入下上节点螺栓相对于上节点角钢的位移

随着输入地震波峰值（地震烈度）增大，外挂墙板上节点螺栓相对于框架挂点的位移反应逐步增大，除个别测点外，至7度罕遇地震作用下，节点螺栓相对位移一般不大于1 mm。至8度罕遇烈度地震作用下，节点螺栓相对位移有所提高，但不大于5 mm。9度罕遇烈度地震作用下，节点螺栓相对位移进一步提高，不大于10 mm。

试验现象表明，上节点的构造设计能够实现地震时墙板与主体结构的相对位移。

试验过程中可由沿外挂墙板对角线方向布置的位移传感器测量墙板对角线方向的相对变形量，本节选取DB2测点数据进行分析说明。墙板对角线方向在不同设防地震烈度地震波输入下的变形如图4.1-17所示，可以看出试验过程中外挂预制墙板沿对角线方向的挤压及拉伸变形很小，表明连接件设计及构造可以有效适应钢框架变形，避免墙板对框架形成嵌固作用。

试验过程中通过布置在相邻预制墙板竖缝两侧的位移传感器测量竖缝宽度变化。本节选取DB10测点数据进行分数说明。相邻预制墙板竖向宽度在不同设防地震烈度地震波

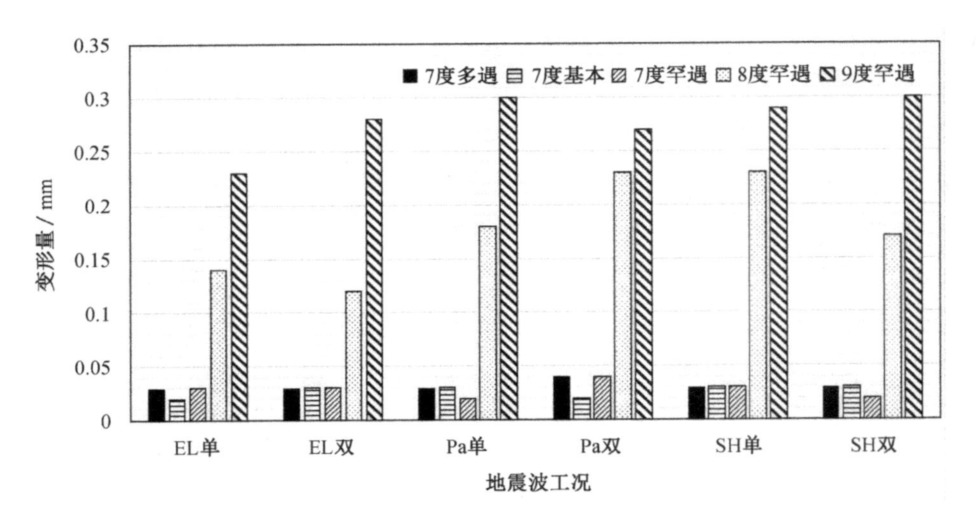

图 4.1-17　墙板对角线方向在不同设防地震烈度地震波输入下的变形量

输入下的变形量如图 4.1-18 所示。

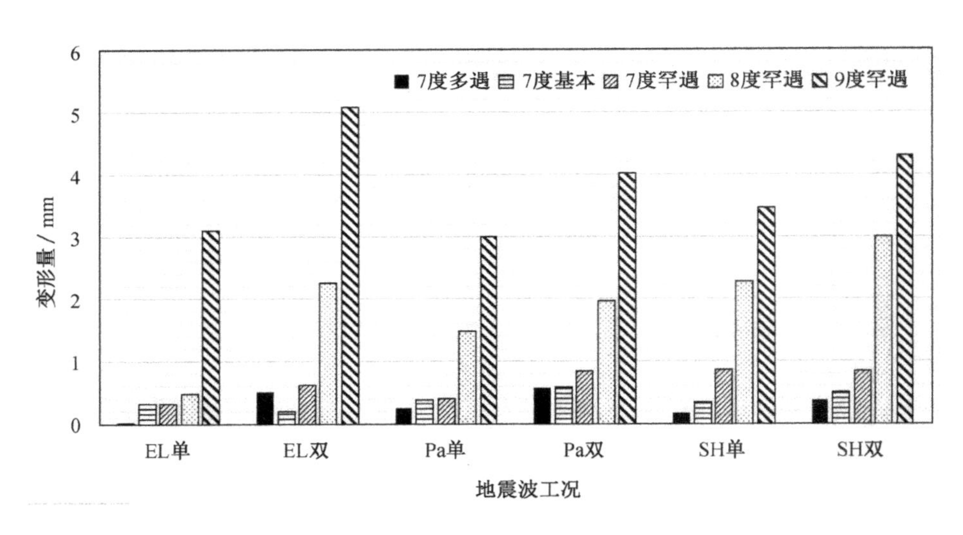

图 4.1-18　相邻预制墙板竖向宽度在不同设防地震烈度地震波输入下的变形量

分析图 4.1-18 中数据可知：相邻预制墙板竖缝在 8 度罕遇地震波作用前，其宽度变化值一般不大于 1 mm。8 度罕遇烈度地震下，测点处的竖缝宽度变化增大，表明墙板开始出现较为明显的平面内移位。9 度罕遇烈度地震下，墙板竖缝的变形量达到 5 mm。试验过程中未出现相邻预制墙板之间碰撞现象，表明预制墙板之间 25 mm 的设计预留缝宽合理。

振动台试验研究结果表明，本工程所采用的预制外挂墙板及其设计安装留缝宽度、外挂节点连接件形式及安装连接构造合理，可确保预制外挂墙板系统获得设计预期的工作性能，设防烈度地震作用下具有良好的适应主体结构变形的能力并具有一定的安全储备，其整体性能达到 7 度抗震设防水准要求。

4.1.5　预制混凝土外挂墙板吊装专项施工

人才公寓项目 3 号楼中，7 层以下为幕墙，7 层及以上楼层采用外挂墙板作为外围护结构。外挂墙板每层共计 18 块，由工厂预制，现场安装。3 号楼以预制挂板作为主楼外围护结构，设计形式新颖，对构件的吊装及安装提出了更高的要求（图 4.1-19）。

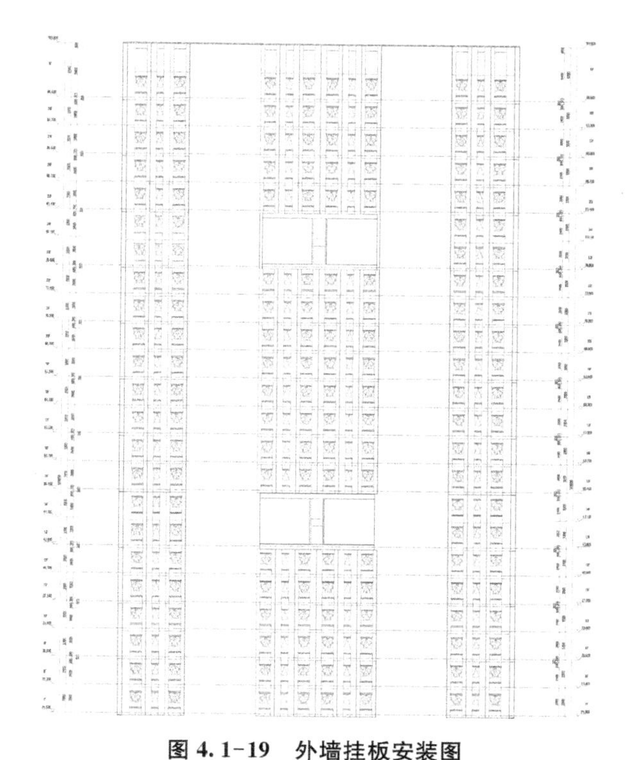

图 4.1-19　外墙挂板安装图

1. 施工平面布置

为保证外挂墙板运输流线畅通，将现场一号门作为外挂墙板运输入口，将现场五号门作为运输出口（图 4.1-20）。

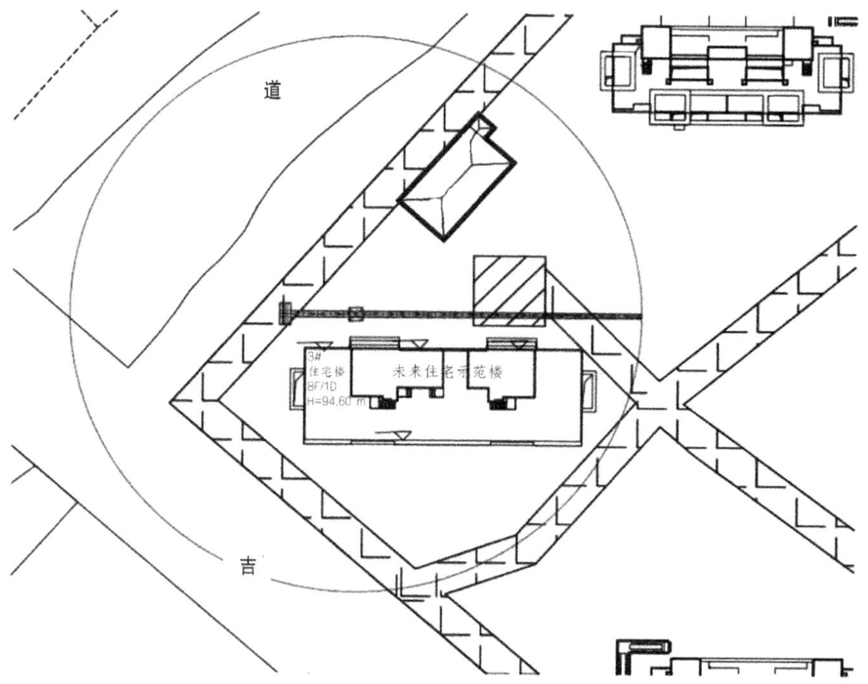

图 4.1-20　场地内运输示意图

3 号楼北侧布置约 450 m^2 外挂墙板堆放场地，沿长度布设排水沟，避免积水，布置支路连通堆场及主路便于构件运输。构件与构件间保证有 50 cm 间距，给予操作人员足够的操作空间，预制构件角部采取柔性加垫，避免破损（图 4.1-21）。

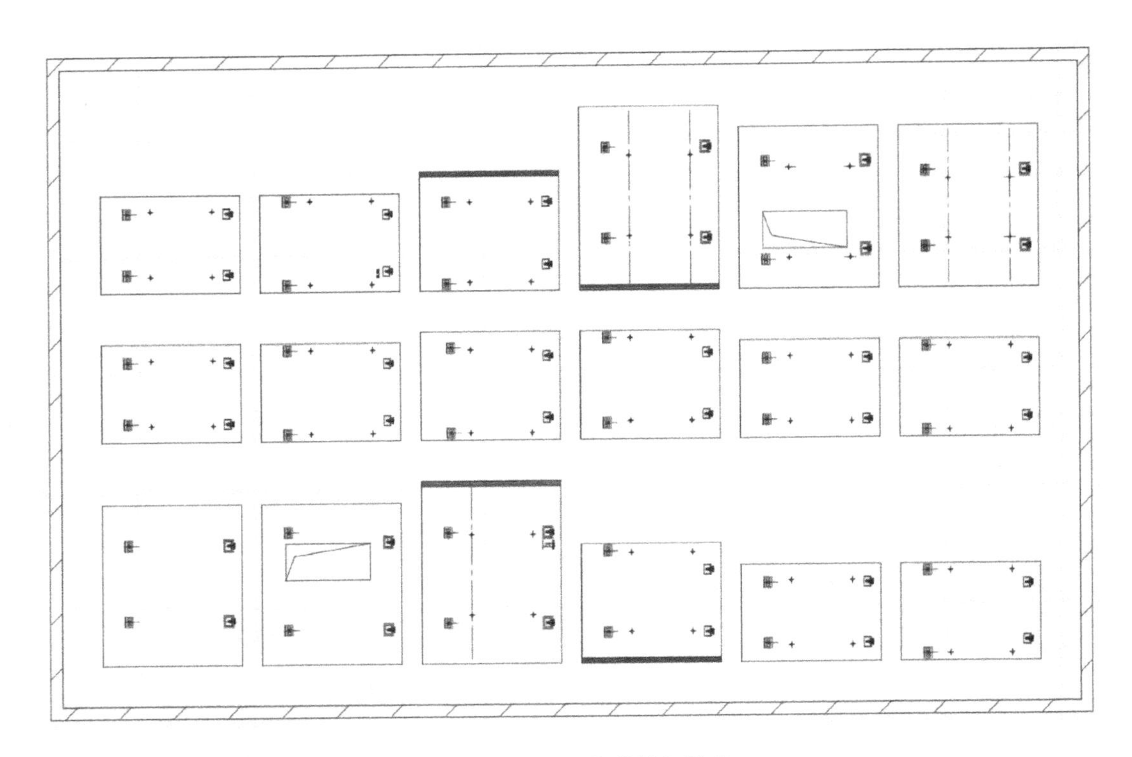

图 4.1-21　堆场构件模拟堆放

2. 标准层安装顺序

根据外挂墙板设计情况，除外挂墙板外形线条有细微区别外，其余节点均保持一致，因而选取任意标准层进行安装工艺分析。

外挂墙板整体按照从低楼层向高楼层安装的顺序进行。

同一楼层内分五段安装：

(1) 第一段安装顺序为 WGB-1aL→WGB-2aL；

(2) 第二段安装顺序为 WGB-6→WGB-5→WGB-4L→WGB-3aL；

(3) 第三段安装顺序为 WGB-6→WGB-5→WGB-7L→WGB-7R→WGB-5→WGB-6；

(4) 第四段安装顺序为 WGB-6→WGB-5→WGB-4R→WGB-3aR；

(5) 第五段安装顺序为 WGB-1aR→WGB-2aR。

外墙吊装顺序如图 4.1-22 所示。

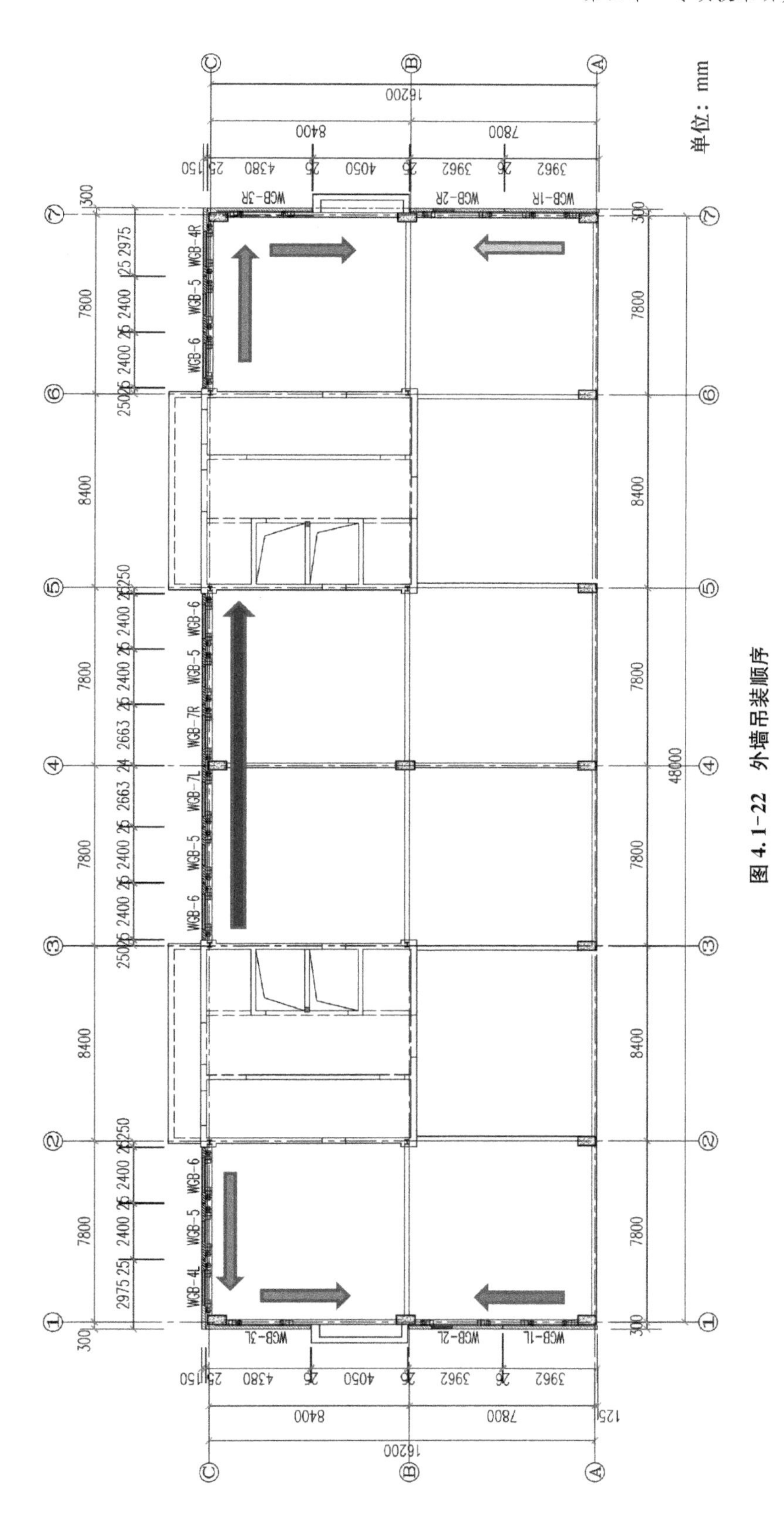

图 4.1-22　外墙吊装顺序

3. 外墙胶选型

针对外墙胶提前进行策划，综合考虑粘结性、耐候性、抗位移能力、抗污染性、可涂饰效果分别进行对比选型。

黏结性：考虑受热胀冷缩、风压、地震等影响，聚碳酸酯（PC）板块接缝将会发生位移变化。如密封胶的黏结性、弹性不好，建筑结构或者接缝的位移等将容易导致密封胶与PC板之间的粘结失效。

耐候性：外墙胶处于最外侧，承受长期紫外线、臭氧、湿气等的影响，其耐候性差会导致漏水及裂缝，影响防水效果及观感。

抗位移能力：密封胶受到板块的拉伸和压缩，将承受板块间的错位剪切，因此外墙胶须满足在有位移的情况下的防水效果。

抗污染性：外墙胶须满足装饰需要，含金属的外墙胶会在使用过程中扩散至外墙涂料，影响观感。

可涂饰效果：装配式外墙先预制再吊装的施工特性，使得其形成拼缝，拼缝可能过大及过小。过大的拼缝常规采用涂料覆盖在外墙胶上的做法，可施工型也是选型的重点。

经过多种外墙胶的比较以及取样试验，选择硅烷改性聚醚胶作为本工程外墙胶（图4.1-23，表4.1-9）。

泡水试验

加速老化试验

抗位移试验

弹性模量试验

图 4.1-23　外墙胶选型试验

表 4.1-9 外墙胶对比分析

外墙胶选型	粘结性	耐候性	抗位移能力	抗污染性	可涂饰性	环保性	抗疲劳性
硅酮密封胶	好	非常好	非常好	好	差	非常好	好
聚氨酯胶	好	一般	好	好	非常好	差	一般
聚硫胶	好	差	一般	好	好	一般	差
聚醚胶	非常好	好	非常好	好	非常好	非常好	非常好

4. 板缝处理

（1）板缝清理

施工开始时，应对板缝深度、宽度、完整性等状态进行检查，及时对问题隐患进行处理。

① 板缝中有浮浆、锈迹等，必须用铲刀进行铲除，并用毛刷清除灰尘、杂质。

② 粘结面存在油污，需在干擦拭后，用在清洁溶剂中浸泡过的抹布进行清洁，抹布应及时更新保证清洁效果。

（2）预制外墙板缝破损修补

① 对于接缝周边很小的破损（≤1 cm×1 cm），可以直接用接缝密封胶修复。

② 对于较大的破损（1 cm×1 cm≤破损≤5 cm×5 cm），用混凝土结构修复用聚合物水泥砂浆修补平整，然后表面抹上外墙腻子。

③ 对于特别大的破损，修复前先制模，再用混凝土结构修复用聚合物水泥砂浆修补平整，然后表面抹上外墙腻子。

（3）预制外墙偏小、偏大板缝的修补

对于 10 mm≤板缝＜40 mm，可以进行打胶施工。板缝＜10 mm，属于偏小板缝；板缝≥40 mm，属于偏大板缝。偏大、偏小板缝均需进行处理。

① 偏小板缝处理方法：需要人工用机械切割到合适宽度（至少为 10 mm）。

② 偏大板缝处理方法：先用美纹纸贴出合适的宽度，需遮盖的部分在表面涂刷粘结促进剂（PR106）后再进行砂浆施工，确保涂饰效果良好。

（4）打胶施工

施胶前应确保基层干净、干燥，打胶深度不得少于 10 mm。

施胶时胶嘴探到接缝底部，保持匀速连续打足够的密封胶并有少许外溢，避免胶体和胶条下产生空腔。当接缝宽度大于 30 mm 时，应分两步施工，即打一半之后用刮刀或刮片下压密封胶，然后再打另一半。交叉接缝及边缘处，要注意防止气泡产生。墙由下往上密封施工时，每日施工结束，需使用泡沫棒封堵渗水路径，再次施工时首先确认接触面干燥。前后两段密封胶必须按照 30°～45°角度进行衔接，确保施工收尾处胶面斜切状平整、无波纹。

(5) 设置排水管

在每3层竖向接缝处设置一处排水管，便于后期及时排除因冷凝、风压等因素可能形成的积水，并确认渗漏部位。

排水管高度设置在上方接缝30 cm的范围，排水管支撑泡沫棒设置20°倾角，保证水顺利流出。安装完成后，排水管突出墙面部分不小于5 mm，按照外墙拼缝施工步骤完成外侧密封胶施工（图4.1-24）。

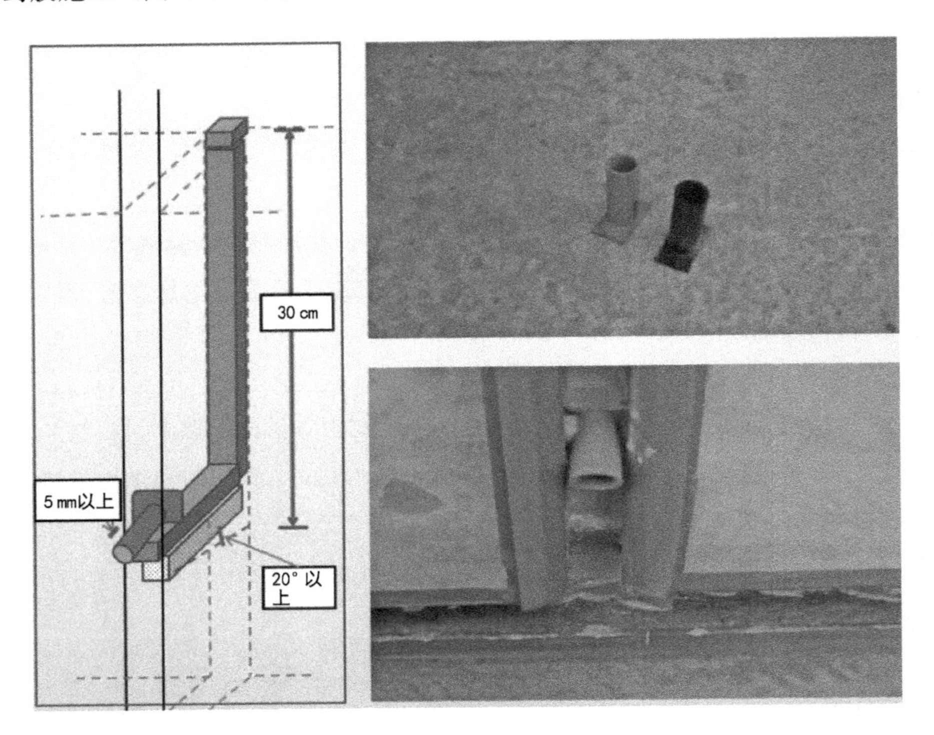

图4.1-24 排水管设置示意图

5. 起重机械吊重核算

3号楼采用永茂ST70/27塔吊作为外挂墙板吊装起重机械，ST 70/27塔吊的臂长R=50 m，采用Ⅱ倍率进行吊装作业（表4.1-10）。

表4.1-10 永茂ST70/27吊装性能

R/m	倍率	R (max) /m	C (max) /t	25	30	35	40	45	50	55	60	65	70
70	Ⅳ	14.0	16.0	8.00	6.36	5.20	4.34	3.67	3.15	2.72	2.36	2.06	1.80
	Ⅱ	28.4	8.0	8.00	7.52	6.30	5.39	4.68	4.13	3.66	3.30	2.97	2.70
65	Ⅳ	16.4	16.0	10.3	7.60	6.70	5.20	4.50	3.80	3.40	3.00	2.60	
	Ⅱ	32.6	8.0	8.00	8.00	7.20	6.20	5.40	4.85	4.30	3.90	3.50	

（续表）

R/m	倍率	R (max) /m	C (max) /t	25	30	35	40	45	50	55	60	65	70
60	Ⅳ	16.4	16.0	10.4	8.00	6.80	5.60	4.90	4.25	3.80	3.30		
	Ⅱ	32.6	8.0	8.00	8.00	7.35	6.40	5.70	5.05	4.60	4.10		
55	Ⅳ	17.7	16.0	10.9	8.90	7.42	6.49	5.64	4.78	4.40			
	Ⅱ	35.0	8.0	8.00	8.00	8.00	7.20	6.10	5.37	4.90			
50	Ⅳ	17.8	16.0	11.4	8.95	7.69	6.54	5.90	5.00				
	Ⅱ	35.8	8.0	8.00	8.00	8.00	7.35	6.20	5.50				
45	Ⅳ	19.2	16.0	11.7	9.40	7.82	6.60	5.70					
	Ⅱ	36.1	8.0	8.00	8.00	8.00	7.20	6.30					
40	Ⅳ	19.2	16.0	11.7	9.40	7.7	6.60						
	Ⅱ	36.5	8.0	8.00	8.00	8.00	7.30						

由表 4.1-10 可见 ST70/27 塔吊 $R=50$ m 时，最远端吊重为 5.5 t。选取构件最重的标准层拆分（中间构架层层高最高，故重量最重），各构件重量如表 4.1-11 所示。

表 4.1-11　构件重量统计表

名称	重量/t	名称	重量/t
WGB-1bL	4.67	WGB-1bR	4.67
WGB-2bL	4.13	WGB-2bR	4.13
WGB-3bL	4.13	WGB-3bR	4.13
WGB-4bL	2.81	WGB-4bR	2.81
WGB-5	2.81	WGB-5	2.81
WGB-6	2.81	WGB-6	2.81
WGB-6	2.81	WGB-6	2.81
WGB-5	2.81	WGB-5	2.81
WGB-7bL	2.81	WGB-7bR	2.81

由表 4.1-11 可知，外挂墙板构件重量为 2.81～4.67 t，ST70/27 塔吊符合外挂墙板吊装作业要求。

6. 现场图片

预制混凝土外挂墙板现场施工情况如图 4.1-25 所示。

图 4.1-25　预制混凝土外挂墙板现场施工

4.2 玻璃纤维增强混凝土（GRC）幕墙

3号楼南立面设计为一个多功能围护结构系统，实现保温、采光、通风、遮阳、太阳能发电（光伏薄膜一体化）五大功能集成，如图4.2-1所示。设计充分考虑了被动式节能的要求，通过装配式的玻璃纤维增强混凝土（GRC）构件，实现了垂直和水平综合遮阳。独特的立面形成了高效的遮阳体系，利用夏季太阳高度角较高的特点，将夏季大部分阳光反射出去，可以减少40%的夏季太阳辐射。同时利用冬季太阳高度角较低的气候特点将大部分阳光引入室内。

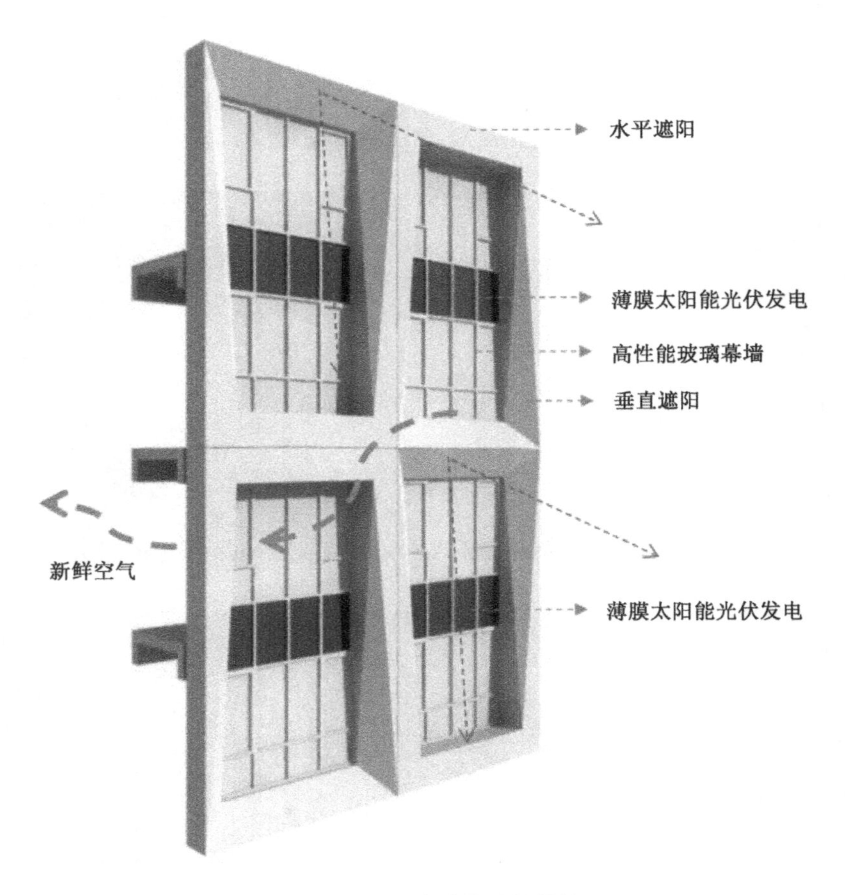

图4.2-1 多功能围护结构

玻璃幕墙中部与分层楼板交界处设置薄膜光伏电池，薄膜光伏电池后设置保温墙体。一方面保证了幕墙立面的完整性；另一方面降低了实际的窗墙比，减少了表皮的热损失。此外，薄膜光伏电池充分利用城市高密度空间中的垂直立面资源，所发电量可供建筑使用，实现了分布式能源网络设计的理念。

在造型体设计上，采用工业化的设计手法，采用标准化的GRC模块构建，构件尺寸模数化，以两层为一个基本单元进行拼接，使立面充满未来感的同时，整体达到预制装配的效果；将建筑的层高进行统一，使得预制构件的量化生产更为高效，便于装配式技术的快速实施，同时达到一定使用年限后亦便于拆卸更换，实现立面可变。

4.2.1　模块化组合设计方法

基于尺度与重量巨大，考虑到生产、运输和安装等因素，在构造设计上采用模块化的递级设计方法，以及“先拆后拼”的手法，解决模块的组合关系。先将立面整体框架分解为框体标准单元模块的组合，再将框体标准单元模块分解为 4 个条形构件模块，每个条形构件由若干板块组合形成。每个板块独立生产完成后，在工厂进行拼合成条形构件模块，运至现场后安装拼合成框体标准单元模块，以此框体标准单元模块再组合完成整体立面框架造型。这种构件模块化组合设计方法如图 4.2-2 所示。

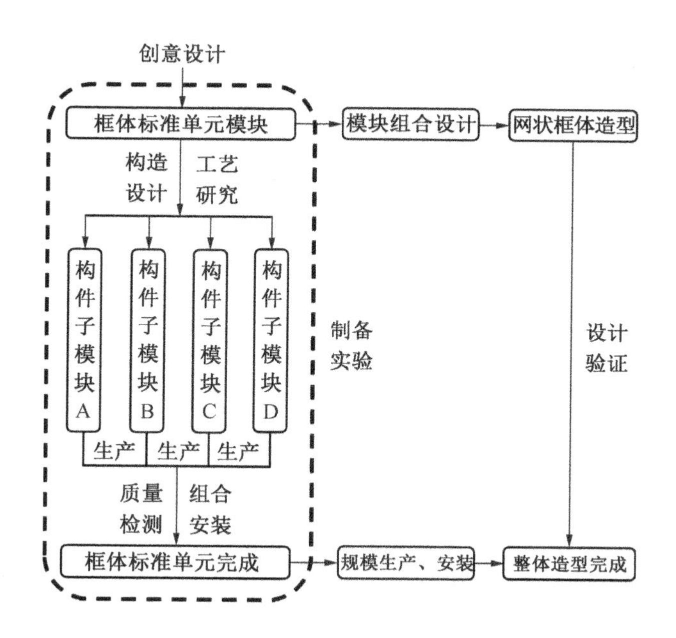

图 4.2-2　构件模块化组合设计方法

框体模块以最少构件种类实现立面形式的变化，降低了成本，达到了设计效果，体现了“少构件，多组合”的装配式建筑设计原则。GRC 构件单体如图 4.2-3 所示，GRC 构件组合如图 4.2-4 所示。

4.2.2　构件构造设计

框体单元构件为组合构件，采用 GRC 板材分块制造、拼合安装的方法制作，在符合外观要求和生产条件可行性的前提下，确定板块分解与拼合的构造方案，技术上须进行

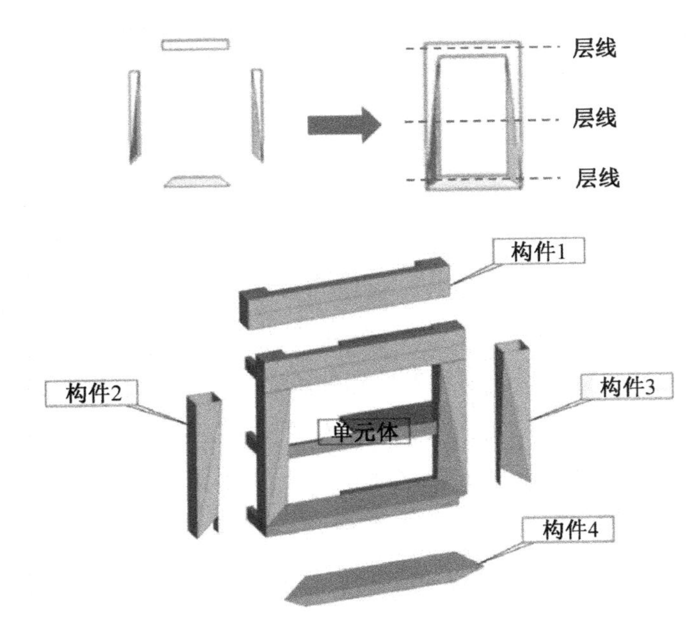

图 4.2-3　GRC 构件单体

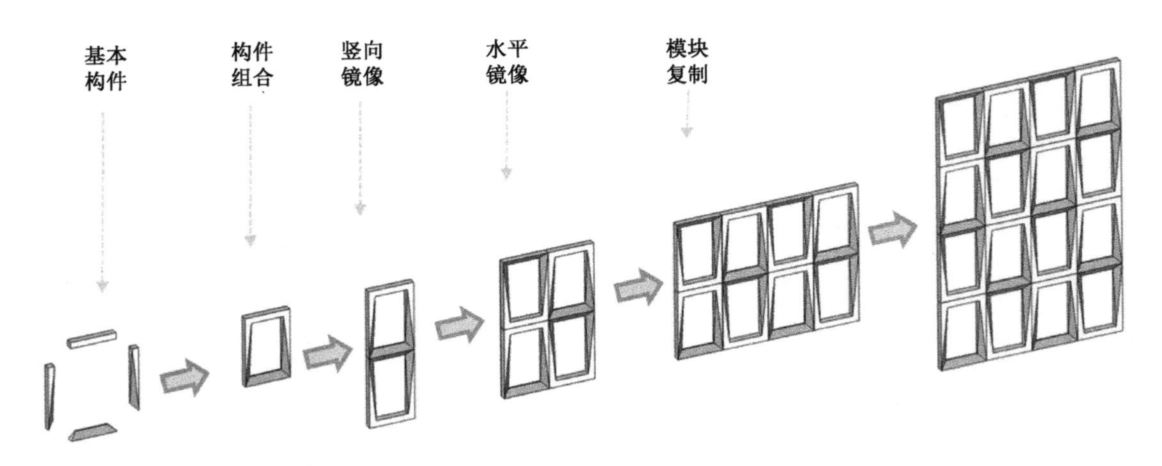

图 4.2-4　GRC 构件组合

构件内部结构刚度、结构抗震、连接节点及防水保温等技术设计，保证整体性能耐久、安装方便。

GRC 板材由装饰面层和结构层组成，装饰面层厚度为 4～5 mm，结构层厚度为 13～14 mm，总厚度为 17～19 mm 左右，板块拼合接缝处采用防水密封胶填实；背附钢架采用热镀锌 Q235 方管，连接锚筋均为直径 6 mm 的热镀锌 Q235 光面钢筋，安装时应控制 X、Y、Z 三个方向的公差，连接 GRC 饰面板和背附钢架的锚固节点包括风载节点、重力节点和地震节点，重力锚固节点一般处于竖直 GRC 板的下部，地震锚固节点处于板上下边缘区的中部，风载锚固节点间距不得超过 600 mm，所有背附钢架、连接锚筋、焊点等均需采用有效的防腐防锈处理。

GRC 构件构造设计图如图 4.2-5 所示，GRC 构件构造效果图如图 4.2-6 所示，3 号楼南面 GRC 造型大样图、左视图、剖面图如图 4.2-7 所示。

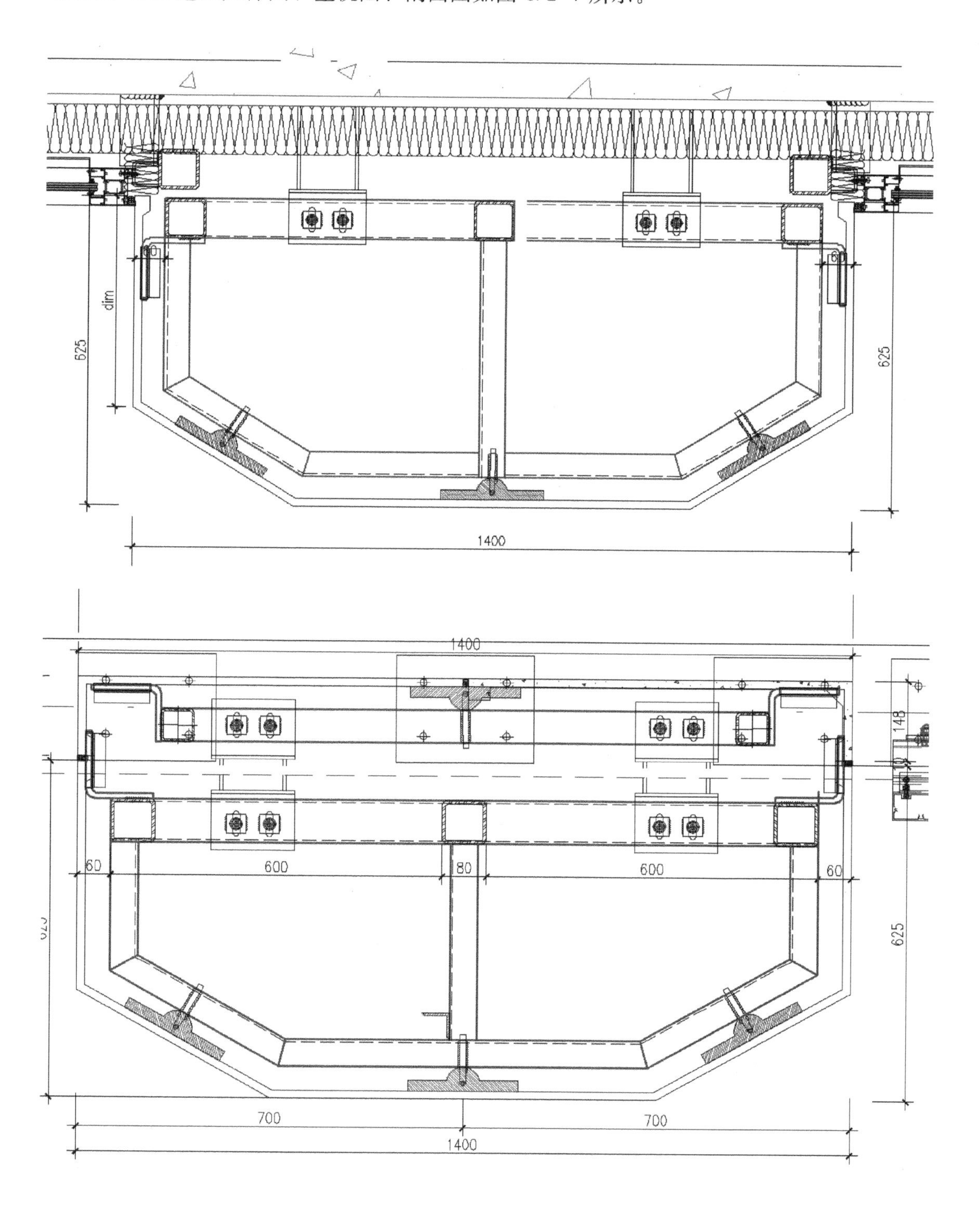

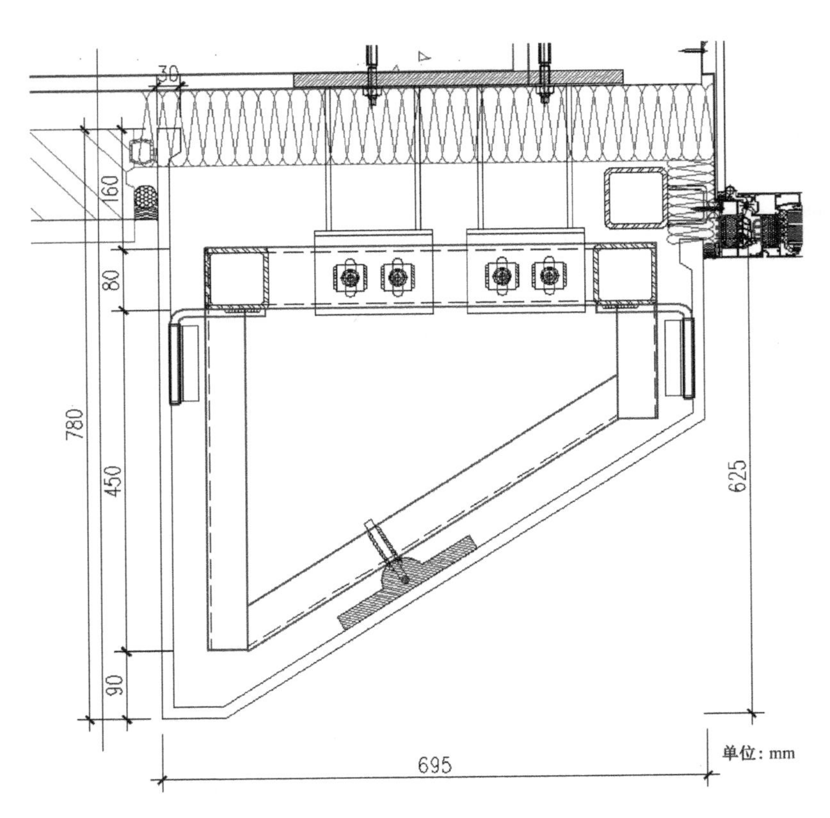

图 4.2-5　GRC 构件构造设计图

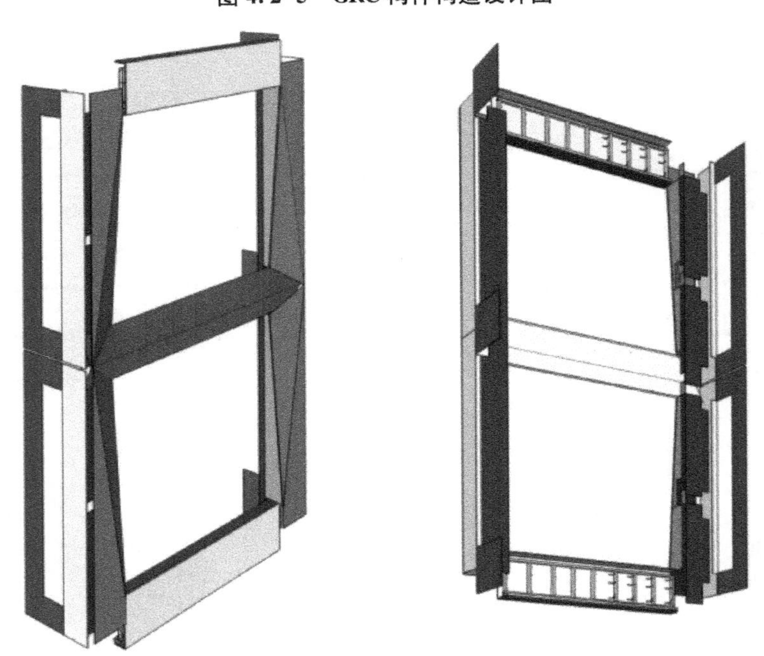

图 4.2-6　GRC 构件构造效果图

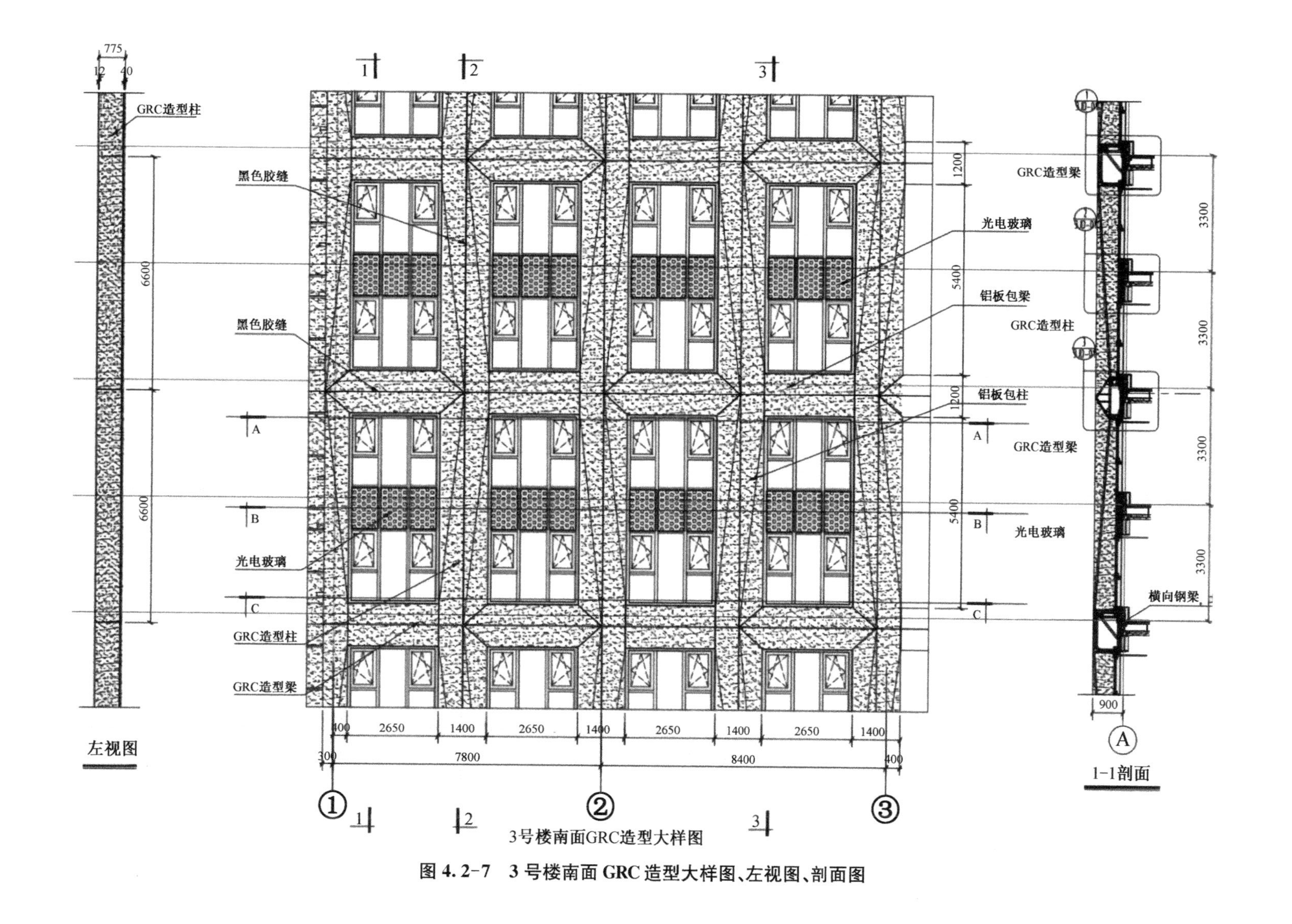

图 4.2-7　3 号楼南面 GRC 造型大样图、左视图、剖面图

4.2.3 模具制作

（1）模具制作过程

模具制作过程分四步完成：产品模型建立、制作产品种模、制作生产模具、模具改型与调整。

① 产品模型建立：通过专业设计软件（一般为 SketchUp 或 Rhino），建立产品的数字化模型。

② 制作产品种模：将数字化模型的参数值导入三轴或五轴雕刻机、精板雕刻机的数控系统进行种模的生产加工，待种模造型完成后对其边角弧线等影响产品外观的细节进行精修处理，使种模的外观和表面肌理效果符合制作正式生产用模具要求。

③ 制作生产模具：模具制作分为标准件与非标准件。标准件使用玻璃钢（FRP）模具，在产品种模原型上进行翻制，标准件模具在本项目设计中的使用次数为 30 次；非标准件模具采用专用的木模板，通过三轴雕刻机与精板雕刻机制作成型。

④ 模具改型与调整：根据产品的设计尺寸与安装要求，本项目有较多的产品需要在标准件模具的基础上进行二次改模与调整，在实际生产过程中在标准产品模具内附加插板或折板，在产品断面造型一致的前提下，可以实际产品尺寸大小增加折边的产品制作要求。

模具制作现场如图 4.2-8 所示。

图 4.2-8　模具制作现场图

（2）产品生产

产品生产过程的质量检验与控制流程为：校模—模具表面封闭—产品面层制作—产品结构层制作。产品的生产方式为人机组合：通过专用的螺杆作业车喷射成型，由专业生产枪手及1名辅助供料人员、若干名产品收光压实制作人员，联合进行组合生产，确保产品成型质量。

螺杆作业车喷射成型的现场图如图4.2-9所示。

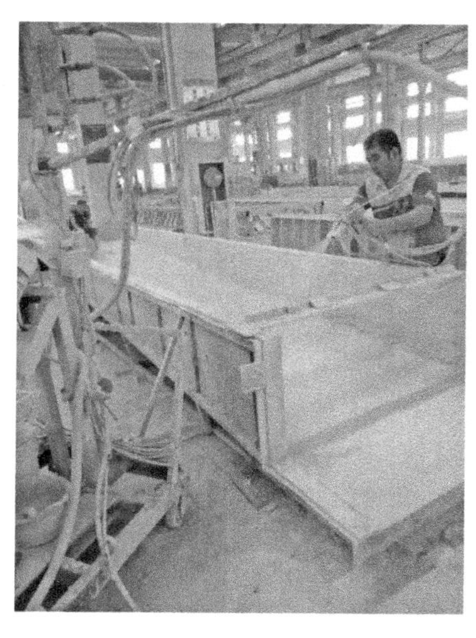

图4.2-9　螺杆作业车喷射成型现场图

注："螺杆作业喷射车"组件装置主要分为：气压输送装置、浆料螺杆挤压输送装置、气压阀调节装置、预混喷枪及连接装置。

产品质量控制与检测：面层厚度通过作业车组件“气压调节阀”调节气压流量，来控制预混喷枪的出料量。气压阀的标准值控制为 0.8 MPa，预混喷枪的出料量控制为 10 kg/min。结构层的厚度控制原理与面层相同，增加了预混喷枪内的纤维量的控制。预混喷枪的转速，在标准气压值下，控制为 350 r/min，控制制作产品预混复合原材料中的纤维含量，保证产品工艺质量要求。

产品板厚控制：采用五点定厚测量法（图 4.2-10）。使用专用针式测厚器，对产品板面取四角与中间位置五点进行平均厚度控制，保证产品制作工艺的厚度要求。

图 4.2-10　五点定厚测量法

成型产品展示如图 4.2-11 所示。

图 4.2-11　成型产品

GRC 构件拼装效果如图 4.2-12 所示。

图 4.2-12　GRC 构件拼装效果

4.2.4　玻璃纤维增强混凝土（GRC）专项施工

测量：根据业主批准的施工图纸，结合每一款产品的大样尺寸、图纸标注的安装位置，对建筑结构外立面（GRC 板材安装位置）进行水平线、标高线、中心线的实际测量，出具书面测量结果，报请总包签字确认，对于不符合 GRC 板材安装位置（水平线、标高线、中心线）的产品书面提出整改的具体意见和要求，办理确认手续，确保 GRC 板材的安装位置符合图纸设计要求。

施工放线：根据总包签发回复的测量报告，以及现场测量的基准线位置，再次使用全站仪、水准仪、钢尺、钢丝线、墨盒复测 GRC 板材安装位置的基准线、点，每隔四层在结构上固定牛腿，用于绑扎铅垂线，铅垂线水平距离不超过 25 m。每层设置产品外边缘水平线，外边缘水平线两点间距不超过 25 m。

牛腿安装施工：根据牛腿标高、中心位置定位线，把牛腿点焊在钢结构（或后置埋板）上，再次校正后满焊。牛腿焊接全部为角焊接（三级焊缝），焊接位置需要进行防腐处理，具体方法如下：清理焊渣，刷防锈漆，刷保护面漆；所用的环氧富锌漆的涂刷厚度必须不小于 100 μm，防锈漆厚度不小于 80 μm，焊接连接件的焊接长度和高度确保按照图纸要求，无裂纹、焊瘤、气孔、夹渣（图 4.2-13）。

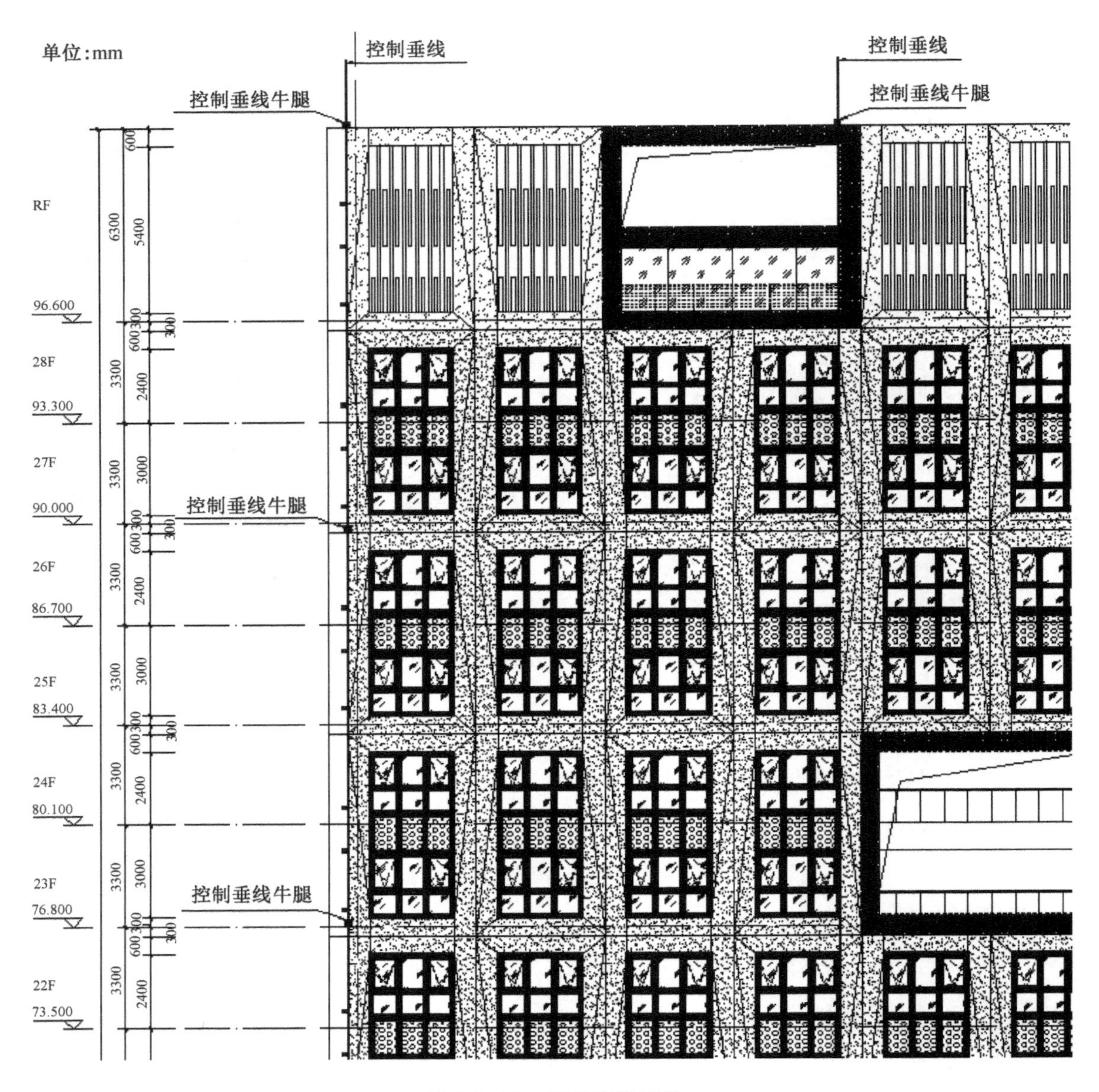

图 4.2-13　GRC 安装示意

保温、防水板施工：保温岩棉面根据设计图纸要求的厚度和现场实测的宽度尺寸进行截切后安装在镀锌铁皮内，安装须在晴天进行，并立即用防水板进行封闭，以免被雨水淋湿。当保温玻璃棉独立安装时，应加设铝条加强筋，并用胶钉将保温玻璃棉与加强筋固定好。防水板安装后需要用密封胶封闭，必要时需要做淋水测试。

GRC 板材就位与固定：依据图纸要求的 GRC 板材安装位置，以及控制垂线和水平线定位产品，在板块的安装过程中应考虑足够的调节量，用于吸收以及消除可能出现的钢结构变形和结构误差。7～18 层采用小吊车将板块托起，利用室内外配合将板块放入相应位置固定。19 层至屋面部分采用环轨吊，环轨吊具有较高的灵活性。

3 号楼工程共架设 7 台小吊车，5 台架设在 18 层。其中，南立面架设 3 台，南立面分 4 阶段施工，进行 3 次移位；东、西立面各架设 1 台；北立面屋面架设 2 台。

当吊装 19 层以上部位时，小吊车需将板块平稳吊至最高处，在空中与环轨吊吊钩相接。小吊车与环轨吊转接时，环轨吊接棒后缓慢上升，直至完全受力后，方可拆除小吊车连接端。板块升到相应位置时，利用手拉葫芦进行微调。施工人员在楼板上架设操作平台，挂设安全带并利用操作平台完成固定。

当吊装高于屋面部分时，需在 27 层放置 1 台小吊车，并利用小吊车跟屋面环轨吊进行换钩。配合手拉葫芦进行微调，以此完成吊装。

清理及成品保护：在每一件产品的安装过程中，需请专业监理工程师对过程给予验收确认，产品安装结束后，及时清理和擦洗 GRC 板材在安装过程中造成的表面污渍，申请竣工验收确认后，在施工通道处及容易被二次污染或破坏处的 GRC 板材应采用拉伸膜进行成品保护。同时提请、协调其他分包单位注意 GRC 板材的表面保护工作。GRC 构件的安装过程和完成效果如图 4.2-14～图 4.2-18 所示。

图 4.2-14　构件运输

图 4.2-15　构件吊装

图 4.2-16　构件连接

图 4.2-17　构件现场安装

图 4.2-18　构件安装完成效果

第五章　工程管理与施工

EPC（Engineering Procurement Construction，即设计、采购、施工）总承包模式是指建设单位作为业主将建设工程发包给总承包单位，由总承包单位承揽整个建设工程的设计、采购、施工，并对所承包的建设工程的质量、安全、工期、造价等全面负责，最终向建设单位提交一个符合合同约定、满足使用功能、具备使用条件并经竣工验收合格的建设工程承包模式。本章具体介绍了EPC＋BIM（建筑信息模型，Building Information Modeling）模式下南京江北新区人才公寓（1号地块）项目的组织机构、各部门职能、管理人分工及相关人员配置情况，以及各分部分项工程的施工控制要点，最后给出了项目绿色施工的措施。

5.1　管理模式

传统的EPC模式信息化程度较低，业主对项目监管缺乏手段和方法。实施过程中，有些设计施工问题依然不好解决。EPC承包商责任压力大，整体成本不易控制，缺少对成本管控的方法。南京江北新区人才公寓（1号地块）项目采用EPC＋BIM的管理模式（图5.1-1），能够充分融合BIM和EPC各自优势，实现以下结果：设计施工融合，高效、高频率、滚动式的设计协同，施工的提前介入，提前规避现场会遇到的问题；应用协同平

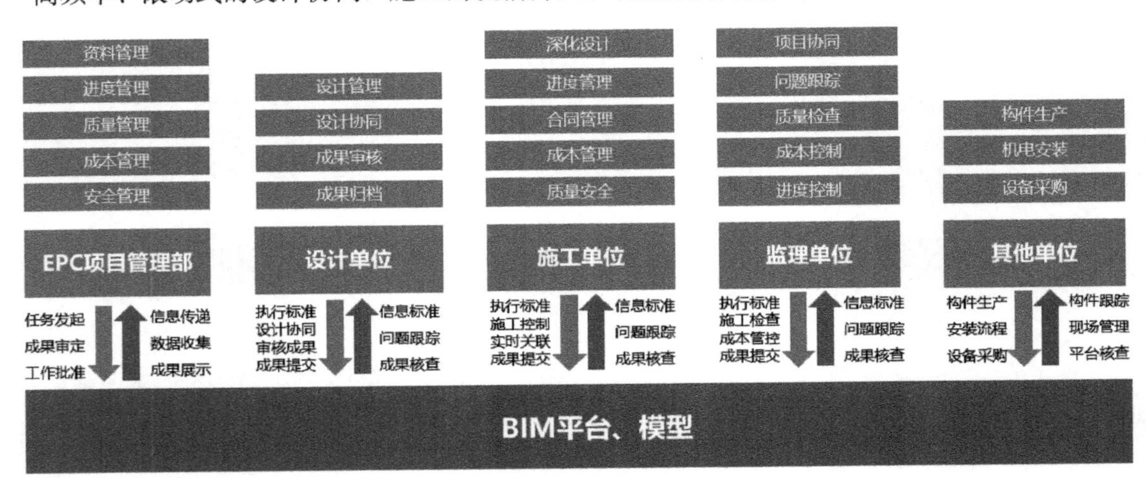

图5.1-1　BIM＋EPC的管理模式

台，设计施工统一管控；设计、施工 BIM 模型的无缝对接；以点带面，结合 BIM 与其他应用，如装配式，绿色健康建筑等；EPC 模式下，BIM 解决各方问题，共担风险，共享利益。

5.2　BIM 信息化应用

南京江北新区人才公寓（1 号地块）项目采用 EPC 管理模式，全过程应用 BIM 信息化技术，提升项目质量，项目应用的信息化技术内容详见表 5.2-1。

表 5.2-1　信息化技术应用内容

<table>
<tr><th colspan="2">阶段</th><th>内　容</th></tr>
<tr><td rowspan="9">设计阶段</td><td rowspan="3">初步设计</td><td>设计各个阶段（初设）模型成果</td></tr>
<tr><td>预制装配率计算</td></tr>
<tr><td>初步设计阶段问题检查报告</td></tr>
<tr><td rowspan="6">施工图设计</td><td>设计各个阶段（施工图）模型成果</td></tr>
<tr><td>碰撞检查</td></tr>
<tr><td>管综优化</td></tr>
<tr><td>净空分析报告</td></tr>
<tr><td>一次结构、二次结构预留洞图纸</td></tr>
<tr><td>构件深化模型</td></tr>
<tr><td rowspan="9">施工阶段</td><td rowspan="3">施工准备阶段</td><td>施工深化模型</td></tr>
<tr><td>施工场地布置</td></tr>
<tr><td>施工方案模拟</td></tr>
<tr><td rowspan="6">施工实施阶段</td><td>施工管理平台及其应用，材料、进度、质量、安全、资金等管理，5D 模拟</td></tr>
<tr><td>装配式施工动画模拟</td></tr>
<tr><td>具体复杂施工方案的三维模型指导施工及相应动画模拟</td></tr>
<tr><td>基于 BIM 的工程量统计</td></tr>
<tr><td>基于 BIM 的管线下料指导</td></tr>
<tr><td>二次结构及砌体排布优化方案</td></tr>
</table>

南京江北新区人才公寓（1 号地块）项目是江北新区首个设计牵头的 EPC 管理项目。在该项目中，BIM 模型和平台不仅要完成基本的项目设计优化，还要与项目设计特点相结合，在设计阶段着重关注以下几点：（1）VR 与景观、室内设计优化，（2）BIM 与装配式建筑的结合，（3）BIM 与精装一体化设计，（4）BIM 与绿色健康建筑。

为保证设计阶段 BIM 模型有效地传递到施工阶段，施工管理人员可直观有效地对施工整体进行管控，项目采取广联达 BIM 5D 管理平台，在施工阶段着重关注以下几点：(1) 设计、施工三维交底与深化，(2) 施工平台管理、应用，(3) 绿色、智慧施工。

BIM 应用重点见图 5.2-1。

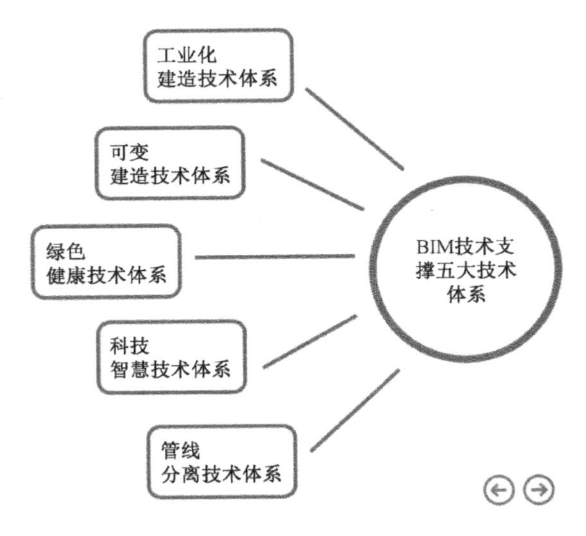

图 5.2-1　BIM 应用重点

南京江北新区人才公寓（1 号地块）项目采用的模型软件包括：Autodesk Revit、Autodesk Revit Dynamo、Autodesk Navisworks、SketchUp；应用软件包括：Enscape、Twinmotion、斯维尔绿色建筑系列软件、PHOENICS、DeST；平台软件包括：广联达协筑软件平台，广联达 BIM 5D 施工管理平台。项目设计阶段协同平台如图 5.2-2 所示。

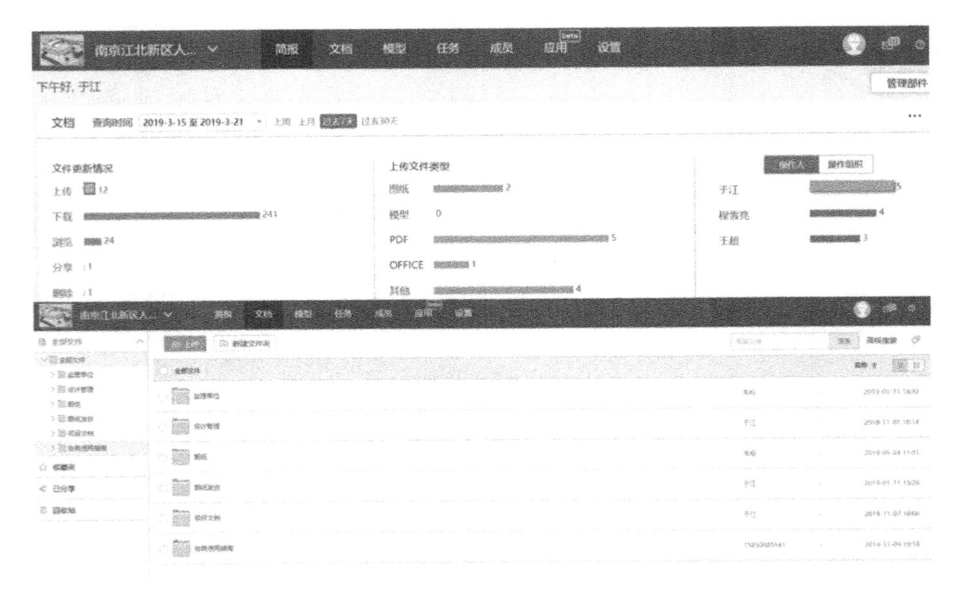

图 5.2-2　设计阶段协同平台

南京江北新区人才公寓（1号地块）项目各阶段的模型如图5.2-3～图5.2-8所示。

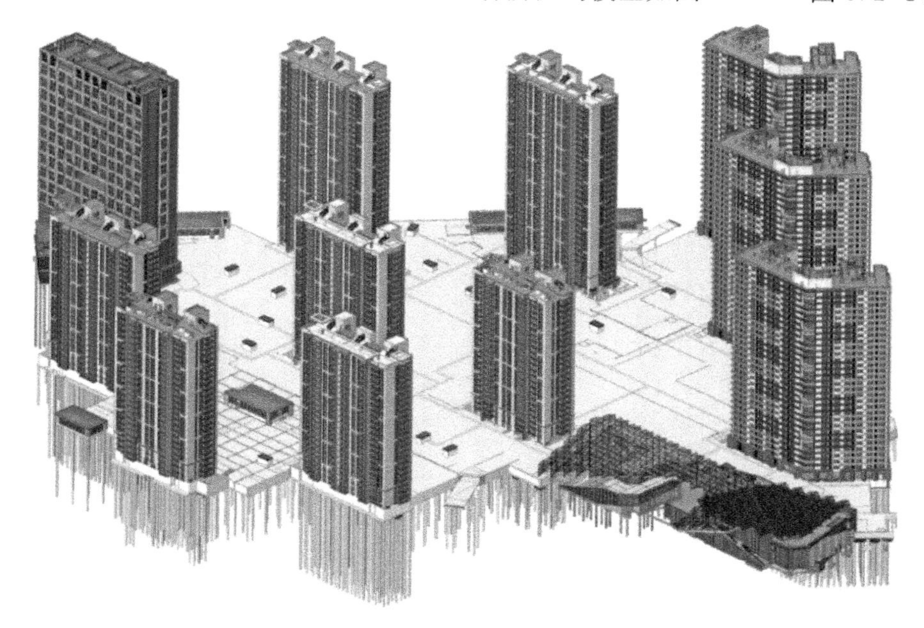

图5.2-3　南京江北新区人才公寓（1号地块）项目整合模型

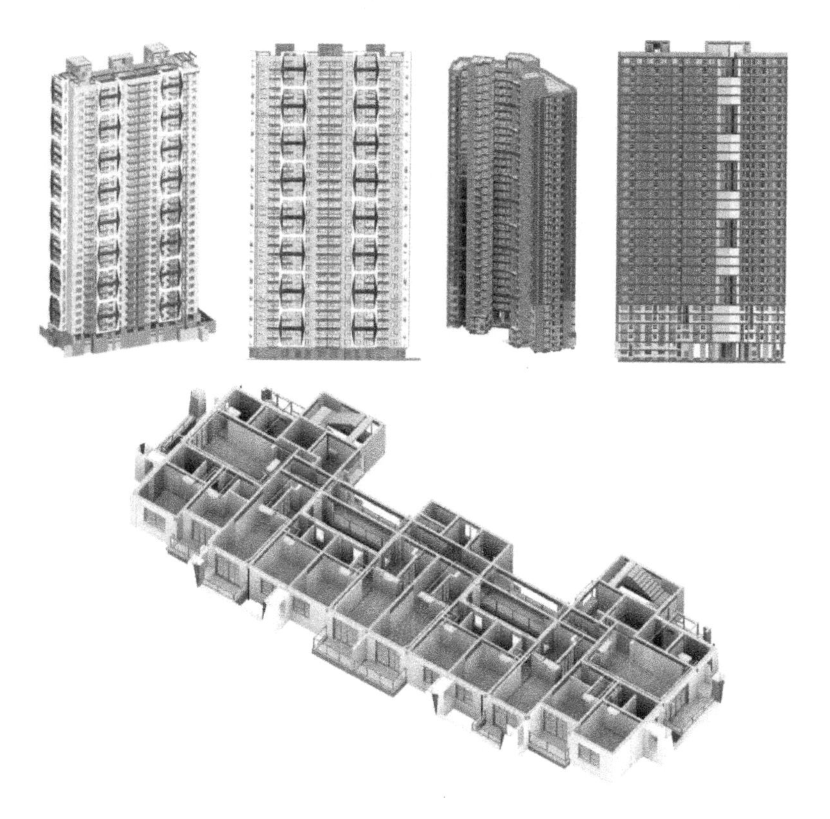

图5.2-4　单体住宅模型

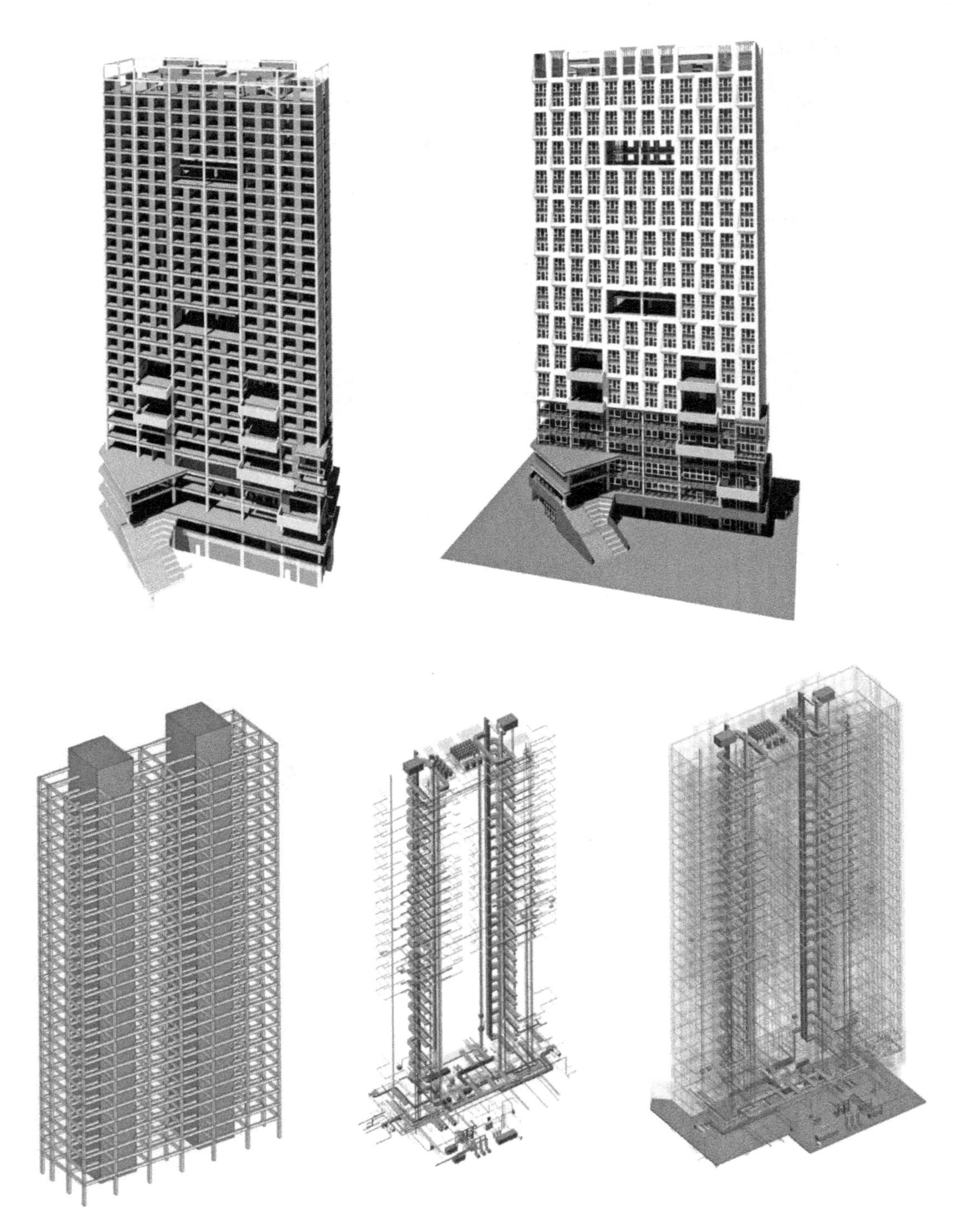

图 5.2-5　3 号楼未来住宅楼模型

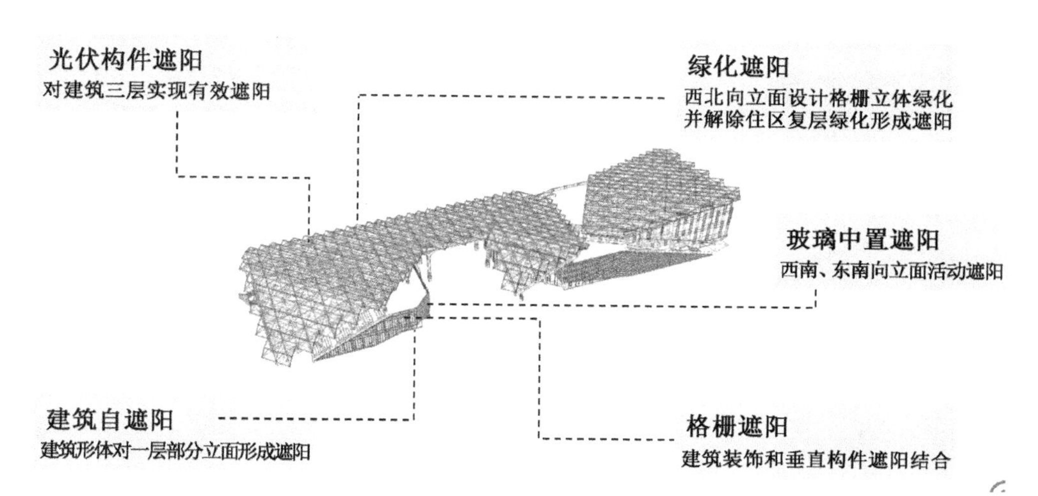
光伏构件遮阳
对建筑三层实现有效遮阳
绿化遮阳
西北向立面设计格栅立体绿化
并解除住区复层绿化形成遮阳
玻璃中置遮阳
西南、东南向立面活动遮阳
建筑自遮阳
建筑形体对一层部分立面形成遮阳
格栅遮阳
建筑装饰和垂直构件遮阳结合

图 5.2-6　12 号、13 号楼零碳建筑模型

图 5.2-7　机电优化模型

图 5.2-8　协同平台管线综合检查

1. 项目设计阶段的应用

（1）参数化设计

12 号楼为零碳建筑，屋顶部分大部分被太阳能板所覆盖，并且根据朝向，有一部分向下弯折，我们通过 Dynamo 参数化插件对太阳能板的自适应族进行准确定位并有规律地批量摆放（图 5.2-9）。

（2）BIM+EPC 模式下的管综优化

在 EPC 模式下，施工方可以在项目的早期介入，提前规避现场会遇到的问题，有效节省设计变更费用，控制整体成本。并且结合施工安装建议，合理进行梁开洞及管线避让，有效控制材料消耗。还能考虑施工安装的组织顺序，合理地排布管线，确保安装过程能有序进行，保障项目进度实施。

项目通过管线综合优化，地下室的净高在车道区域达到了 2 350～2 500 mm，车位区域达到了 2 250～2 500 mm，满足使用需求（图 5.2-10）。

碰撞检查是项目设计与施工过程中不可避免的问题，通过逐一的空间冲突与分析，以解决各专业的细部冲突（图 5.2-11）。二维图无法说明高程差异，不易发现电缆线架与梁的空间冲突。项目根据模拟分析结果，提早进行设计修改，减少了施工阶段变更设计。

项目在设计阶段一共完成 3 轮模型的全面更新，提交 357 个图面修改建议，解决小碰撞超过 1 000 个，解决重要碰撞问题、净高问题 142 个，搭建装配式构件 223 个，解决装配式构件图纸问题 67 个，节省直接的设计变更金额约 700 万元。项目做到了图模一致性，让设计阶段模型持续延用到施工阶段，施工模型基于设计模型进行区域的深化。

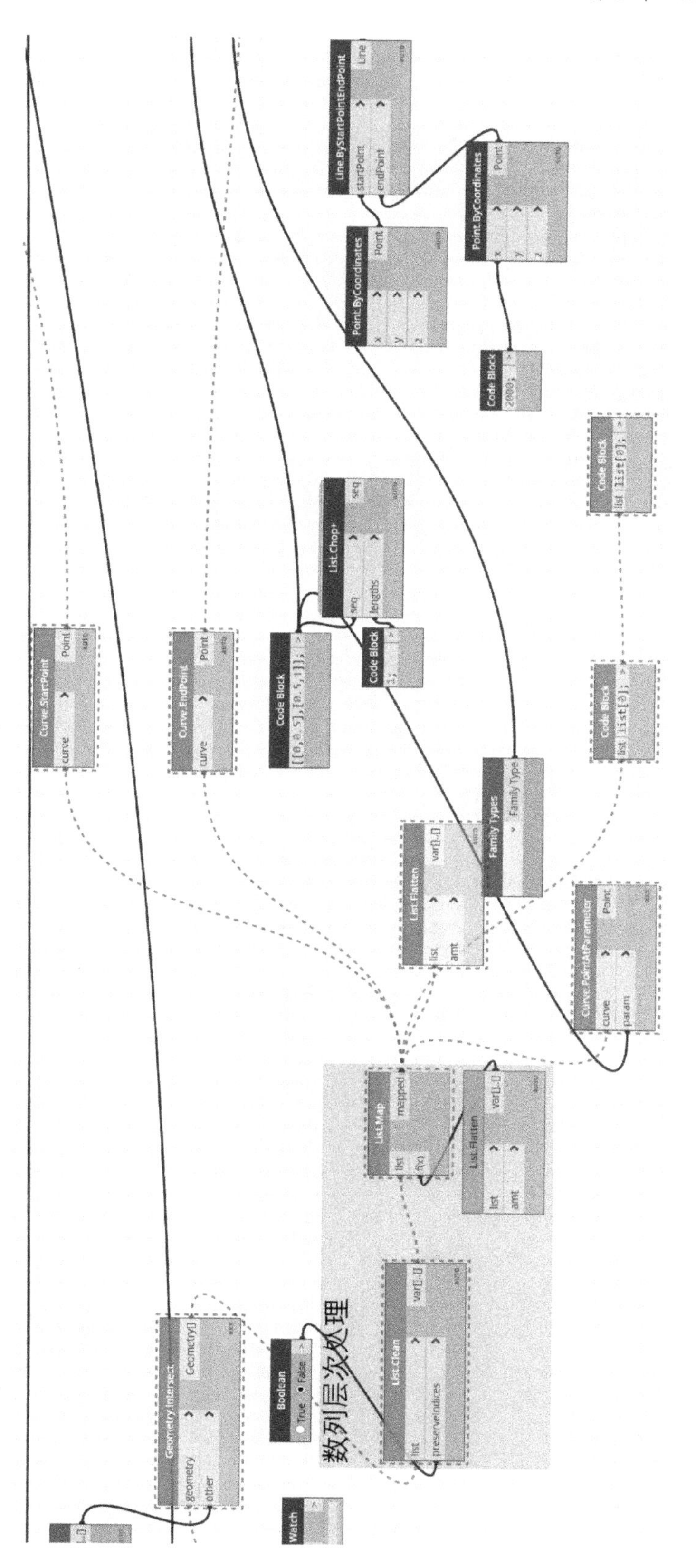

图 5.2-9　Dynamo 参数化设计

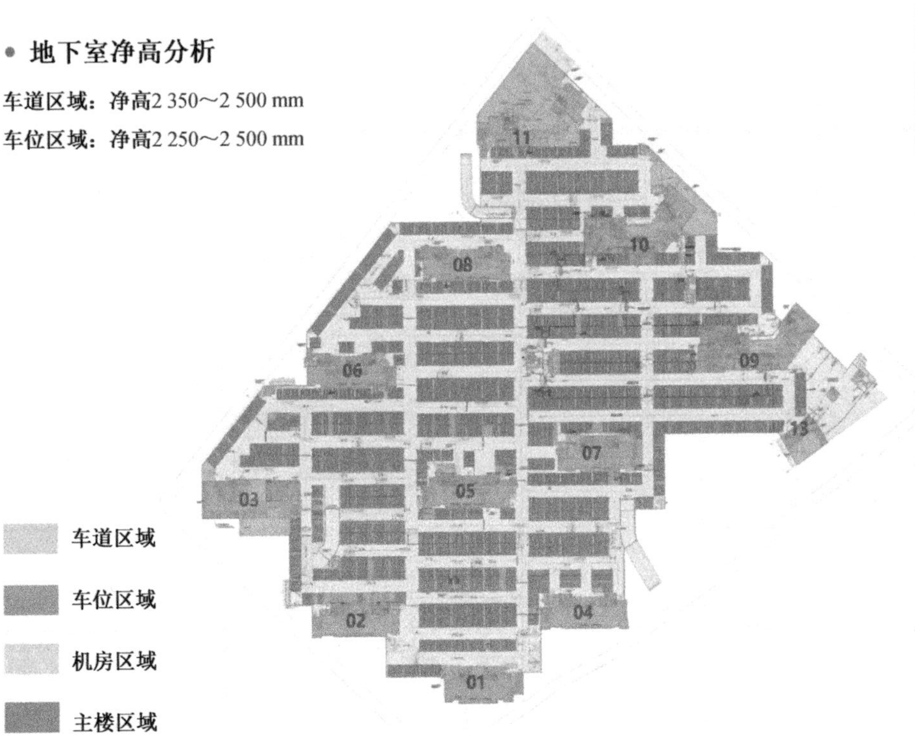

● 地下室净高分析
车道区域：净高2 350～2 500 mm
车位区域：净高2 250～2 500 mm
11
10
08
09
06
13
07
05
03
02
04
01
车道区域
车位区域
机房区域
主楼区域

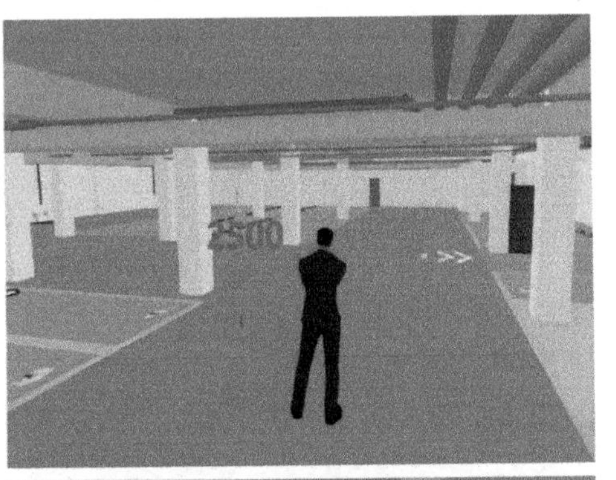

2500

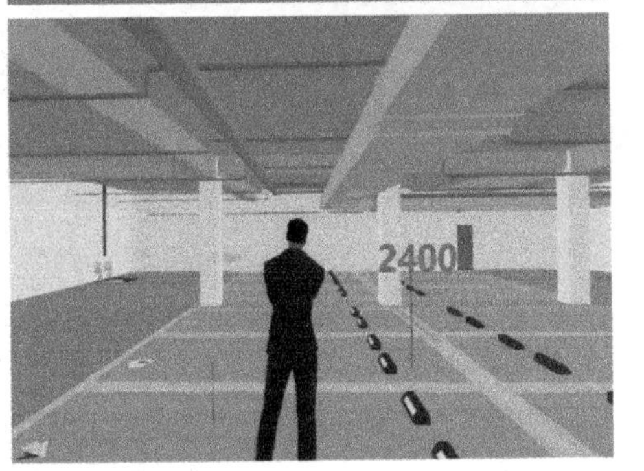

2400

图 5.2-10　净高分析

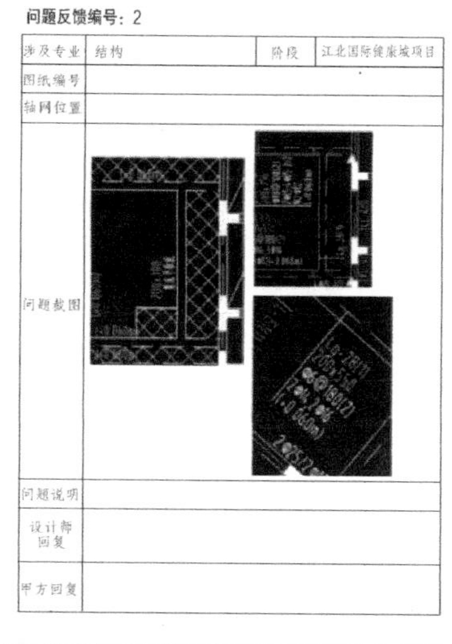

问题反馈编号：2

涉及专业	结构	阶段	江北国际健康城项目
图纸编号			
轴网位置			
问题截图			
问题说明			
设计师回复			
甲方回复			

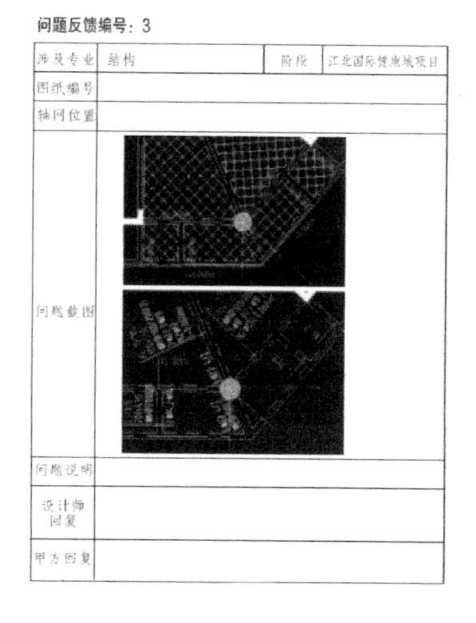

问题反馈编号：3

涉及专业	结构	阶段	江北国际健康城项目
图纸编号			
轴网位置			
问题截图			
问题说明			
设计师回复			
甲方回复			

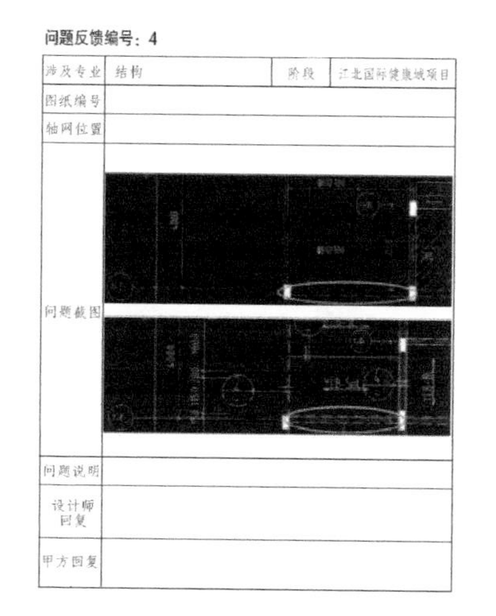

问题反馈编号：4

涉及专业	结构	阶段	江北国际健康城项目
图纸编号			
轴网位置			
问题截图			
问题说明			
设计师回复			
甲方回复			

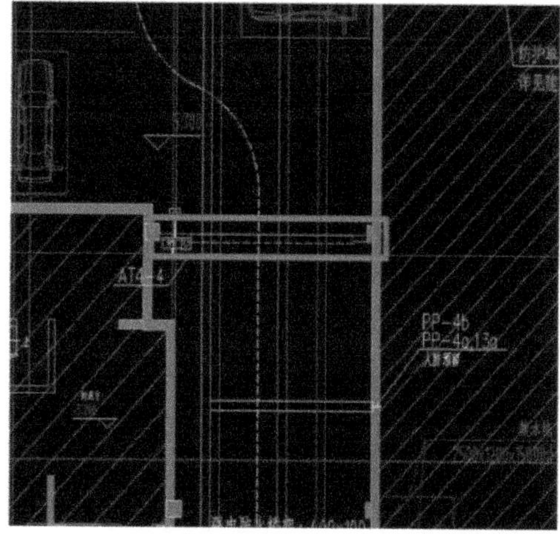

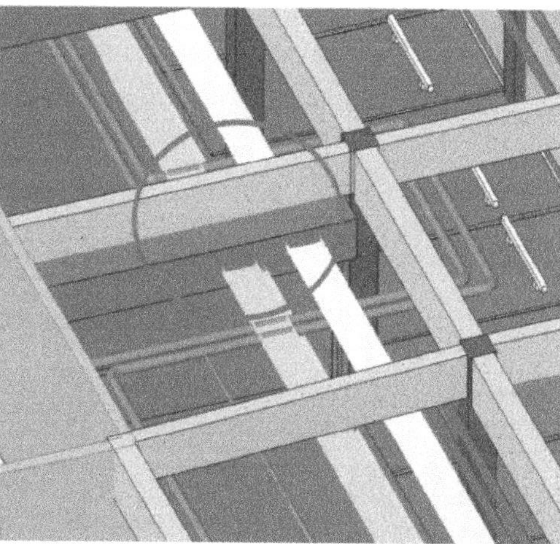

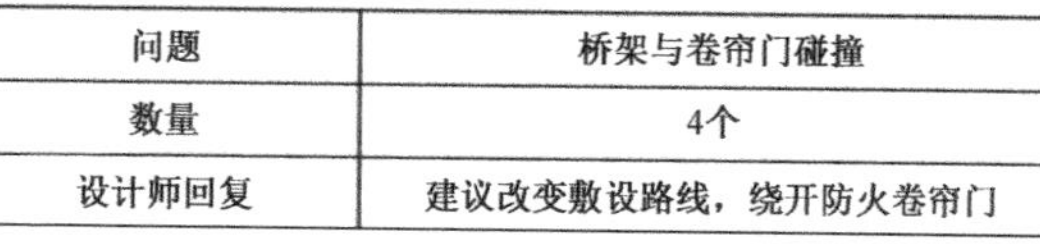

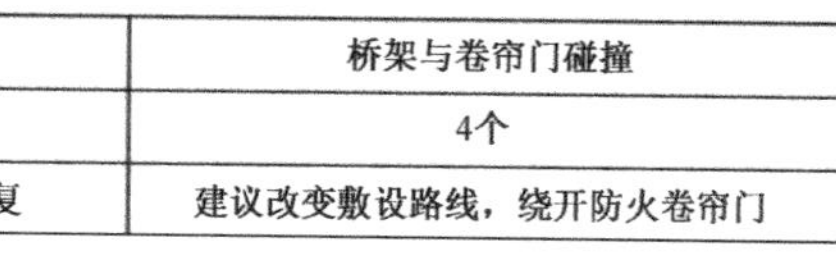

问题	桥架与卷帘门碰撞
数量	4个
设计师回复	建议改变敷设路线，绕开防火卷帘门

图 5.2-11　碰撞检查与问题反馈

结合地库穿梁设计的要求，BIM 管线综合模型有效地指导了施工现场预留开洞，保证设计图、模型、现场的一致性。

管线综合优化前后对比图见图 5.2-12，管线综合模型和现场落地图见图 5.2-13，其模型的出图见图 5.2-14。

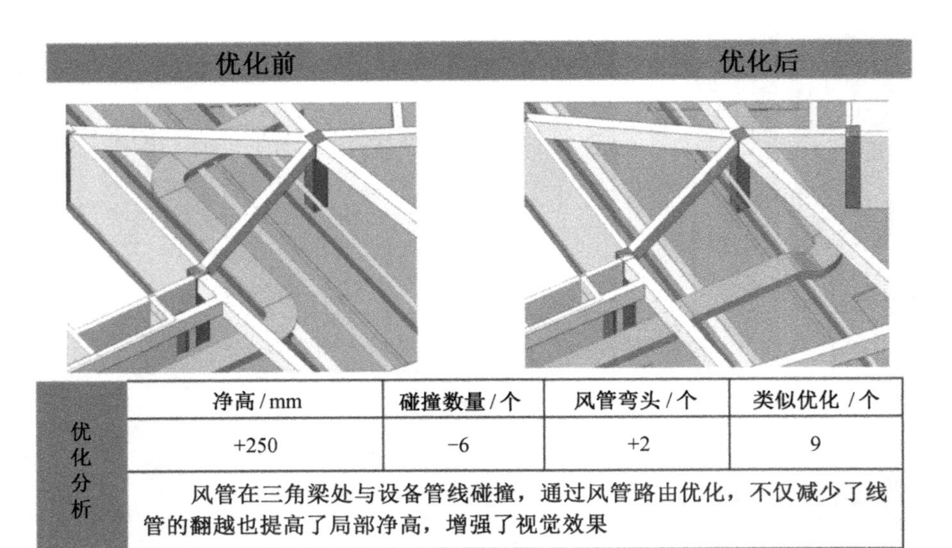

优化分析	净高 / mm	碰撞数量 / 个	风管弯头 / 个	类似优化 / 个
	+250	−6	+2	9
	风管在三角梁处与设备管线碰撞，通过风管路由优化，不仅减少了线管的翻越也提高了局部净高，增强了视觉效果			

图 5.2-12 管线综合优化前后对比图

图 5.2-13 管线综合模型和现场落地图

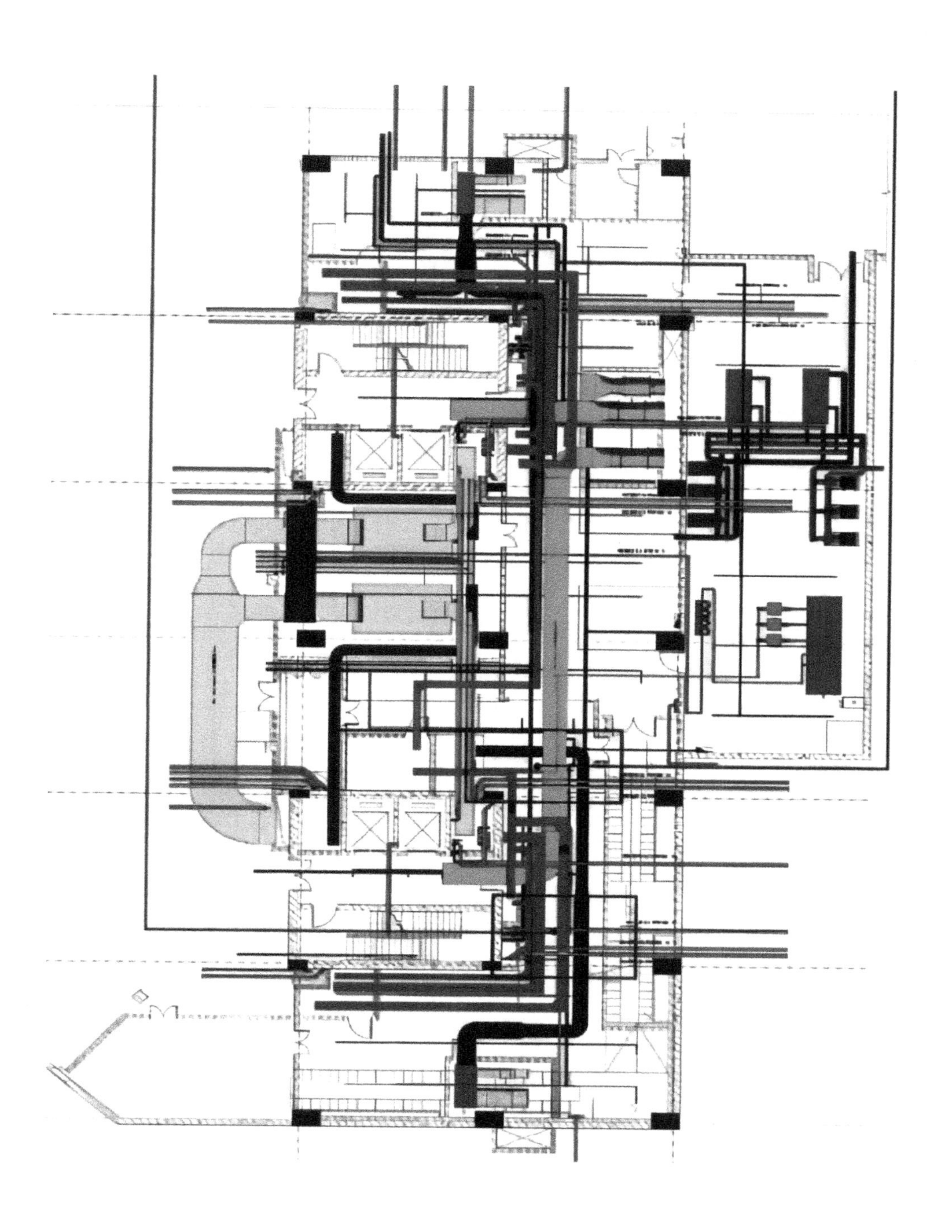

图 5.2-14 管线综合模型的出图

(3) 工程量清单输出

项目输出模型及对应土建与机电的工程量清单，出具 Revit 明细表清单，见图 5.2-15、图 5.2-16。

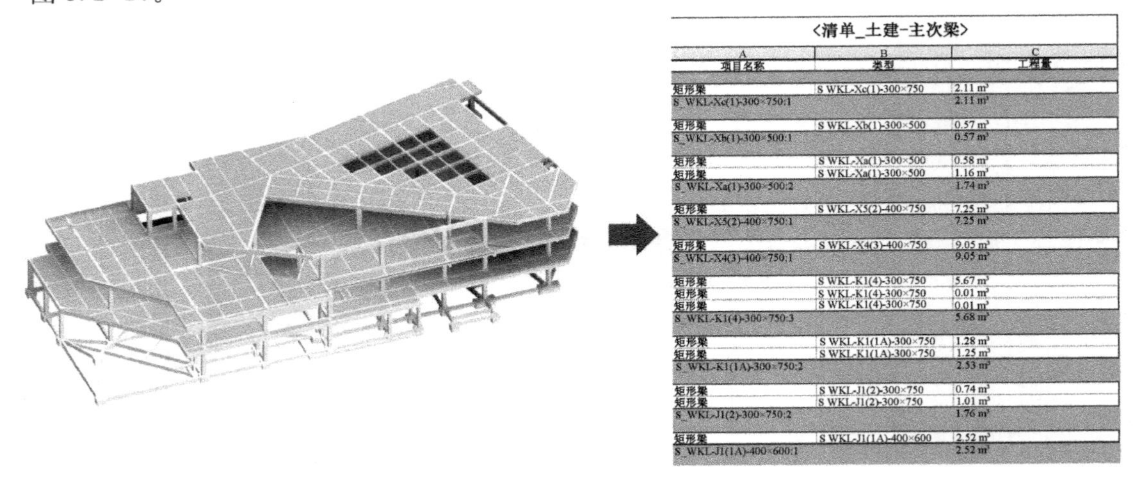

<清单_土建-主次梁>

A 项目名称	B 类型	C 工程量
矩形梁	S WKL-Xc(1)-300×750	2.11 m³
S_WKL-Xc(1)-300×750:1		2.11 m³
矩形梁	S WKL-Xb(1)-300×500	0.57 m³
S_WKL-Xb(1)-300×500:1		0.57 m³
矩形梁	S WKL-Xa(1)-300×500	0.58 m³
矩形梁	S WKL-Xa(1)-300×500	1.16 m³
S_WKL-Xa(1)-300×500:2		1.74 m³
矩形梁	S WKL-X5(2)-400×750	7.25 m³
S_WKL-X5(2)-400×750:1		7.25 m³
矩形梁	S WKL-X4(3)-400×750	9.05 m³
S_WKL-X4(3)-400×750:1		9.05 m³
矩形梁	S WKL-K1(4)-300×750	5.67 m³
矩形梁	S WKL-K1(4)-300×750	0.01 m³
矩形梁	S WKL-K1(4)-300×750	0.01 m³
S_WKL-K1(4)-300×750:3		5.68 m³
矩形梁	S WKL-K1(1A)-300×750	1.28 m³
矩形梁	S WKL-K1(1A)-300×750	1.25 m³
S_WKL-K1(1A)-300×750:2		2.53 m³
矩形梁	S WKL-J1(2)-300×750	0.74 m³
矩形梁	S WKL-J1(2)-300×750	1.01 m³
S_WKL-J1(2)-300×750:2		1.76 m³
矩形梁	S WKL-J1(1A)-400×600	2.52 m³
S_WKL-J1(1A)-400×600:1		2.52 m³

墙体统计									
楼层	墙砌体材料	厚度	高度	外表面材质	内表面材质	外表面积	内表面积	体积（M³）	ID
	材料-保温-聚苯乙烯	100	150	016-内墙-清水砖	016-内墙-清水砖	1.49	1.49	0.15	外墙-075
	材料-保温-聚苯乙烯	100	150	016-内墙-清水砖	016-内墙-清水砖	3.42	3.42	0.34	外墙-077
	材料-保温-聚苯乙烯	100	150	016-内墙-清水砖	016-内墙-清水砖	2.88	2.88	0.29	外墙-078
	材料-保温-聚苯乙烯	100	150	016-内墙-清水砖	016-内墙-清水砖	1.35	1.35	0.14	外墙-076
	材料-保温-聚苯乙烯	100	150	016-内墙-清水砖	016-内墙-清水砖	5.18	5.36	0.53	外墙-070
	材料-保温-聚苯乙烯	100	150	016-内墙-清水砖	016-内墙-清水砖	0.81	0.81	0.08	外墙-073
	材料-保温-聚苯乙烯	100	150	016-内墙-清水砖	016-内墙-清水砖	1.06	1.06	0.11	外墙-072
	材料-保温-聚苯乙烯	100	150	016-内墙-清水砖	016-内墙-清水砖	1.08	1.08	0.11	外墙-071
	材料-保温-聚苯乙烯	100	1 200	常规	016-内墙-清水砖	33.48	34.92	3.42	外墙-070
	材料-保温-聚苯乙烯	100	2 900	常规	016-内墙-清水砖	164.57	165.73	16.51	外墙-068
	材料-保温-聚苯乙烯	100	2 900	常规	016-内墙-清水砖	33.27	34.14	3.37	外墙-100
	材料-保温-聚苯乙烯	100	2 900	常规	016-内墙-清水砖	33.35	34.51	3.39	外墙-095
	材料-保温-聚苯乙烯	100	2 900	常规	016-内墙-清水砖	6.67	7.25	0.70	外墙-092
	材料-保温-聚苯乙烯	100	2 900	常规	016-内墙-清水砖	5.22	5.22	0.52	外墙-066
	材料-保温-聚苯乙烯	100	2 900	常规	涂料-03	2.12	1.54	0.18	外墙-092
	材料-保温-聚苯乙烯	100	2 900	常规	涂料-03	14.10	14.10	1.41	外墙-068
	材料-保温-聚苯乙烯	100	2 900	常规	涂料-03	7.59	7.59	0.76	外墙-079
	材料-保温-聚苯乙烯	100	2 900	常规	涂料-03	11.16	11.16	1.12	外墙-093
	材料-保温-聚苯乙烯	100	2 900	常规	涂料-03	7.68	5.65	0.67	外墙-094
	材料-保温-聚苯乙烯	100	2 900	常规	123-外墙-仿石漆-···	14.13	14.13	1.41	外墙-100
	材料-保温-聚苯乙烯	100	2 900	常规	016-内墙-清水砖	20.01	22.62	2.13	外墙-065
	材料-保温-聚苯乙烯	100	2 900	常规	016-内墙-清水砖	75.40	77.72	7.66	外墙-093
	材料-保温-聚苯乙烯	100	2 900	常规	涂料-03	8.40	8.40	0.84	外墙-075
	材料-保温-聚苯乙烯	100	2 900	常规	016-内墙-清水砖	29.79	30.66	3.02	外墙-096

图 5.2-15　土建工程量清单

(4) 装修模型应用

应用装修三维模型使得全屋精装效果直观可视，各节点深化模型利于后期各部品的安装（图 5.2-17、图 5.2-18）。

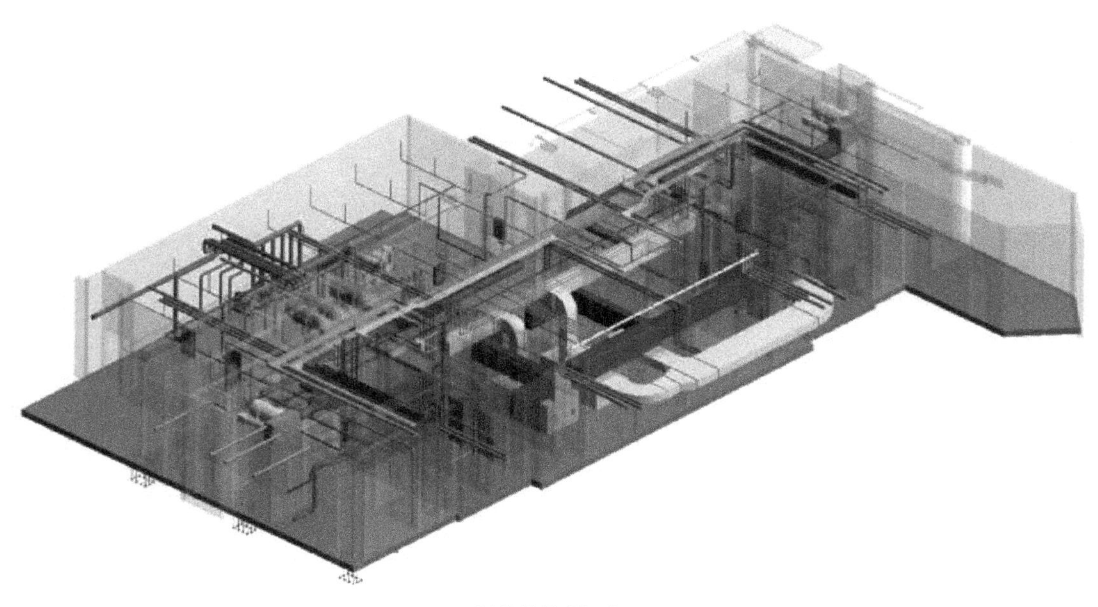

〈风管管件明细表〉

A	B	C	D	E
族	类型	系统类型	系统缩写	尺寸
矩形弯头-弧形-法兰	M-新风-0.6	M-新风系统（XF）	XF	80 mm×400 mm—80 mm×400 mm
矩形弯头-弧形-法兰	M-新风-0.6	M-新风系统（XF）	XF	80 mm×400 mm—80 mm×400 mm
80 mm×400 mm—80 mm×400 mm×2				
矩形弯头-弧形-法兰	M-排风-0.6	M-排风系统（PF）	PF	120 mm×120 mm—120 mm×120 mm
矩形弯头-弧形-法兰	M-排风-0.6	M-排风系统（PF）	PF	120 mm×120 mm—120 mm×120 mm
矩形弯头-弧形-法兰	M-排风-0.6	M-排风系统（PF）	PF	120 mm×120 mm—120 mm×120 mm
矩形弯头-弧形-法兰	M-排风-0.6	M-排风系统（PF）	PF	120 mm×120 mm—120 mm×120 mm
矩形弯头-弧形-法兰	M-排风-0.6	M-排风系统（PF）	PF	120 mm×120 mm—120 mm×120 mm
矩形弯头-弧形-法兰	M-排风-0.6	M-排风系统（PF）	PF	120 mm×120 mm—120 mm×120 mm
矩形弯头-弧形-法兰	M-排风-0.6	M-排风系统（PF）	PF	120 mm×120 mm—120 mm×120 mm
矩形弯头-弧形-法兰	M-排风-0.6	M-排风系统（PF）	PF	120 mm×120 mm—120 mm×120 mm
矩形弯头-弧形-法兰	M-排风-0.6	M-排风系统（PF）	PF	120 mm×120 mm—120 mm×120 mm
矩形弯头-弧形-法兰	M-排风-0.6	M-排风系统（PF）	PF	120 mm×120 mm—120 mm×120 mm
矩形弯头-弧形-法兰	M-排风-0.6	M-排风系统（PF）	PF	120 mm×120 mm—120 mm×120 mm
矩形弯头-弧形-法兰	M-排风-0.6	M-排风系统（PF）	PF	120 mm×120 mm—120 mm×120 mm
矩形弯头-弧形-法兰	M-排风-0.6	M-排风系统（PF）	PF	120 mm×120 mm—120 mm×120 mm
矩形弯头-弧形-法兰	M-排风-0.6	M-排风系统（PF）	PF	120 mm×120 mm—120 mm×120 mm
矩形弯头-弧形-法兰	M-排风-0.6	M-排风系统（PF）	PF	120 mm×120 mm—120 mm×120 mm
矩形弯头-弧形-法兰	M-排风-0.6	M-排风系统（PF）	PF	120 mm×120 mm—120 mm×120 mm
矩形弯头-弧形-法兰	M-排风-0.6	M-排风系统（PF）	PF	120 mm×120 mm—120 mm×120 mm
矩形弯头-弧形-法兰	M-排风-0.6	M-排风系统（PF）	PF	120 mm×120 mm—120 mm×120 mm
矩形弯头-弧形-法兰	M-排风-0.6	M-排风系统（PF）	PF	120 mm×120 mm—120 mm×120 mm
矩形弯头-弧形-法兰	M-排风-0.6	M-排风系统（PF）	PF	120 mm×120 mm—120 mm×120 mm
矩形弯头-弧形-法兰	M-排风-0.6	M-排风系统（PF）	PF	120 mm×120 mm—120 mm×120 mm
矩形弯头-弧形-法兰	M-排风-0.6	M-排风系统（PF）	PF	120 mm×120 mm—120 mm×120 mm
矩形弯头-弧形-法兰	M-排风-0.6	M-排风系统（PF）	PF	120 mm×120 mm—120 mm×120 mm
矩形弯头-弧形-法兰	M-排风-0.6	M-排风系统（PF）	PF	120 mm×120 mm—120 mm×120 mm
矩形弯头-弧形-法兰	M-排风-0.6	M-排风系统（PF）	PF	120 mm×120 mm—120 mm×120 mm
矩形弯头-弧形-法兰	M-排风-0.6	M-排风系统（PF）	PF	120 mm×120 mm—120 mm×120 mm
矩形弯头-弧形-法兰	M-排风-0.6	M-排风系统（PF）	PF	120 mm×120 mm—120 mm×120 mm
矩形弯头-弧形-法兰	M-排风-0.6	M-排风系统（PF）	PF	120 mm×120 mm—120 mm×120 mm
矩形弯头-弧形-法兰	M-排风-0.6	M-排风系统（PF）	PF	120 mm×120 mm—120 mm×120 mm
矩形弯头-弧形-法兰	M-排风-0.6	M-排风系统（PF）	PF	120 mm×120 mm—120 mm×120 mm
矩形弯头-弧形-法兰	M-排风-0.6	M-排风系统（PF）	PF	120 mm×120 mm—120 mm×120 mm
矩形弯头-弧形-法兰	M-排风-0.6	M-排风系统（PF）	PF	120 mm×120 mm—120 mm×120 mm
矩形弯头-弧形-法兰	M-排风-0.6	M-排风系统（PF）	PF	120 mm×120 mm—120 mm×120 mm

图 5.2-16　机电工程量清单

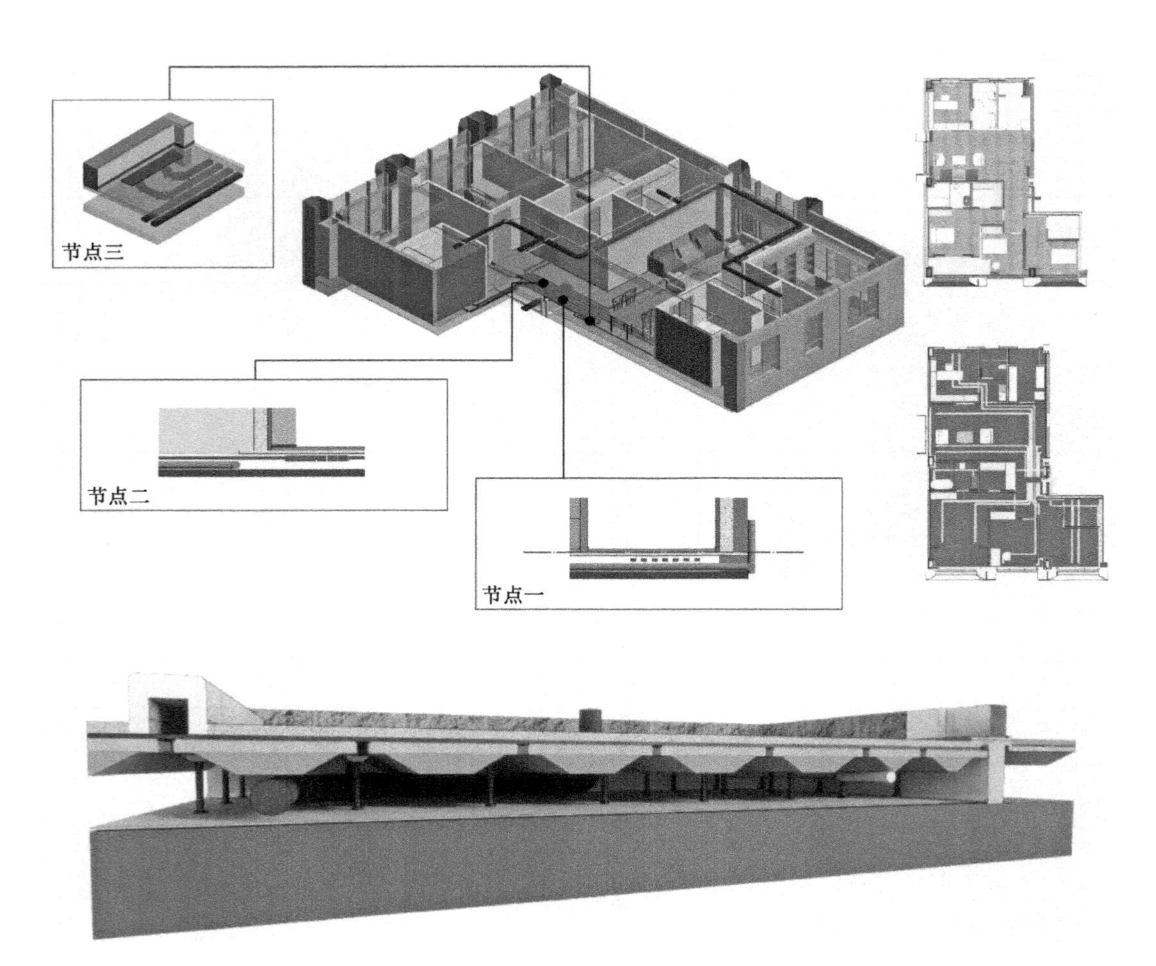

图 5.2-17 预制地面 BIM 深化模型

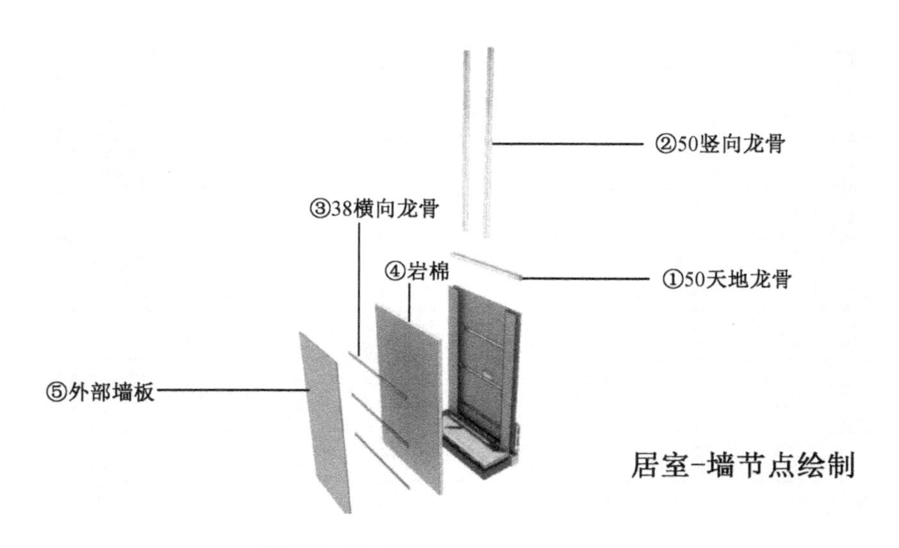

图 5.2-18 居室墙面 BIM 深化模型

（5）构件的拆分、出图与统计

南京江北新区人才公寓（1号地块）项目总计包含十大类（预制内剪力墙、预制外剪力墙、预制叠合板、预制楼梯、预制阳台、预制凸窗、预制空调板、预制阳台隔板、预制填充墙、预制外挂墙板）、223种不同种规格预制构件。预制装配式结构拼装模型如图5.2-19所示，预制构件出图与统计如图5.2-20～图5.2-22所示。

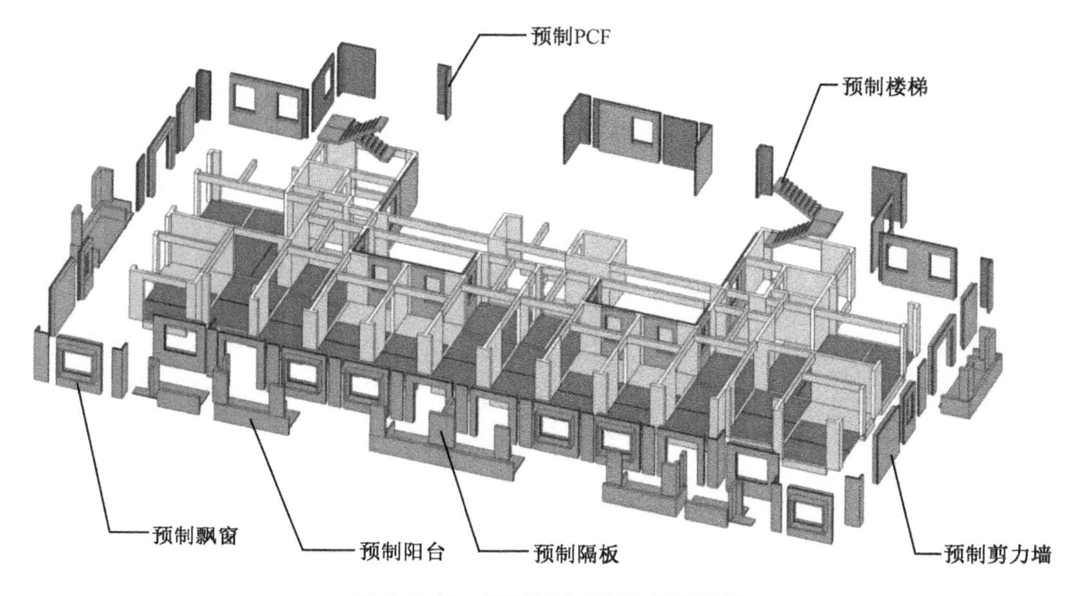

图5.2-19　预制装配式结构拼装模型

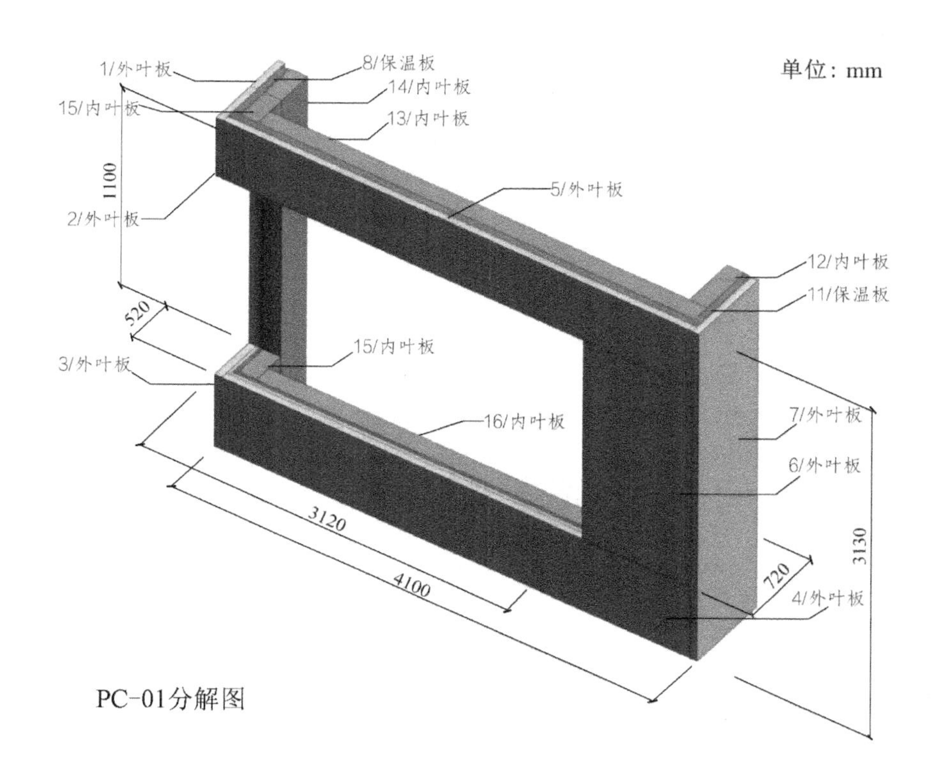

PC-01/体积与质量											
构件大零件编号	构件用途	原始方体编号	组成器件尺寸/mm			体积/m^3	是现烧	是预制	是否计算体积	材料密度/(kg/m^3)	材料质量/kg
			长	宽	高						
PC-01	外叶板	1	60	340	3 130	0.063 9	否	是	是	2 500.00	159.63
PC-01	外叶板	2	60	420	550	0.013 9	否	是	是	2 500.00	34.65
PC-01	外叶板	3	60	420	680	0.017 1	否	是	是	2 500.00	42.84
PC-01	外叶板	4	3 980	60	680	0.162 4	否	是	是	2 500.00	405.96
PC-01	外叶板	5	3 980	60	550	0.131 3	否	是	是	2 500.00	328.35
PC-01	外叶板	6	920	60	1 900	0.104 9	否	是	是	2 500.00	252.2
PC-01	外叶板	7	60	720	3 130	0.135 2	否	是	是	2 500.00	338.04
PC-01	保温板	8	60	240	3 130	0.045 1	否	是	是	35.00	1.577 52
PC-01	保温板	9	60	420	490	0.012 3	否	是	是	35.00	0.432 18
PC-01	保温板	10	3 860	60	490	0.113 5	否	是	是	35.00	3.971 94
PC-01	保温板	11	60	660	3 130	0.123 9	否	是	是	35.00	4.338 18
PC-01	内叶板	12	150	460	3 130	0.216 0	否	是	是	2 500.00	539.925
PC-01	内叶板	13	3 710	150	550	0.306 1	否	是	是	2 500.00	765.187 5
PC-01	内叶板	14	150	310	3 130	0.145 5	否	是	是	2 500.00	363.862 5
PC-01	内叶板	15	150	300	680	0.030 6	否	是	是	2 500.00	76.5
PC-01	内叶板	16	3 710	150	680	0.378 4	否	是	是	2 500.00	946.05
PC-01	内叶板	17	860	150	1 900	0.245 1	否	是	是	2 500.00	612.75
PC-01	内叶板	18	150	300	550	0.024 8	否	是	是	2 500.00	61.875
PC-01	内叶板	19	30	60	2 020	0.003 6	否	是	是	2 500.00	9.09
PC-01	外叶板	20	30	360	60	0.000 6	否	是	是	2 500.00	1.62
PC-01	外叶板	21	3 090	30	60	0.005 6	否	是	是	2 500.00	13.905
PC-01	外叶板	22	60	30	1 960	0.003 5	否	是	是	2 500.00	8.82
PC-01	外叶板	23	3 030	30	60	0.005 5	否	是	是	2 500.00	13.635
PC-01	外叶板	24	30	360	60	0.000 6	否	是	是	2 500.00	1.62
PC-01	保温板	25	30	60	2 020	0.003 6	否	是	是	35.00	0.127 26
PC-01	保温板	26	30	330	60	0.000 6	否	是	是	35.00	0.020 79
PC-01	保温板	27	3 000	30	60	0.005 4	否	是	是	35.00	0.189
PC-01	保温板	28	60	30	2 020	0.003 6	否	是	是	35.00	0.127 26
PC-01	保温板	29	3 000	30	60	0.005 4	否	是	是	35.00	0.189
PC-01	保温板	30	30	330	60	0.000 6	否	是	是	35.00	0.020 79
PC-01	保温板	31	60	420	620	0.015 6	否	是	是	35.00	0.546 84
PC-01	保温板	32	3 860	60	620	0.143 6	否	是	是	35.00	5.025 72
PC-01	保温板	33	800	60	2 020	0.097 0	否	是	是	35.00	3.393 6
总计：33						2.564 9					5 006.470 08

图 5.2-20 预制构件出图和材料统计

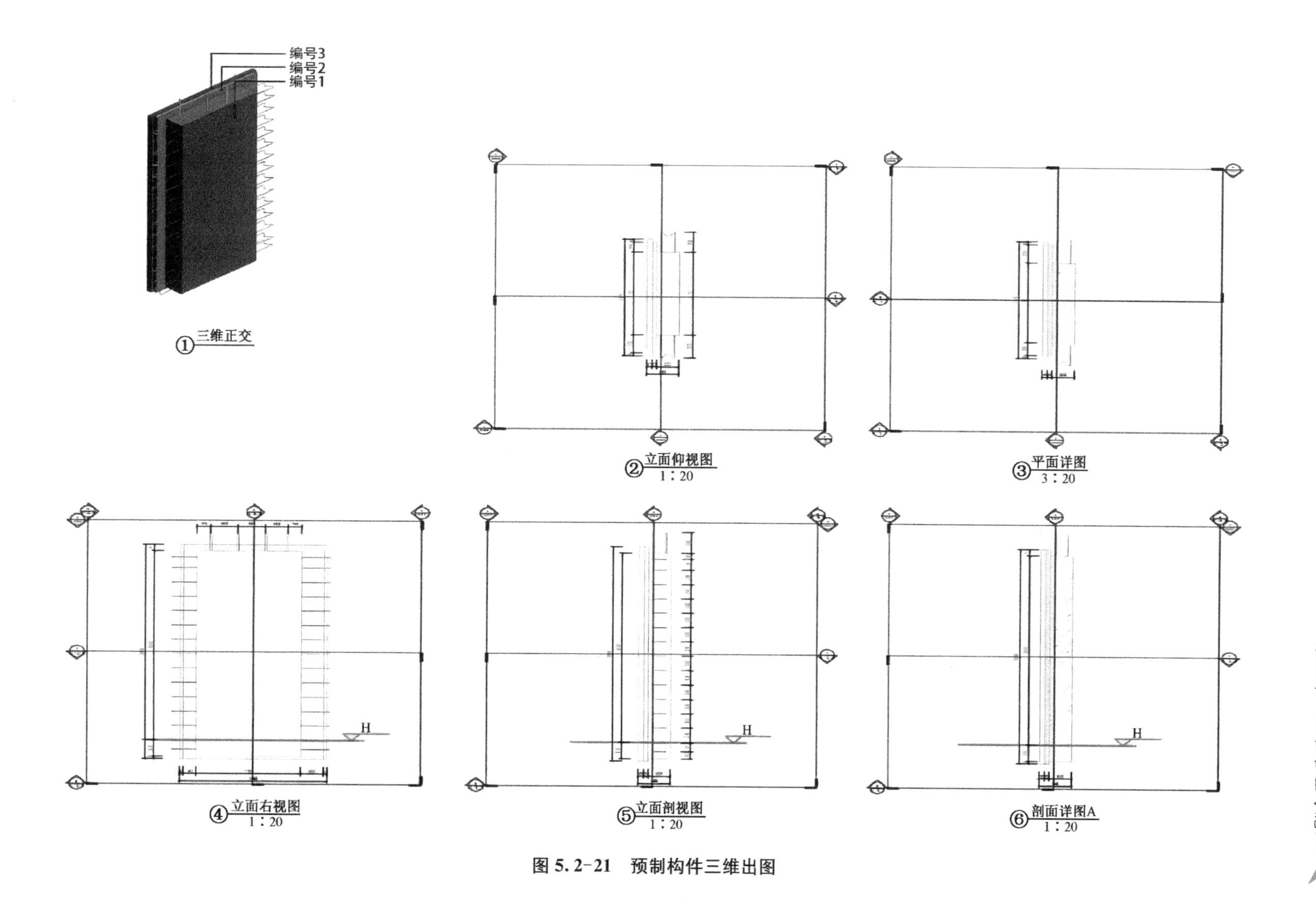

图 5.2-21　预制构件三维出图

类型	构件	图示	编号	数量/件	重量/t
竖向构件	预制外承力墙		YWQ1	2	4.84
			YWQ2	2	2.56
外围护构件	预制带窗外填充墙		YTQ1	2	1.92
			YTQ2	2	2.71
			YTQ3	2	5.70
			YTQ4	2	3.44
			YTQ5	2	5.38
			YTQ6	1	2.15
			YTQ7	2	2.23
			YTQ8	4	1.88
			YTQ9	4	2.79
	PCF		PCF1	4	0.58
			PCF2	2	0.44
			PCF3	2	0.51
			PCF4	2	1.38
			PCF5	2	1.11
			PCF6	2	0.57
			PCF7	2	1.29
			PCF8	1	0.84
外围护构件	PCF		PCF9	2	0.64
			PCF10	2	0.70
			PCF11	6	0.31
			PCF12	2	1.65
	预制飘窗		YTC1	1	3.74
	阳台隔板		YGB1	2	1.47
			YGB2	2	1.81
			YGB3	2	1.27
			YGB4	2	0.53
			YGB5	2	1.24
			YGB6	4	0.91
			YGB7	1	1.58
			YGB8	4	1.53
水平构件	预制阳台		YYT1	2	5.04
			YYT2	2	1.73
			YYT3	3	3.94
			YYT4	1	7.30
	预制叠合楼板		YLB1	60	/
	预制楼梯		YLT1	4	2

图 5.2-22　预制构件数量统计

（6）预制构件深化及问题核查

对预制构件进行配筋与点位预留，提早进行碰撞问题核查，减少后期由设计引起的返工问题。预制构件的深化及问题核查如图 5.2-23 和图 5.2-24 所示。

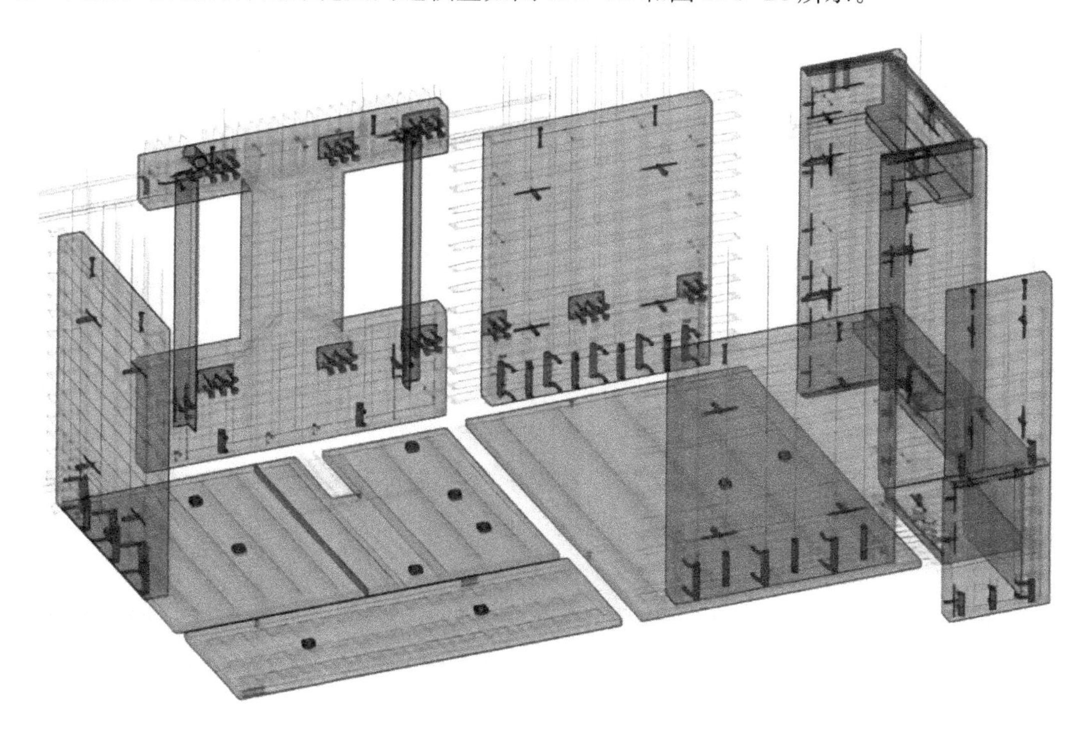

图 5.2-23 预制构件模型深化

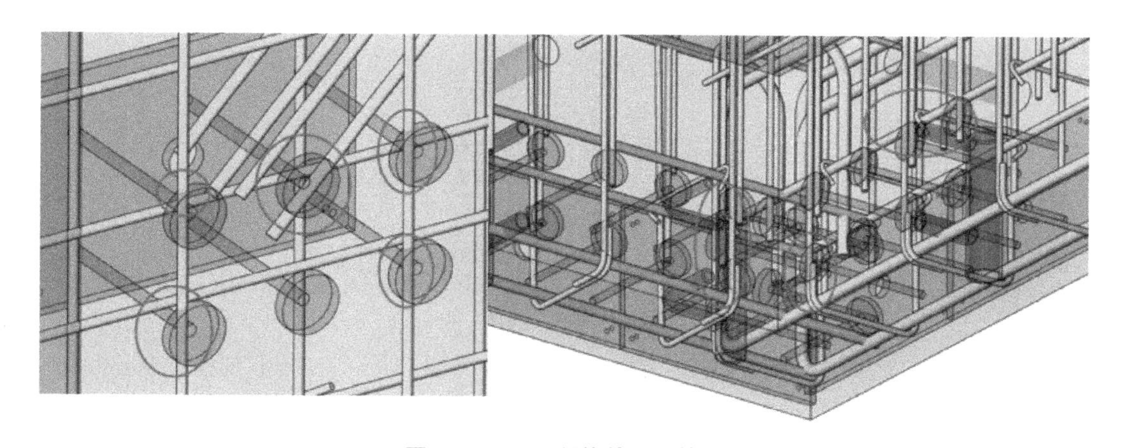

图 5.2-24 预制构件问题核查

（7）VR 漫游动画

BIM 模型与真实的建筑产品相比，在视觉效果上还是有很大差别的，但是 VR 能弥补视觉表现真实度欠佳的短板。VR 能将 BIM 的表皮渲染得非常逼真且具有美感，在交互体验上更接近生活实际（图 5.2-25）。VR 技术作为一种虚拟技术，主要具有多感知、存在感、交互性、自主性等特点。我们可以从 BIM 技术的可视化上和交互性上进行结合，最大限度地将 BIM 的优点展现在大众眼前，而不是仅仅展示在一块“显示屏”上。

图 5.2-25　VR 漫游动画

总的来说，VR 技术可以将 BIM 技术当中可视化的特点发挥到极致，同样在可出图的方向上，VR 技术和 BIM 的结合可以给传统的出图方式带来重大变革，它可以直接将图输入人的“大脑”，而不仅仅生成纸上的线条和数据。

2. 项目施工阶段的应用

(1) 基于 5D 施工平台的施工管理

南京江北新区人才公寓（1 号地块）项目应用广联达 BIM 5D 管理平台、智慧管理平台，对项目进行现场管理、进度管理、质量安全管理等，结合现场绿色施工的管理，将施工信息和平台进行有效对接，管理人员可直观有效地对施工整体进行管控（图 5.2-26、图 5.2-27）。

图 5.2-26　施工准备阶段施工场地布置模型

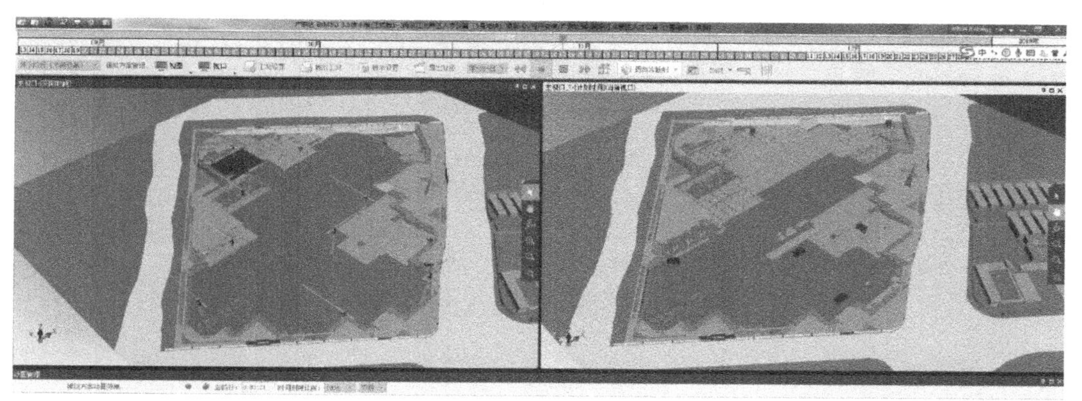

图 5.2-27　计划和现场进度对比

南京江北新区人才公寓（1 号地块）项目采用广联达 BIM 5D 平台，做预制构件的跟踪管理，可以很快地了解工程施工组织的编排情况，提高信息资源管理能力、办公效率和协同工作能力。图 5.2-28～图 5.2-31 是构件跟踪的平台应用情况。

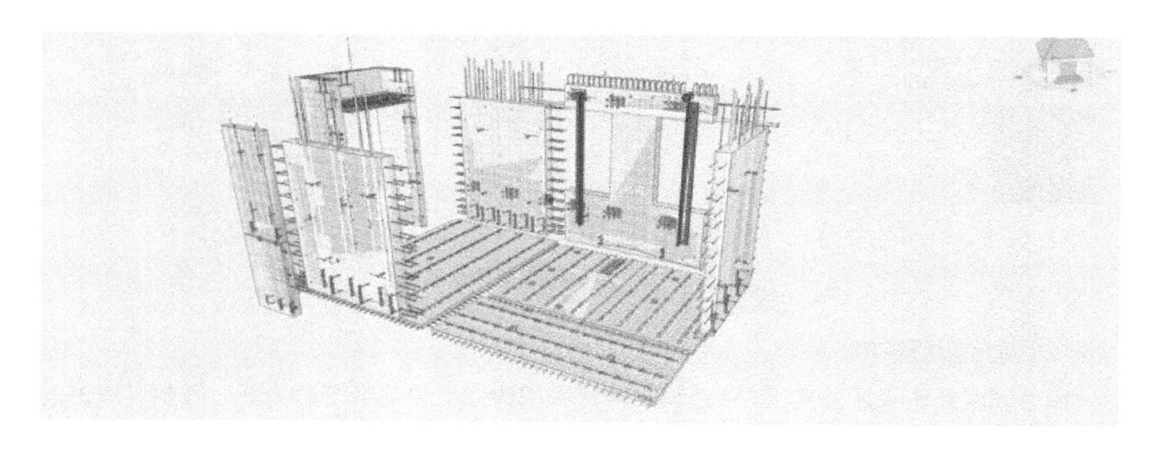

图 5.2-28　平台端构件 BIM 模型

跟踪编号：4#-03F-YLB-25L

跟踪名称：YLB-25L

专业：土建-预制混凝土叠合板

楼层：4#楼预制构件-S_F02_2.890

跟踪编号：4#-05F-YYQ-7L

跟踪名称：YWQ-7L

专业：土建-预制混凝土外墙板

楼层：4#楼预制构件-S_F06_11.890

图 5.2-29　二维码查询构建信息（使用 BIM 5D 可查询状态）

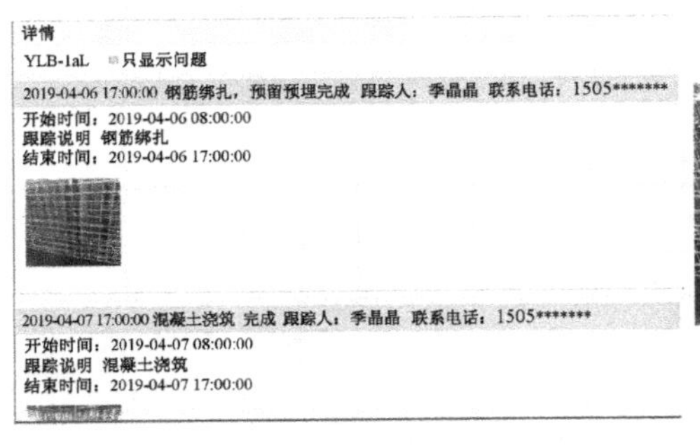

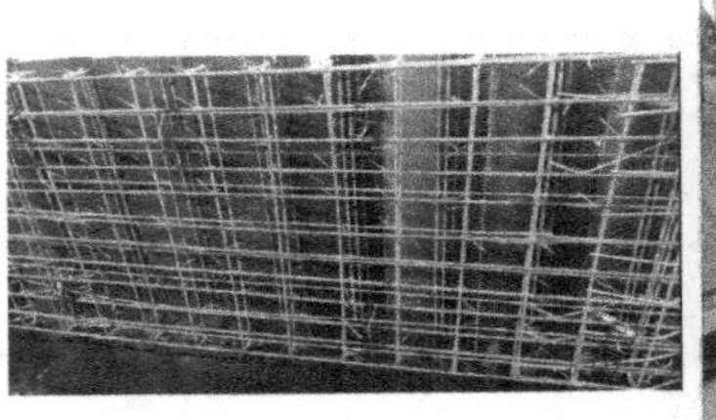

图 5.2-30　构件跟踪管理

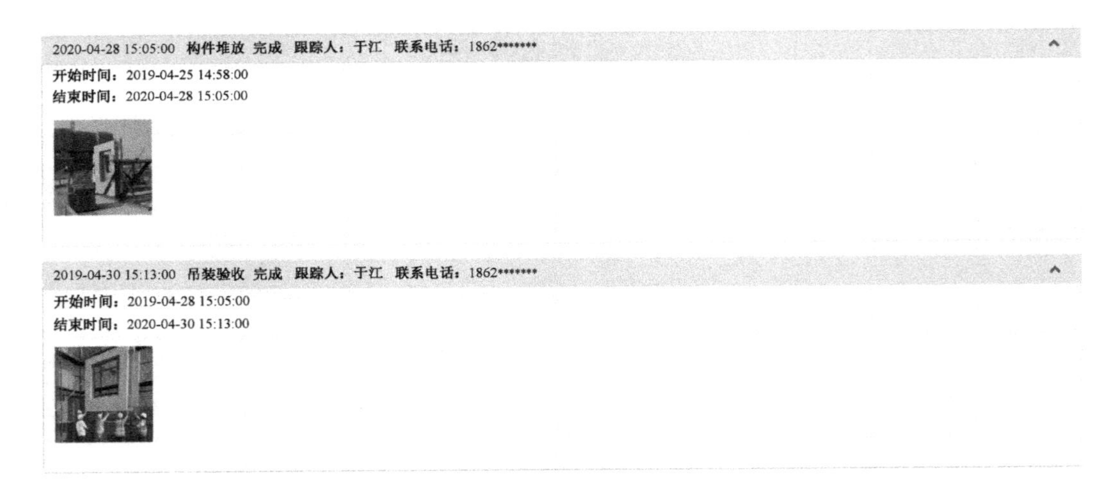

图 5.2-31　平台跟踪构件状态

（2）施工阶段模拟

南京江北新区人才公寓（1 号地块）项目采用构件吊装顺序模拟动画，做到了施工的可视化交底，使得工人更加容易了解构件的安装顺序（图 5.2-32～图 5.2-34）。

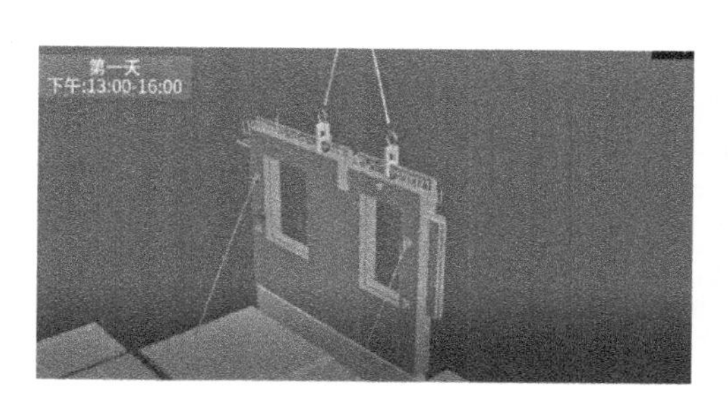
第一天
下午:13:00-16:00

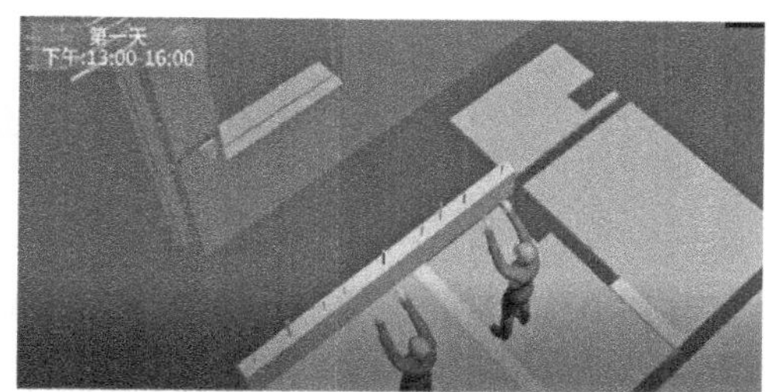
第一天
下午:13:00-16:00

第二天
上午:7:30-10:15

第三天
下午:13:00-16:42

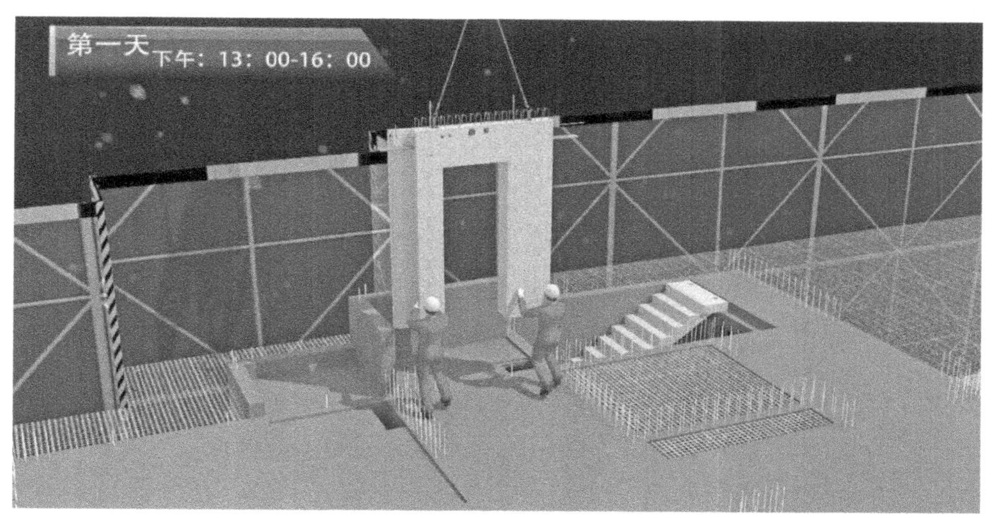
第一天
下午：13：00-16：00

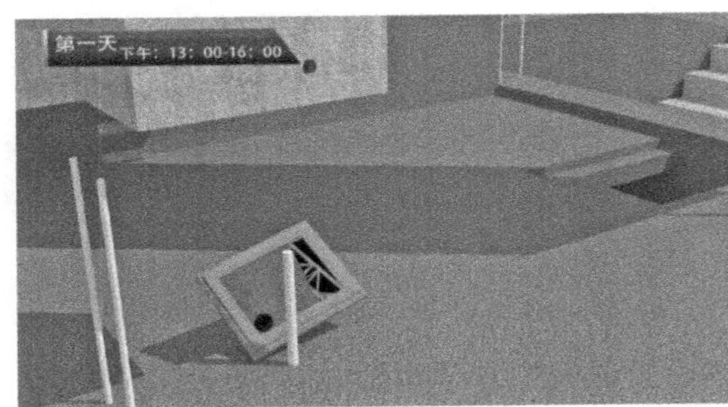

图 5.2-32　施工阶段构件吊装顺序模拟动画

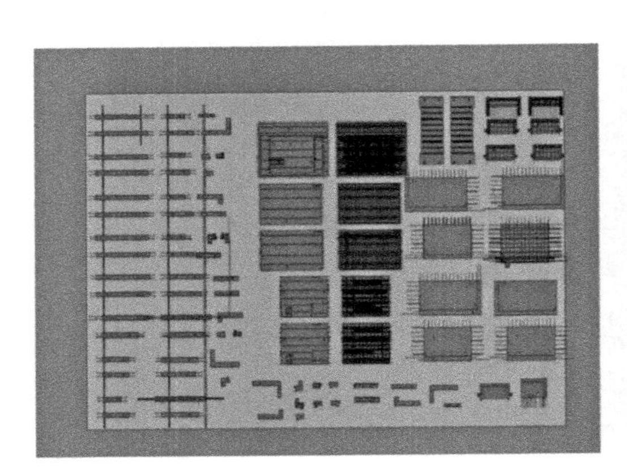

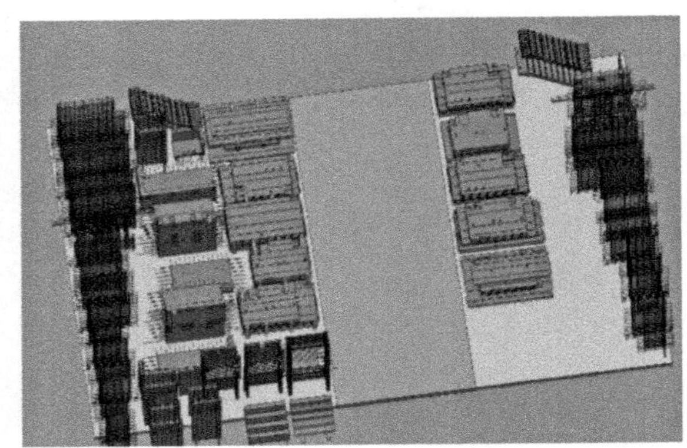

图 5.2-33　施工阶段预制构件场地规划

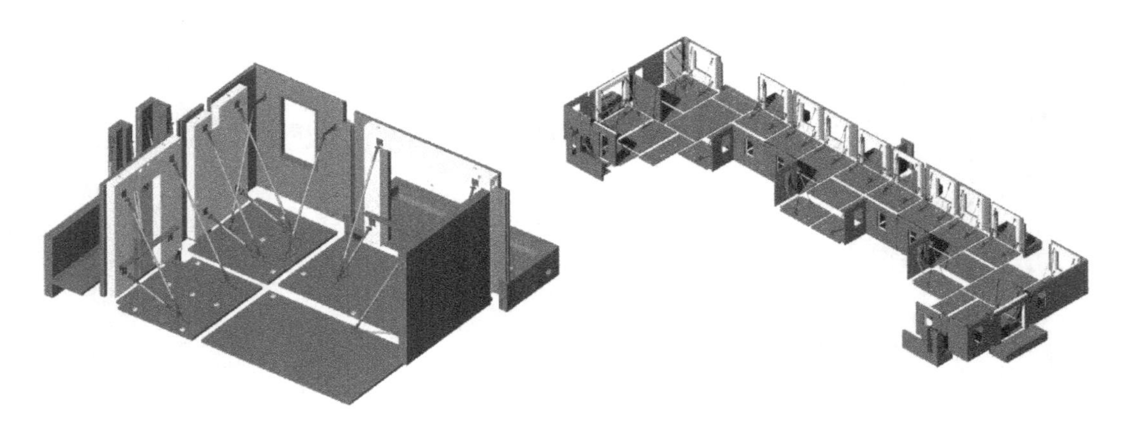

图 5.2-34　施工阶段预制构件模型临时支撑模拟

（3）施工阶段深化模型及出图

在 EPC 的管理模式下，设计阶段 BIM 模型有效地传递到施工阶段，为施工深化打下基础。同时，施工方早期介入设计，在设计中也帮助优化了很多问题。通过这样有效地设计施工交底，避免了各种问题，明显缩短了项目周期。施工阶段深化模型及出图如图 5.2-35 所示。

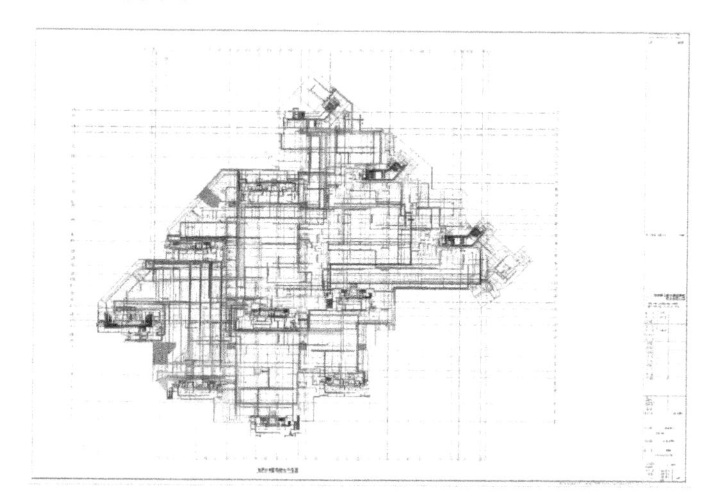

E-消防		
E-强电		
E-金属防火槽式		
E-居民用电		
E-高压金属		
M-送风		
M-回风		
M-排风		
M-新风		
E-火灾报警		
E-住宅强电		
E-金属槽式桥架		
E-弱电		
E-智能化		
M-空调冷凝水(LN)		
M-冷媒管(LM)		
P-消防高(XFG)		
P-喷淋(ZP)		
P-给水管(J)		
P-热回水(RH)		
P-热供水(RG)		
P-消火栓管(XH)		
P-排水管		

图 5.2-35　施工阶段深化模型及出图

5.3　绿色施工措施

5.3.1　防止水土流失的措施

为了防止场地内水土流失，南京江北新区人才公寓（1 号地块）建设工地用围墙全部封闭，围墙内部设置排水沟，适当位置设置临时排水沟及相应的滤网和沉淀池来沉积雨水中的泥土，便于控制场地内的沉积，同时也不影响市容美观。工地围墙效果图如图 5.3-1 所示，排水沟大样图如图 5.3-2 所示。

图 5.3-1　工地围墙效果图

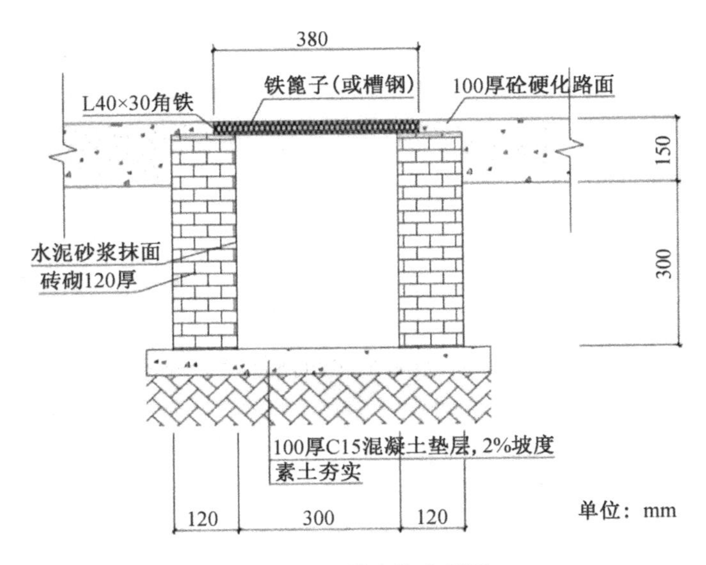

图 5.3-2 排水沟大样图

在工地大门内侧设置洗车台（图 5.3-3）和三级沉淀池（图 5.3-4），出入车辆用高压水冲洗轮胎。冲洗车辆水沉淀后可循环利用，同时经沉淀泥土可再次利用。安排专人定期清理排水沟、集水坑和沉淀池，购置洒水车，每天专人对工地的硬化路进行洒水、清扫。

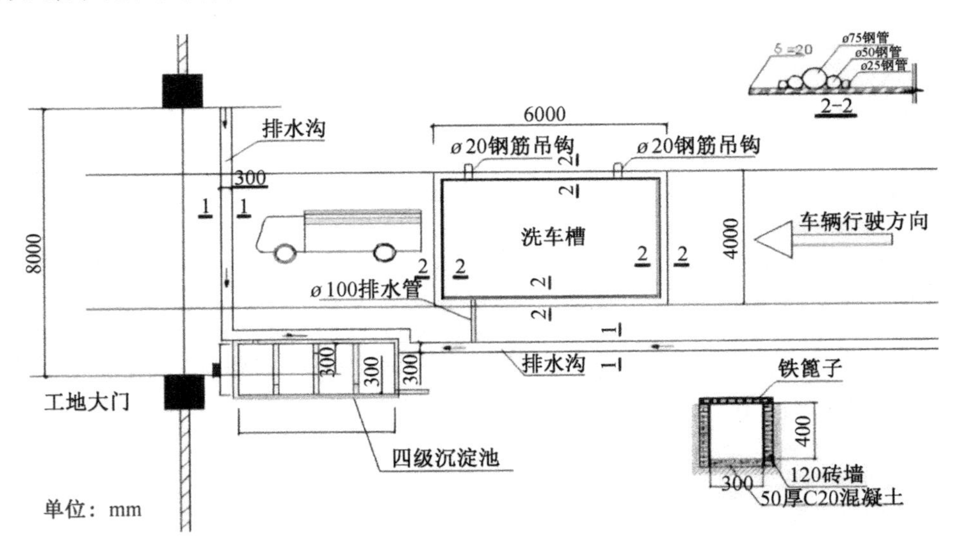

图 5.3-3 洗车台示意图

对施工现场道路和办公区、生活区不同的区域硬化，不使用且未进行地面硬化的其他空地进行植被种植绿化，施工区暂时未开挖/施工的地方种植草皮等进行固土，在短期培植草皮未长出来之前，在裸露的地表用干草覆盖，保证现场没有裸露的地表土，防止水土流失。同时，为保护场地现有的绿化，安排专人对其进行维护，并制定相关的管理制度，设置标识牌，禁止破坏绿化（图 5.3-5）。

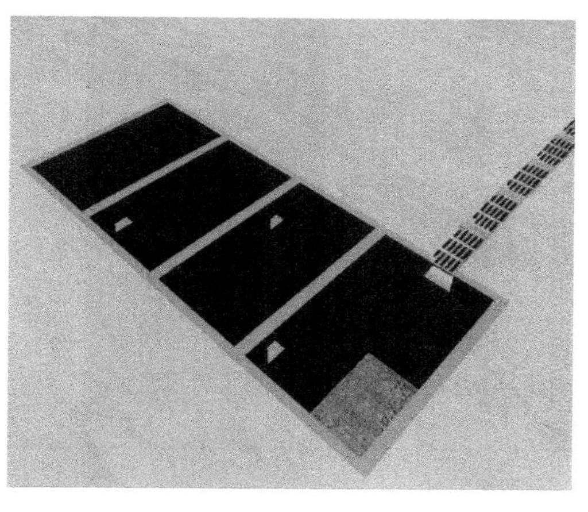

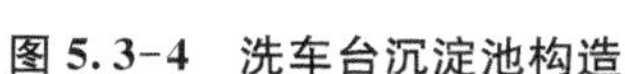

图 5.3-4 洗车台沉淀池构造

图 5.3-5 场地绿化

合理规划施工用地，减少对周边环境的影响；合理划分施工段，优化施工组织设计。施工中挖出的弃土在堆置时避免流失，并须得到回填利用，尽量做到土石方开挖平衡，以减少建设活动产生的弃土弃渣和水土流失。规划中考虑施工道路和建成后运营道路系统的延续性，考虑临时设施在建筑运营中的应用，避免重复建设。

严格按照设计和施工要求取土取料和排弃土石渣，并对整个过程水土流失实施有效的监控，对施工过程中发生的水土流失及时采取控制措施。

落实水土监测工作，对水土流失背景情况、施工过程中的水土流失及水土保持工程的防治效果进行监测，定期向水利行政主管部门上报监测报告。

在保证场内交通运输畅通和满足施工对材料要求的前提下，最大限度地减少场内运输，特别是减少场内二次搬运。

5.3.2 防止侵蚀和沉积的措施

南京江北新区人才公寓（1 号地块）项目采用的防止侵蚀和沉积的措施如表 5.3-1 所示。

表 5.3-1 防止侵蚀和沉积的措施

编号	具体措施
1	制订“侵蚀和沉积控制计划”，报甲方审批后严格按照计划实施，并监督各单位分包单位落实相关内容
2	加强现场管理，防止因为现场施工的干扰，人为造成涉及水、风、冰的土壤或岩石中的松动和拆卸，而加快了自然界的侵蚀过程
3	进行现场合理规划和功能性布置，防止来自车辆漏油、建筑废料、材料包装、洗涤水以及其他生活垃圾造成的侵蚀和沉积

（续表）

编号	具体措施
4	禁止将有毒有害废弃物用作土方回填，以免污染地下水和环境。现场内施工道路在铺设砖渣等基层并采用装载机碾压后立即硬化，防止土壤风蚀
5	工程施工过程中的生活污水通过排水管道排入化粪池，由环保单位定期清理，雨水主要依靠自然渗透、蒸发的方式排放，也可以通过临时设置的水渠进行临时排水。用作沉淀地的滞留池应当先除去积留的渣土，才能放置新土。滞留池周围10 m内不得堆放泥土
6	采取措施防止污染物泄漏。发生泄漏的设备以及物品须得到及时维修，或者从工地上移除。发生任何较大的降水之后，对侵蚀控制系统进行一次检查，损坏的或者运行不良的侵蚀与沉积控制措施须在48 h内进行修复或者更换

5.3.3 防止尘土对空气的污染措施

南京江北新区人才公寓（1号地块）项目采用的防止尘土对空气污染的措施如表5.3-2所示。

表5.3-2 防止尘土对空气的污染措施

编号	具体措施
1	大门口设置洗车池，车辆出入现场保证100%清洗。钢筋加工棚、木工棚、材料存放地面、道路等均采用混凝土硬化，并做到每天清扫，经常洒水降尘
2	水泥必须贮存在密闭的仓库，在转运水泥的过程中作业人员应戴防尘口罩，搬运时禁止野蛮作业，造成粉尘污染
3	砂、灰料堆场按施工总平面布置堆放在规定的场所，按气候环境变化采取加盖措施，防止风引起扬尘
4	工人清理建筑垃圾时，首先必须将较大部分的垃圾装袋，然后洒水，防止扬尘，清扫人员戴防尘口罩。施工现场建筑垃圾放置在专门的垃圾存放棚内，以免产生扬尘，同时根据垃圾数量随时清运出施工现场，清运垃圾的专用车每次装完后，用帆布盖好，避免途中遗洒和运输过程中造成扬尘
5	切割和焊接一般要求在敞开环境中作业，若在密闭的房间或地下室等通风不畅场所，作业人员必须戴防尘口罩，另外采取通风措施
6	在涂料施工基层打磨过程中，作业人员一定要在封闭的环境内作业并佩戴防尘口罩，且须打磨一间、封闭一间，防止粉尘蔓延
7	在拆除过程中，要做到拆除下来的东西不能乱抛乱扔，统一由一个出口转运，采取溜槽和袋装转运，防止拆除下来的物件撞击引起扬尘
8	对于车辆运输经过的易引起扬尘的场地，首先设置限速区，然后派专人在施工道路上定时洒水清扫
9	五级风以上不得进行土方施工，在大风的气候条件下不要进行砂、灰料的筛分作业。回填工程作业时在运土车辆出大门口外的马路上铺设草垫，用于扫清轮胎上外带土块。现场车辆行驶的过程中也应当进行洒水压尘。每天收车后，派专人清扫马路，并适量洒水压尘，达到环卫要求
10	办公室防尘可采用高效的集尘方法，如用湿抹布、拖把或配备有高效过滤器的真空吸尘器

5.3.4 减少热岛效应和光污染的措施

南京江北新区人才公寓（1号地块）项目采取的减少热岛效应和光污染的措施如表5.3-3所示。

表5.3-3　减少热岛效应和光污染的措施

编号		具体措施
1	减少热岛效应措施	斜西屋顶斜率大过2∶12的屋面或覆盖物料的太阳能反射指数（SRI）达最小，为29；斜率小于等于2∶12的屋面或覆盖物料太阳能反射指数达到78以上
2		确保屋面或覆盖材料的提交数据中，必须包括生产商提供的材料太阳能反射指数（SRI）或发射率（Emissivity）和表面反射参数（Reflectance）的资料及产品数据。采购前必须经LEED金奖及绿色建筑三星级认证顾问和其他相关单位认同
3		采用高反光设置以降低热吸收，75%以上的屋面采用太阳能反射材料，反射参数满足LEED金奖及绿色建筑三星级认证要求
4	减少光污染的措施	采用的照明标准应符合安全要求，同时不使光溢出场址，防止污染夜空。在可能的情况下采用计算机模拟场址照明以使其最小化。降低光污染的技术有全截光角灯具、低反射表面和小角度点式灯
5		电焊、切割、打磨等尽量在室内作业，左右及前面要有遮挡，防止光泄露。如果必须在室外进行发光作业，必须采取有效的挡光措施
6		施工照明在高位设置时，在朝向街道、小区的方向设置不透光灯罩，防止影响场外人员的活动和休息

5.3.5 有效利用水资源

南京江北新区人才公寓（1号地块）项目主要采取以下有效利用水资源的措施：

（1）建立工地临时用水管理制度。根据本工程各施工单位的用水量及用水区域，总承包对整个施工现场的临时用水线路进行统一规划管理。在保证各施工单位施工用水的前提下，设置合理、完善的供水、排水系统。每天对施工现场的供水线路进行检查，保证水表、管线等供水设备处于完好状态，防止供水管线滴漏，节约用水。

（2）加强对施工阶段临时洁具装置和配件及本工程正式洁具装置和配件的品牌选择，加强材料、设备进场验收的管理，使其饮用水需求至少减少40%。确保清洁及洁具产品的提交数据中包含：洁具的生产商名称、产品型号及其用水量等产品数据；洁具产品在采购前必须获得项目管理公司LEED咨询顾问及其他相关单位的认可。

（3）每天安排专人检查生产、生活用水，发现有浪费水的现象时对相关人员进行处罚，做到人走龙头关。现场机具、设备、车辆冲洗用水设立循环用水装置，施工现场办公区、生活区的生活用水采用节水系统和节水器具，提高节水器具配置比率。项目临时用水应使用节水型产品，安装计量装置，采取针对性的节水措施。浴室、卫生间节水控制详见图5.3-6、图5.3-7。

图 5.3-6　浴室节水系统图

图 5.3-7　卫生间节水系统图

（4）确保进场使用的洁具的流量均不大于相关要求，详见表 5.3-4。

表 5.3-4　洁具产品流量控制

<table>
<tr><th>名称</th><th colspan="2">零碳馆及商业</th><th colspan="2">住宅</th></tr>
<tr><td>1</td><td>商业
卫生间水龙头</td><td>0.5 gal/min，60 psi</td><td>手持式
莲蓬头</td><td>1.5 gal/min，80 psi
（可设可拆卸
流量减速器）</td></tr>
<tr><td>2</td><td>厨房
喷阀</td><td>0.8 gal/min</td><td>卫生间
水龙头</td><td>1.347 gal/min
60 psi</td></tr>
<tr><td>3</td><td>莲蓬头</td><td>1.5 gal/min，80 psi
（可设可拆卸
流量减速器）</td><td>厕所</td><td>1.45 gal/每次冲水（全冲）
0.8 gal/每次
冲水（半冲）</td></tr>
<tr><td rowspan="2">4</td><td rowspan="2">商业
厕所</td><td>1.45 gal/每次冲水（全冲）</td><td rowspan="2"></td><td rowspan="2"></td></tr>
<tr><td>0.8 gal/每次冲水（半冲）</td></tr>
<tr><td>5</td><td>商业
小便器</td><td>0.125 gal/每次冲水</td><td></td><td></td></tr>
<tr><td>6</td><td>备注</td><td colspan="3">1 gal=3.785 L　1 psi=6.89 kPa</td></tr>
</table>

（5）施工中采用先进的节水施工工艺。施工用水主要集中在主体混凝土施工及养护和机电调试阶段中。主体混凝土施工做到有组织的管理，混凝土养护采用覆盖保水养护，最大限度地节水。在机电调试阶段应编制试压调试方案，对各系统的试压、灌水、通水试验的进度和人员进行详细策划，保证调试流程最佳，同时避开用水高峰，尽量做到循环用水。

（6）施工现场喷洒路面、洗车、绿化浇灌不使用市政自来水。现场设置蓄水池、集水坑等，养护、清洗用水尽量采用地下降水所抽出的水，减少自来水的使用。混凝土养护采用覆盖保水养护，独立柱混凝土采用包裹塑料布保水养护，墙体混凝土采用混凝土养护剂或喷水养护，节约施工用水。混凝土浇筑完毕后，清洗混凝土地泵需要消耗大量用水，对此的水循环利用是个一重点。本项目设置了集水装置，即在建筑物内安装一根接到作业楼层的钢管，将它作为临时排水管道，在钢管末端的地面处设一个水池或做一个大水箱，作业楼层的污水经钢管被引入水池，这样既可以做到收集污水、不污染环境，又方便回收利用。收集的污水经沉淀后可用来养护混凝土、供搅拌机使用或者下次施工时用来湿润泵管（图 5.3-8）。

图 5.3-8　现场混凝土养护

（7）施工现场供水管网根据用水量设计布置，管径合理、管路简捷，铺设管道合理，并加强检查，采取有效措施减少管网和用水器具的漏损。

5.3.6　绿化灌溉措施

采取的绿化灌溉措施主要有以下 4 个方面：

（1）现场要选用抗旱性能好、生命力强的绿化种类，浇灌效率可以适当降低。

（2）进行土壤/气候分析，选择合适的景观绿化类型，采用地方植物或已适应的植物。降低或消除对浇灌的要求，必须浇灌时，使用高效设备和基于气候进行控制。

（3）使用收集的雨水进行浇灌，或使用再生水、中水浇灌或使用从紧邻建筑地砖和地基中抽出的渗漏的地下水、本工程降水抽取的地下水进行景观灌溉。

（4）绿化景观不需要设置永久性浇灌系统，栽种时设置临时浇灌，考虑一年后拆除或者根据工程进行程度阶段性拆除。

5.3.7　废水处理措施

采取的废水处理措施主要有以下 8 个方面：

（1）现场污水严格按《污水综合排放标准》(GB 8978—2002) 执行。

（2）雨水管网与污水管网分开使用。现场交通道路和材料堆放场地统一规划排水沟，控制污水流向，设置沉淀池，污水须经沉淀后再排入市政污水管线，严防施工污水直接排入市政污水管线或流出施工区域，污染环境。

(3) 现场设置雨水收集系统（沉淀池、蓄水池、水泵），作为洗车、绿化、养护、现场消防、防扬尘用水（图 5.3-9）。

洗车、沉淀池：分洗车池、沉淀池、连管，池体现为钢筋混凝土结构，也可做成钢制，外围做防腐处理，可循环利用，既减少垃圾产生，又可降低工程成本

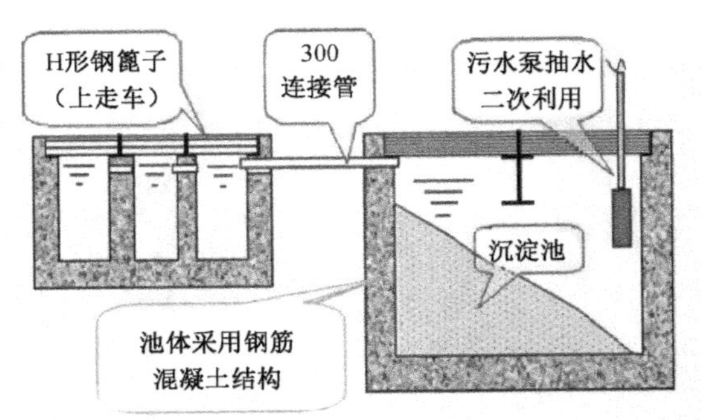

沉淀池设计剖面图

图 5.3-9 沉淀池构造图

(4) 污水的排放：办公区设置水冲式厕所，在厕所下方设置化粪池，污水经化粪池沉淀后排入市政管道，清洁车每月一次对化粪池进行消毒处理。在特殊施工阶段的个别施工区域设置可移动式环保厕所。每天吊运更换一次，厕所由专业保洁公司进行定期抽运、清洗、消毒。

(5) 污废水的重复利用：现场大门口设置三级沉淀池，清洗混凝土泵车、搅拌车的污水经过沉淀后还可用作现场洒水降尘、混凝土养护等。

(6) 施工现场试验室产生的养护用水通过现场污水管线，经沉淀排到市政管线，严禁出现在施工现场乱流现象。现场水污染监测详见图 5.3-10。

(7) 隔油池设置：工地食堂洗碗池下方设置环境卫生管理局提供的隔油池。每天清扫、清洗，每周清理一次隔油池。食物残渣桶每天晚间由专人收走。隔油池设置详见图 5.3-11。

(8) 加强对现场存放油品和化学品的管理，对存放油品和化学品的库房进行防渗漏处理，在储存和使用中采取有效措施防止油料跑、冒、滴、漏，避免污染水体。

图 5.3-10 现场水污染监测

图 5.3-11 钢制隔油池

5.3.8 材料和资源

材料和资源相关措施详见表 5.3-5。

表 5.3-5 材料和资源相关措施

<table>
<tr><th colspan="2">编号</th><th>具体措施</th></tr>
<tr><td>1</td><td rowspan="4">地方/区域材料管理措施</td><td>工程施工前根据设计图纸确定本地材料采购计划以及材料供应商，进场本地材料或产品必须提供相关证明文件。开工后根据总的工程量清单，拟定本地材料采购清单（包括分包单位采购的材料），图纸中明确的工程材料在同等条件下应尽可能使用本地材料</td></tr>
<tr><td>2</td><td>增加从区域内提取和制造的材料和产品的需要，提高地方化资源的利用，降低因运输产生的环境影响。使用在工程选址 500 km 以内提取、收获或收回和制造的材料或产品，并且其重量占工程总材料的重量比例应大于 60%。这样可以降低材料成本，同时减少车辆运输产生的废气、油烟等污染。如果仅部分材料是在地方提取、收获、回收和制造的，可以以重量比例代表其地方的价值比例。在选择产品和材料时，考虑选用这些材料和产品的环境、经济及性能属性</td></tr>
<tr><td>3</td><td>现浇混凝土采用本地区预拌混凝土。减少现场搅拌的能耗</td></tr>
<tr><td>4</td><td>在本工程材料中，对于木材基的材料、产品，最少要有 50%符合森林管理委员会（FSC）标准认证的木材</td></tr>
<tr><td>5</td><td rowspan="2">废料管理措施</td><td>现场废弃物按照要求分类堆放，现场布置固定的垃圾池，对容易扬尘的垃圾要用彩条布或太阳网布进行覆盖。项目部安排专人联系垃圾清运公司，垃圾须一个月要清理一次</td></tr>
<tr><td>6</td><td>有毒害、容易污染环境且不可再次利用的废弃物，要放置到专设的库房内，定期安排专人联系相关单位进行清理，防止长时间放置造成场地压力或环境污染
氧气仓库 警示牌 门 2 500 2 400 百叶窗 单位：mm 2 400
废弃物库房效果图 库房正立面 库房侧立面</td></tr>
</table>

（续表）

编号		具 体 措 施
7	废料管理措施	进场后复试不合格的材料应严禁使用，且和合格材料分开堆放，并用“不合格品”字样标示清楚。通知厂家限时退场
8		现场废弃物的回收利用率要求达到 75%，对于不可回收的废弃物按时处理，处理和回收均要求做好台账并由相关方签字确认，为 LEED 金奖及绿色建筑三星级认证做好资料准备
9		将建设和拆除所产生的废弃物从土地填埋场和焚化设施中转运出来，把能间接循环利用的资源转回生产过程，把可循环利用的材料用于合适的场址进行再次加工
10		盛装易挥发性溶剂的桶、罐要集中到库房堆放，统一安排专车清运到垃圾处理厂
11		食堂设垃圾桶，油污不能直接倒入排水沟，应放置在垃圾桶内，由专人定期回收，保存回收记录。洗碗水、刷锅水要经过隔油池过滤后再排入市政污水管道
12		编制材料采购计划，加强对材料计划的审核，杜绝浪费
13		根据工程需要，提高场外半成品采购比例，减少场内加工环节，进而减少因加工而造成的材料浪费
14	可回收利用材料管理措施	对未使用完的有毒、有害的可再次利用的材料进行密封、分类放置，做好标记，准备下次继续使用
15		回收再利用纸板、金属、砖头、隔音瓦、混凝土、塑料、木材、玻璃、石膏板、地毯和保温材料等，分类收集和堆放，方便二次利用。对建筑施工、旧建筑拆除和场地清理时产生的固体废弃物分类处理，提供废弃物管理规划或施工过程废弃物回收利用记录；建筑施工、旧建筑拆除和场地清理产生的固体废弃物（含可再利用材料、可再循环材料）回收利用率不低于 40%
16		混凝土输送泵等机械设备用油应严格遵守操作规程，设置专用的废油隔离回收池进行回收。在其他施工用油使用过程中，注意避免遗洒，若有渗漏现象，应采取隔离措施并回收
17		建筑废弃物加工成可循环利用的商品，如木材衍生燃料、日常涂层材料替代品等，具有一定的市场价值，具有一定的市场价值，并可能被应用到建筑废弃物处理的计算中。在施工现场指定一个区域存放或收集将运走的回收材料，并且在整个施工过程中都要贯穿回收活动。确定施工运输商和回收处理的指定材料
18		在保证性能及安全性和健康环保的前提下，使用以废弃物为原料生产的建筑材料，如工业脱硫石膏板及轻集料混凝土砌块，且废弃物取代同类产品中的天然或人造材料的比例不低于 30%（提供相关材料检测报告及清单）

5.3.9 室内环境质量管理

室内环境质量管理详见表 5.3-6。

表 5.3-6　室内环境质量管理措施

编号		具体措施
1	控制室内空气质量措施	安装风管时，每节风管安装完成后及时用湿布把风管内部擦拭干净，用塑料布封住管口，用胶带粘接牢固。安装完毕后，要全部进行漏光测试
2		施工过程中，严禁在室内燃烧建筑垃圾。冬季施工期间严禁在室内生火取暖，可采用电暖器取暖
3		室内施工人员严禁在施工场地内吸烟，必须到专门设置的吸烟室 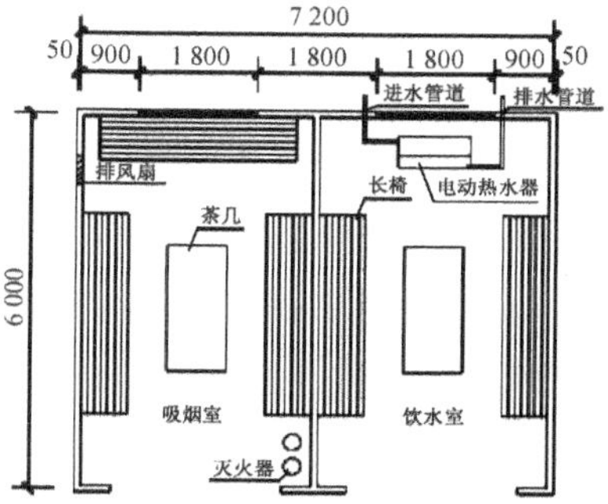 吸烟室、饮水室平面布置图 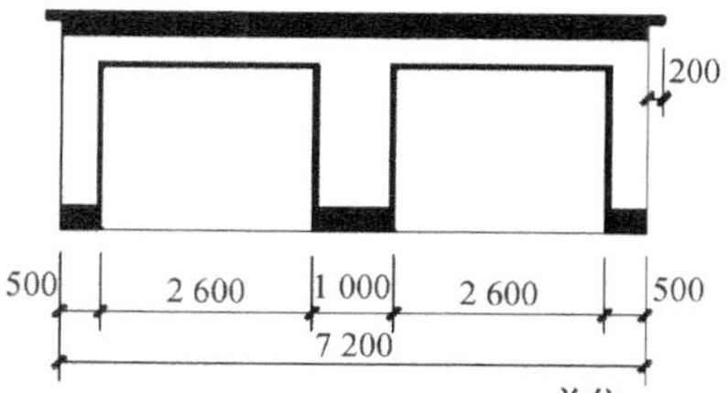 吸烟室、饮水室正立面图  单位：mm 吸烟室、饮水室效果
4		门窗安装完毕的室内作业，要求保持窗户敞开，保证通风
5		采用密封容器放置会散发气味的材料或粉尘类材料，或者通过加强覆盖来降低蒸发产生的挥发性有机物（VOC）
6		施工区设置排风扇，保持室内处于负压状态下，阻隔施工区的空气进入生活区或办公区，隔断潜在的污染物扩散
7		现场施工要严格实施“工完场清”，及时将施工余料清除至室外。地面或楼面要经常清理，防止楼面积灰。及时清理室内积水，保持室内干燥，避免电子设备经常暴露在潮湿环境中，影响其使用寿命。保持设备用房干净，设备用房内不得堆放其他材料。在通风系统试运行前对风管进行清理，将风管内的灰尘清理干净，使新风达到国标要求，并进行达标测试
8		室内施工要不定期地进行地面洒水，控制扬尘。合理改变粉刷的方法，减少气体释放。采用洁净技术，减少灰尘的产生

（续表）

<table>
<tr><th colspan="2">编号</th><th>具 体 措 施</th></tr>
<tr><td>9</td><td rowspan="6">室内材料、设备管理措施</td><td>施工过程中对正在使用的材料进行定期取样检测，室内使用低挥发性材料，挥发性有机化合物（VOC）含量要符合相关规定的要求。有害物质不在楼层存放并注意通风。封闭房间内施工不使用燃油施工机械，防止废气污染。对甲醛、苯、氡、挥发性有机化合物（VOC）等污染物进行控制。同时，在施工过程中要对使用的材料定期取样检测。建筑材料有害物质含量要求符合现行国家标准《室内装饰装修材料——人造板及其制品中甲醛释放量》（GB 18580—2017）、《木器涂料中有害物质限量》（GB 18581—2020）、《建筑用墙面涂料中有害物质限量》（GB 18582—2020）、《室内装饰装修材料胶粘剂中有害物质限量》（GB 18583—2008）、《室内装饰装修材料木家具中有害物质限量》（GB 18584—2001）、《室内装饰装修材料壁纸中有害物质限量》（GB 18585—2001）、《室内装饰装修材料聚氯乙烯卷材地板中有害物质限量》（GB 18586—2001）、《室内装饰装修材料地毯、地毯衬垫及地毯胶粘剂中有害物质的限制》（GB 18587—2001）、《混凝土外加剂中释放氨的限量》（GB 18588—2001）和《建筑材料放射性核素限量》（GB 6566—2010）的规定
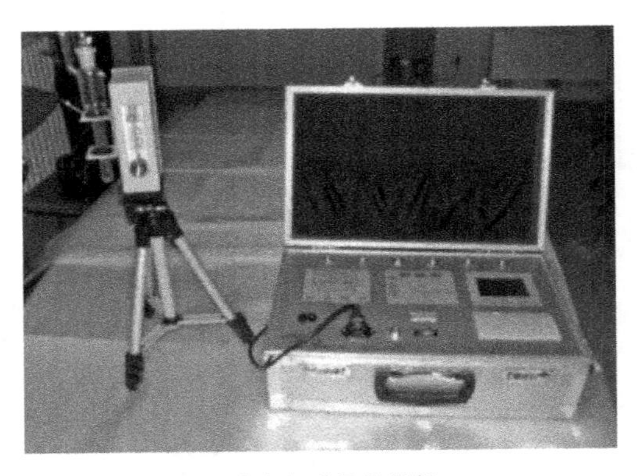
室内空气质量监测仪</td></tr>
<tr><td>10</td><td>材料优先选用环保单位认证的产品，材料要符合国家标准、地方标准以及 LEED 金奖及绿色建筑三星级认证的要求。室内装饰材料中的有害物质含量必须符合现行国家标准 GB 18580～18587 和 GB 6566—2010 的规定，混凝土外加剂符合《混凝土外加剂应用技术规范》（GB 50119—2013）的规定，其他建筑材料均应符合相关行业标准或国家标准的要求</td></tr>
<tr><td>11</td><td>对工程材料进行严格筛选，尤其是对建筑装饰材料的选用，要符合国家的材料标准和 LEED 认证标准的要求。在材料进场时，由供货商提供环保检测报告，并进行复试检测。技术部配合监理单位对检测报告和实物进行审核。不符合要求的材料不得投入使用，必须立即退场。若要临时存放，必须标示清楚，防止错拿错用</td></tr>
<tr><td>12</td><td>本工程采用的材料均要求是污染物少的产品。出厂检测报告的散发量指标等性能要求按照 LEED 标准评价为低挥发性产品</td></tr>
<tr><td>13</td><td>在室内污染物较多，可能被人吸入的场合，要限制人流量，关闭闲置电机设备。燃烧柴油的设备，尽可能改装成可以燃烧液化气的设备，减少污染物的排放量。可以在发动机的排气管处增加一个净化装置（如通过相容性液体吸收）</td></tr>
<tr><td>14</td><td>尽量不要使用电锯，推广使用手工锯。现场停止作业后要关闭设备电源，防止长时间供电对设备的损耗</td></tr>
</table>

第六章　工程总结与展望

南京江北新区人才公寓（1 号地块）项目自开工建设以来组织和接待相关观摩、交流活动数十次，如 2019 年江苏省装配化装修现场观摩会、2019 年度全省工程质量观摩活动南京江北新区人才公寓（1 号地块）项目现场观摩会、2021 年度江苏省装饰装修精品工程交流暨装配式装饰工程实践现场观摩会等，共接待参观交流人员近 2 000 余人，对于装配式建筑技术的普及和推广起到了积极的推广作用。本章主要总结了南京江北新区人才公寓（1 号地块）项目在装配式技术领域的应用情况以及多项技术的创新性融合实践。

6.1　项目总结

1. 装配式技术

南京江北新区人才公寓（1 号地块）项目为 2018 年度住房和城乡建设部、江苏省、南京市建筑产业现代化示范项目，所有建筑 100%采用预制装配技术，各类装配式建筑技术体系在项目中得到了创新应用。住宅部分采用了预制装配整体式剪力墙结构体系，预制装配率不低于 60%；未来住宅 3 号楼采用钢框架—钢筋混凝土剪力墙混合结构，预制装配率不低于 80%；社区中心装配率更是达到 89%以上。除主体结构采用预制装配式技术，所有建筑均采用装配式成品内外墙围护系统。同时所有住宅精装修均采用装配式内装技术，精装修率达 100%，实现 SI 建造方式，实现管线与结构相分离（图 6.1-1）。

2. 未来居住建筑

3 号楼是江苏下一代建筑的示范建筑，是江苏省第一栋装配式组合结构的居住建筑。这幢居住建筑集合了新的建筑理念，采用装配式组合结构（装配式钢框架＋现浇混凝土核心筒），因此被称为“未来住宅”（图 6.1-2）。项目集中采用五大技术体系：可变建筑体系、工业化建造技术体系、绿色健康技术体系、科技智慧技术体系、太阳能光伏一体化技术体系。

3 号楼采用的装配式组合结构体系弥补了传统混凝土结构和钢结构体系的不足，混凝土核心筒实现结构抗侧力及防连续倒塌能力，外围钢框架提供大空间。房间像乐高玩具拼接，户型可变，可根据入住人群的不同，将 8 种基本户型单元模块进行组合来满足住户需求，在整体设计上有着“可变住宅”的特色。该建筑房间内线路较少，各类水电暖管线从 1 层直达 26 层，全部集中在楼道中间的核心筒里。

图 6.1-1　装配式技术应用

图 6.1-2　3 号楼未来住宅

3 号楼也被誉为“智慧树”：在建筑中间设立两座百米高的核心筒，如同一棵大树的树干，集纳水、采暖等设施线路；地源热泵、供水、供电等设备集中在地下室，如同大树的根；一间间充满智慧和新能源的房间像树干和树叶；墙外的光伏玻璃则像树皮。建筑如同一棵可以新陈代谢的树，充满绿色理念。

建筑太阳能光伏发电一体化技术让 3 号楼升级成为绿色清洁的“光伏公寓”，安装在建筑立面的光伏发电玻璃采用特殊工艺，与建筑完美融合。除此之外，3 号楼还配备储能系统，将每天生产出清洁电力，并源源不断地输送到每一户家中，从而大幅提升大楼电力系统的调节能力，减少发电损耗。

3. 零碳建筑

12 号楼社区中心（图 6.1-3）以“能量山”为设计理念，采用木结构＋光伏发电系统和自然通风设计，实现了整栋建筑零能耗及零碳排放，是江苏省第一栋装配式木结构的零碳建筑，获得了 2020 Active House Award 中国区竞赛“最佳可持续奖”。

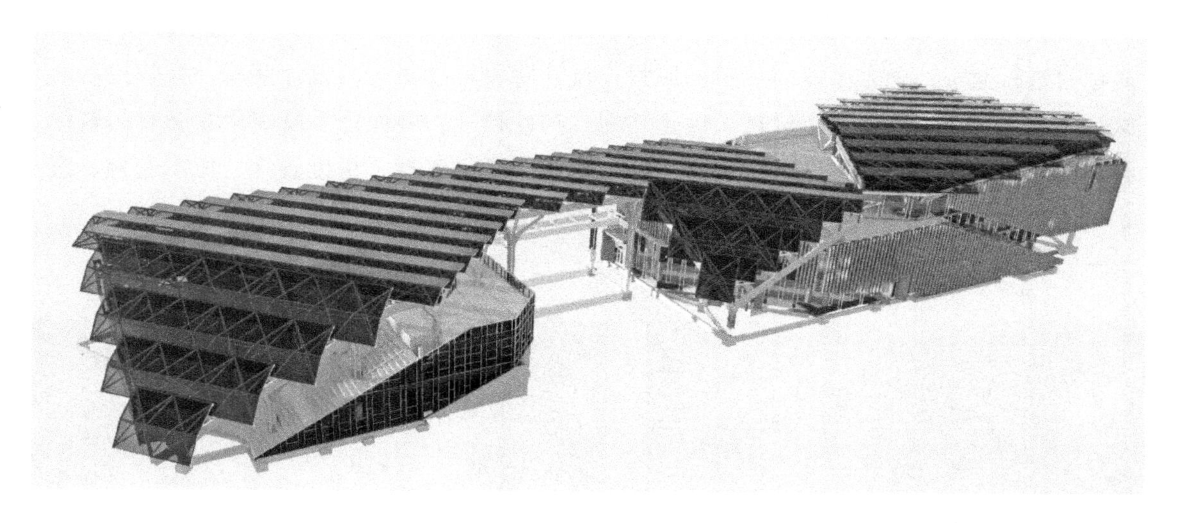

图 6.1-3　12 号楼社区中心

12 号楼采用与屋顶一体化的光伏系统设计，最大程度地提高太阳能的利用效率，整个建筑仿佛一座屹立的“能量山”，成为林立的高楼大厦间独特的风景。12 号楼的光伏系统总装机容量为 279.8 kW，预计年发电量可达 26.9 万度，完全满足本建筑的能源消耗。同时，12 号楼聚焦可再生能源的就地消纳，引入直流微电网设计，整栋楼宇采用直流配电，节能减碳效益显著。

12 号楼在采用木结构体系的基础上，注重低碳建材的应用，可循环材料占比达到 93.8%，从源头减少对生态环境的影响。12 号楼采用高性能围护结构，设置屋顶一体化光伏系统、直流微电网、智能照明、智能天窗系统等，可实现全生命周期零碳排放。12号楼年节约用电约31.6万度，年节约用水约1 600 t，折合二氧化碳减排约274.4 t/a。据测算，12号楼全生命周期碳排放为零，是名副其实的“零碳建筑”。

4. 绿色智慧技术

为改善住区生态环境，南京江北新区人才公寓（1号地块）项目综合采用绿色节能、海绵住区、雨水回收、空中花园、垂直绿化技术，控制场地径流总量。其中，南京江北新区人才公寓（1号地块）项目建筑屋顶雨水收集处理后，用于景观水体补水和公共卫生间冲厕，预计年雨水利用量约6 000 m^3，实现非传统水源回收利用。此外，南京江北新区人才公寓（1号地块）项目还采用空气净化技术、水净化技术、隔音降噪技术、适老化技术，营造健康的室内环境；运用BIM技术、物联网技术和智慧家居技术，提供家居环境的全可视化监测和智能调控，打造绿色低碳、智慧宜居的高品质居住综合体。

5. BIM＋EPC管理模式

南京江北新区人才公寓（1号地块）项目作为南京江北新区第一个以设计为龙头的EPC管理项目，采用BIM＋EPC管理模式，应用BIM协同平台和BIM施工管理平台，对项目进行监管，全方面提高项目的质量；设计阶段解决相应的设计问题，有效控制后续变更成本；采用辅助绿色设计、优化装配式构件设计、可视化手段优化立面和内装设计。此外，应用BIM施工管理平台进行质量管理、现场管理、进度管理、成本管理、跟踪巡查等（图6.1-4），利用物联网传感器、无人机等进行智慧工地管理。

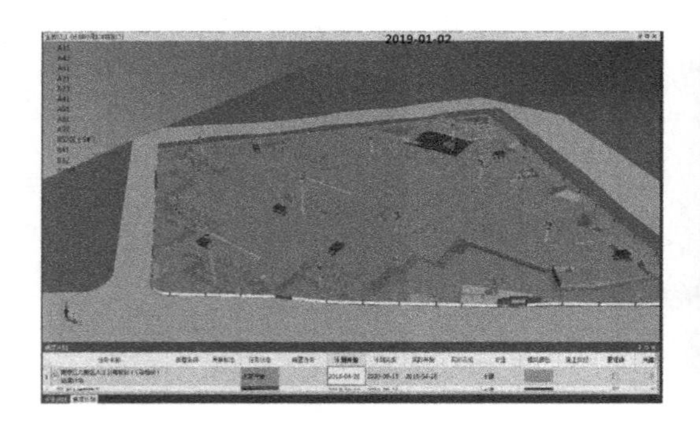

图6.1-4 BIM进度管理

6. 荣誉及效益

南京江北新区人才公寓（1号地块）项目获得第六届“紫金奖”职业组一等奖，“龙图杯”全国BIM大赛二等奖、“创新杯”居住建筑类BIM应用奖，Active House Award中国区竞赛“最佳可持续奖”。12号楼获全国首个零能耗建筑设计认证以及主动式建筑认证；1 号～12 号楼均获得绿色建筑、健康建筑双三星设计标识认证；3 号楼完成百年住宅认证预审。项目部分获奖证书如图 6.1-5 所示。

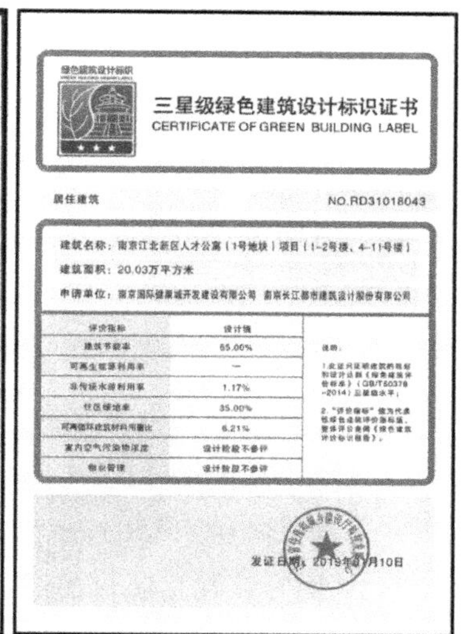

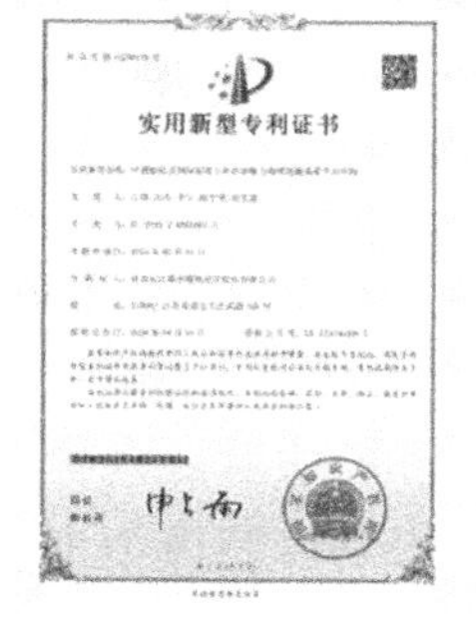

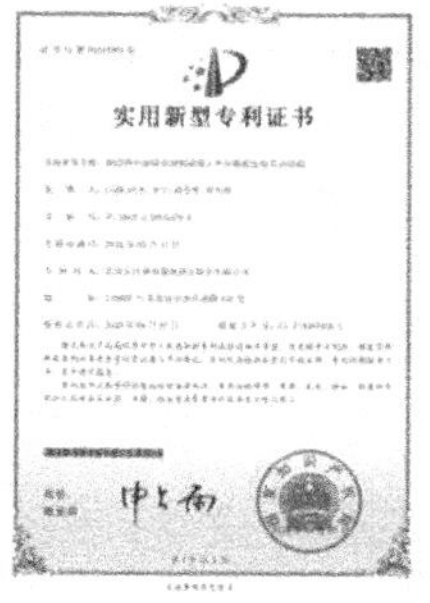

图 6.1-5　项目获奖证书

6.2　未来展望

南京江北新区人才公寓（1 号地块）项目，应用了装配式建筑和工业化建造的前沿技

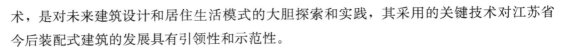

术，是对未来建筑设计和居住生活模式的大胆探索和实践，其采用的关键技术对江苏省今后装配式建筑的发展具有引领性和示范性。

1. 住宅的可变设计

南京江北新区人才公寓（1号地块）项目所有楼栋均实现了户型可变设计。可变住宅设计的核心要素是打破建筑空间与功能的固定联系，实现空间和时间两个尺度上的可变性，提升建筑对于居住者需求的响应能力。基于SI等开放建筑理论体系的长期发展，借助我国新型建筑工业化飞速发展的契机，可变住宅已然成为下一代建筑的重要发展趋势。针对大规模建设的高层住宅，采用模数协调的通用建筑体系和模块化的设计思路，是实现住宅可变性的基础。在主体结构体系的选择中，必须兼顾开放性、高强度和耐久性。机电管线和内装系统的设计，应当采用集成化、装配式的部品部件，从而实现主体结构、机电管线、内装的干式分离。从全生命周期的视角来看，高层可变住宅应当是低成本、工业化并且环境友好的。

2. 提升装配化装修品质

南京江北新区人才公寓（1号地块）项目所有楼栋均采用装配化装修，目前装配化装修应用范围局限于保障性住房、人才公寓等项目。装配化装修在实际应用过程中呈现标准化、集成通用化程度不高，关键技术不成熟，应用经济性差，设计施工产品脱节，用户口碑无法沉淀，产业链无法适配高品质发展等问题。未来需要围绕装配化装修的实际效能，亟须编制一套科学、统一、规范且具有江苏特色的装配化装修评价体系，推进装配化装修的高质量发展，提升江苏省建筑行业工业化技术水平。

3. 推进保温结构一体化技术

南京江北新区人才公寓（1号地块）项目采用了预制混凝土夹心保温外墙，可有效避免保温材料在后期使用过程中脱落，达到保温与结构同寿命。目前江苏省的主流外墙外保温系统产品依然以粘贴和锚固为主，该系统存在较多缺陷，工程事故频发，已有多个地市出台政策禁限使用薄抹灰相关工艺的外墙外保温系统。未来需要明确江苏省外墙保温的发展思路和方向，在坚持安全优先的情况下，选择功能性、综合效益、质量可控性好的外墙保温产品，主要可从以下方面考虑：(1) 优先发展保温结构一体化和自保温系统，该类系统实现了保温系统和建筑同寿命、安全、防火等特性；(2) 限制以粘锚为主的外墙外保温系统，逐步降低外墙外保温系统、外墙内保温系统的应用比例，避免脱落、空鼓、火灾等风险；(3) 鼓励装配式建筑和外墙保温同步发展，将保温系统和外墙装配式构件结合，在工厂完成生产，在现场实现机械化安装，促进保温系统和装配式构件协同发展。

附录1　全球创新大赛

2018年10月13日，由国际绿色建筑联盟、东南大学、南京长江都市建筑设计股份有限公司、中建八局第三建设有限公司、南京国际健康城开发建设有限公司、雅伦格文化艺术基金会（Fondazione EMGdotART）等联合主办的江苏省南京市江北新区国际健康城人才公寓“智慧树：垂直社区的未来生活”国际竞赛终评在南京圆满结束。

南京市江北新区国际健康城人才公寓是江苏省住房和城乡建设厅绿色智慧建筑（下一代房屋）研究体系下的示范工程，它代表了南京江北新区在推动并践行中国绿色智慧建筑发展的领先者地位。通过将此项目的示范性区域融入“‘下一代建筑’发展建筑暨‘下一代建筑’全球创新大奖”，可在国际平台上发挥聚集效应，进一步将这一项目在国际化的平台上和全球最具创新创意的设计、研发团队、个体等进行对接，从而在全国范围内形成示范，亦可反哺到国际平台进行发声、智力叠加和经验推广。将南京市江北新区国际健康城人才公寓预留出的三层建筑空间（每层建筑面积为400 m^2，每层层高6 m）通过“智慧树”为命题的国际竞赛实现最具未来性和前沿性的智慧系统——像树一样可以自生长、具有生命力并可以给使用者提供给养。本次竞赛不仅给南京市江北新区国际健康城人才公寓注入了前所未有的创新动能，并在更长的时间尺度上引领江苏绿色建筑审视自身、突破传统、勇于创新，拥抱由大数据和科技发展所带来的深度变革，以新的方式、生态和能力走向未来。

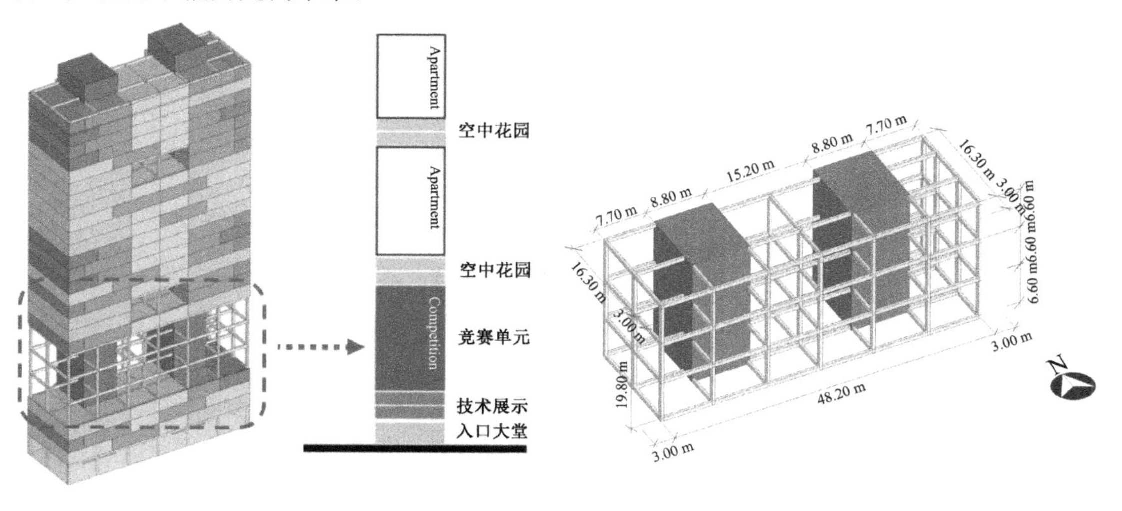

图1　竞赛单元

南京市江北新区国际健康城人才公寓的建筑功能包括但不限于未来居住概念单元、小型研发及头脑风暴中心、创客空间、商务会议、图书馆、展厅、冷链超市、餐厅、咖啡厅、茶室、健身、影院、农场、花园等，并能实现最大程度的灵活可变性。

1. 竞赛介绍

南京市江北新区国际健康城人才公寓“智慧树-垂直社区”竞赛向全球建筑师、设计师、科研机构、院校、企业、创意先锋等征集整体解决方案，包括：

（1）整体系统组织与整合性设计；

（2）多种未来生活单元模块集成（可基于功能设定）；

（3）关键性技术和科技创新；

（4）基于竞赛主体即将建造实现，因此设计方案需考虑建造可行性与技术方案。

竞赛鼓励参赛者以联合体（设计＋科研＋技术）的形式，从“下一代建筑”的以下要求出发，提出对应的创新解决方案：

（1）在高密度垂直生活中创造丰富的公共性；

（2）适应最大程度的可变性；

（3）流动互联的物联网生活；

（4）从资源角度实现环境平衡；

（5）开放融合的垂直生态，实现低生态足迹；

（6）创造美的环境；

（7）先锋而可行的智能建造技术。

图 2　“下一代建筑”全球创新大奖“智慧树”竞赛项目合作方集体合照

表1 大赛评委

姓名、国籍	照片	简介
比森特·瓜里亚尔特 Vicente Guallart （Spain 西班牙）		曾任巴塞罗那城市总建筑师，巴塞罗那城市生活环境（Urban Habitat）部门的首位负责人，综合管辖城市规划、住房、环境、基础设施和信息技术等领域。加泰罗尼亚高等建筑学院（IAAC）创始人
孟建民 （China 中国）		博士，教授级高级工程师，中国工程院院士，全国工程勘察设计大师，第七届梁思成建筑奖获得者，国务院政府特殊津贴获得者，深圳市建筑设计研究总院有限公司董事长、总建筑师，深圳大学本原设计研究中心主任，长期从事致力于医疗养老建筑、健康-绿色-可持续建筑、新材料-新技术-新工艺、城市更新与智慧城市、未来城市与未来建筑、系统无障碍等创作实践与理论研究，提出以“全方位人文关怀”为核心观念，实现“建筑服务于人”的本原设计思想
阿希姆·门格斯 Achim Menges （Germany 德国）		德国斯图加特大学数字设计与建造学院院长，哈佛大学客座教授。致力于研究跨学科合作的整合设计方法，与结构工程师、计算机科学家、材料科学家及生物学家合作，采用将形态设计计算、仿生工程学和数字建造结合在一起的设计建造方式
艾伦·萨耶格 Allen Sayegh （USA 美国）		哈佛大学设计学院副教授、哈佛大学响应式环境与人工产品实验室（REAL）主任、INVIVIA的总裁，同时也是建筑师、设计师和教育家。他的研究侧重于技术驱动的建筑设计，探索将媒体和技术融于已建成环境的潜力、交互设计以及通过技术变革的影响来研究建筑和城市空间思维

（续表）

姓名、国籍	照片	简介
张 彤 （China 中国）		东南大学建筑学院院长、教授、博导，国际建筑师协会教育委员会委员，中国城市科学研究会绿色建筑与节能专业委员会绿色建筑设计理论与实践学组副组长，江苏省设计大师
徐卫国 （China 中国）		清华大学建筑学院教授、博导、建筑系系主任，中国建筑学会数字建造委员会副主任，建筑师分会数字建筑设计专业委员会主任
艾瑞克·欧文·莫斯 Eric Owen Moss （USA 美国）		美国南加利福尼亚建筑学院院长，解构主义建筑大师，任教于哈佛大学、耶鲁大学、哥伦比亚大学、维也纳应用艺术大学以及哥本哈根皇家学院
杰拉尔德·杰伊·萨斯曼 Gerald Jay Sussman （USA 美国）		麻省理工学院（MIT）电气工程学教授。自 1964 年以来，他一直参与麻省理工学院的人工智能研究。他的研究聚焦在研究科学家和工程师所使用的解决问题的策略上，以提供更有效的科学和工程教育方法。同时他的研究领域还包括计算机语言、计算机架构和超大规模集成电路（Very Large Scale Intergration Circuit，VLSI）设计

（续表）

姓名、国籍	照片	简介
丹尼斯·法兰齐曼 Dennis Frenchman （USA 美国）		麻省理工学院建筑与规划学院副院长、麻省理工学院城市研究与规划系教授。世界银行主席在城市宜居性领域的顾问。他的研究聚焦于城市转型，是将数字科技应用于城市设计中的专家，有丰富的大型媒体科技聚集城区和工业聚集区的设计经验。他的作品包括韩国首尔数字媒体城（Digital Media City）、西班牙萨拉戈萨数字 Mile 城及阿拉伯联合酋长国阿布扎比的 TwoFour54 等

图 3 竞赛与会人员合照

2. 获奖作品

“智慧树：垂直社区的未来生活”竞赛项目自 2018 年 5 月 27 日在威尼斯双年展发布以来，历经 5 个月的时间，经终评专家评审，共 26 组作品获奖，其中一等奖作品 1 组，二等奖作品 2 组，模块奖作品 3 组，入围奖作品 20 组。

- **建筑代谢**

“建筑代谢”方案将建筑物视为一个有机体，类比生物学的胞吞胞吐的现象，置入自然代谢平衡单元模块。自然代谢平衡单元模块作为建筑生态系统的一部分在时刻运动着，在需要搜集废弃物时，资源代谢装置通过“胞吞”将太阳能转化为电能供自身使用，并采集人们的厨余垃圾、代谢废弃物和可回收垃圾放在微生物分解箱内，进行一段时间的降解处理后，进行“胞吐”，释放出人们生活所需要的可燃性气体——甲烷，以及对环境友好、植物需要的水和二氧化碳，通过可持续的动态循环过程，形成一种新的建筑内分布的动态能量循环体系。同时，自然代谢平衡单元模块也是一个移动式菜园和休憩空间，可与通过手机应用软件与人们产生在线互动与上层的居住单元模块拼接产生新的居住空间。

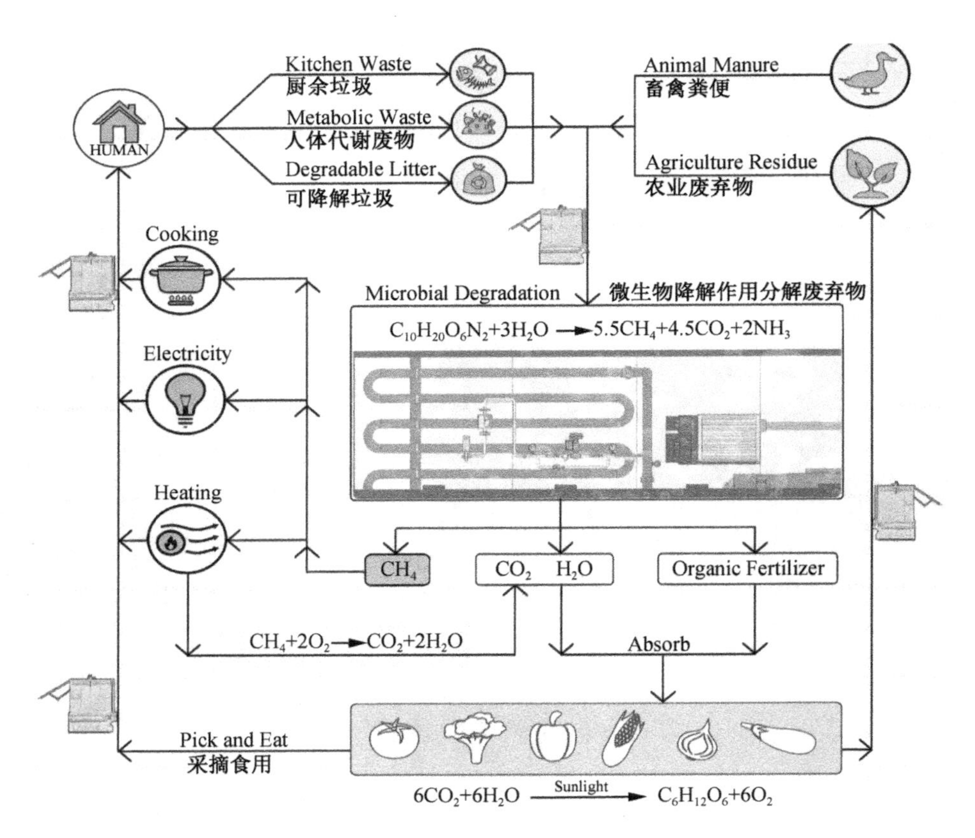

图 4　自然代谢平衡单元模块参与下的建筑内部能量循环流程图

住宅单元由 3 m×3 m×N m 基本模数单元组合而成，自然代谢平衡单元模块的尺寸为 3 m×4 m×4 m，可与住宅单元拼接。居民可通过手机应用软件与自然代谢平衡单元模块相连互动，此时居民的手机为传感系统，发送的信息由建筑的中枢控制系统进行运算判断再传递到机械系统，自然代谢平衡单元模块便会移动到与居民住宅单元模块相对应的入口处供其使用。

“下一代建筑”不仅仅是单独的个体，而是整个环境集合里的元素和大型生态网络里的一个单元体。它以单元为模块在三维空间尺度上进行移动、交换，打破传统固定单一垂直模式，以智慧学习控制为原点辅以 X、Y、Z 坐标体系，向各个方向发散，以探求建筑空间的可变性。

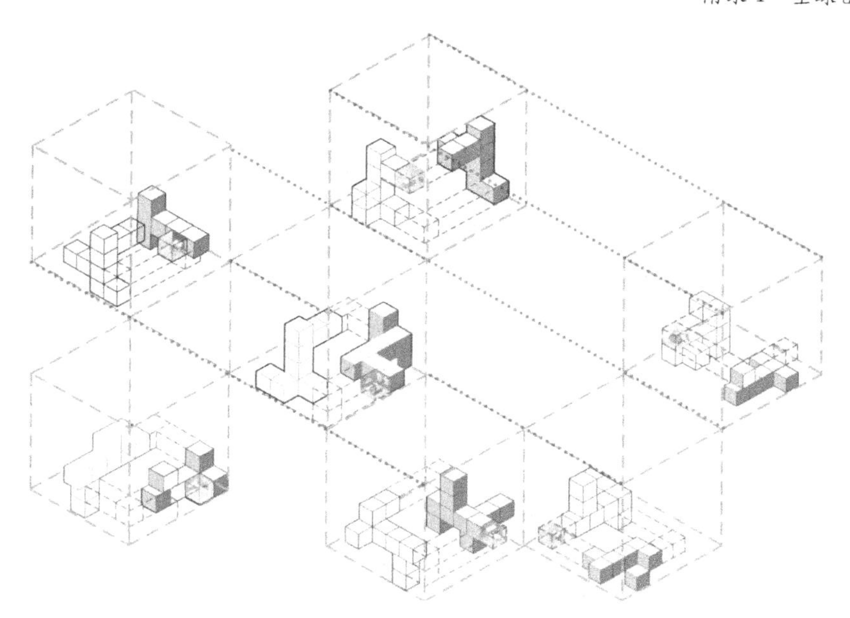

图5 “建筑代谢”方案生态模块与住宅单元系统的组织关系

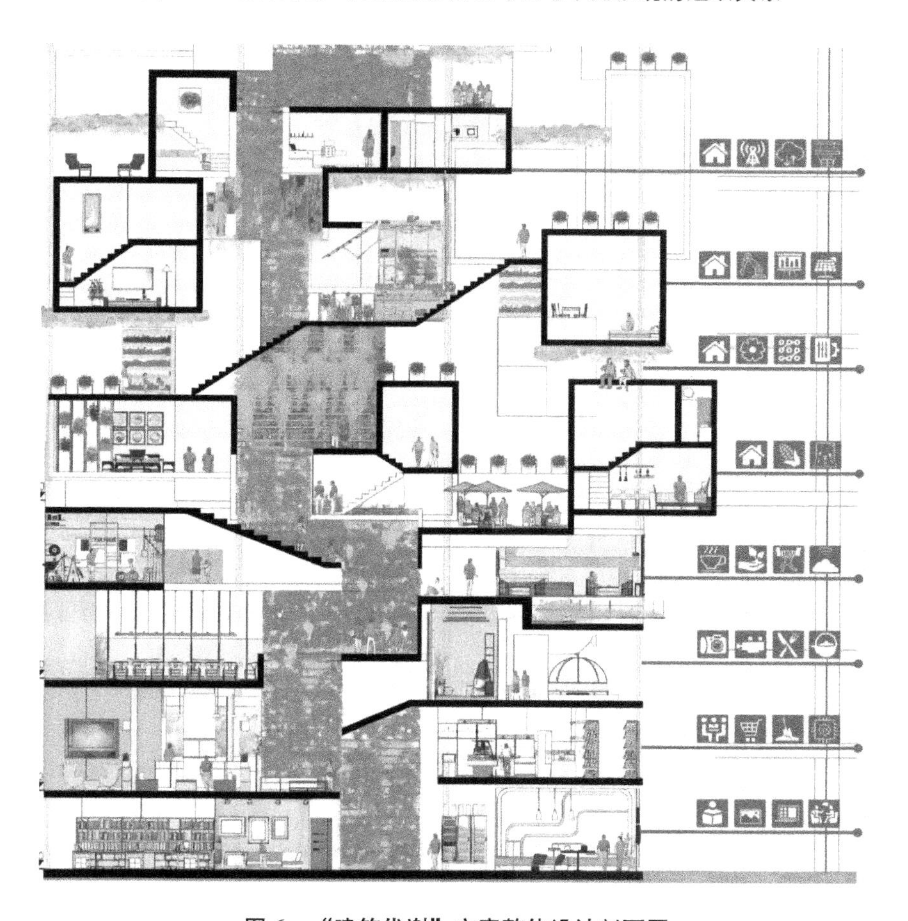

图6 “建筑代谢”方案整体设计剖面图

为应对城市的极速扩张和对自然生态领地的侵蚀问题，“建筑代谢”方案将城市的宜居性与高密度结合起来，摆脱有限土地资源的束缚，去创造宜居的生活空间。通过对建筑的绿色返还率，“建筑代谢”返还给基地甚至比原来更多的绿化，从而弥补城市扩张对自然的损害，并把生物多样性带回城市环境里。

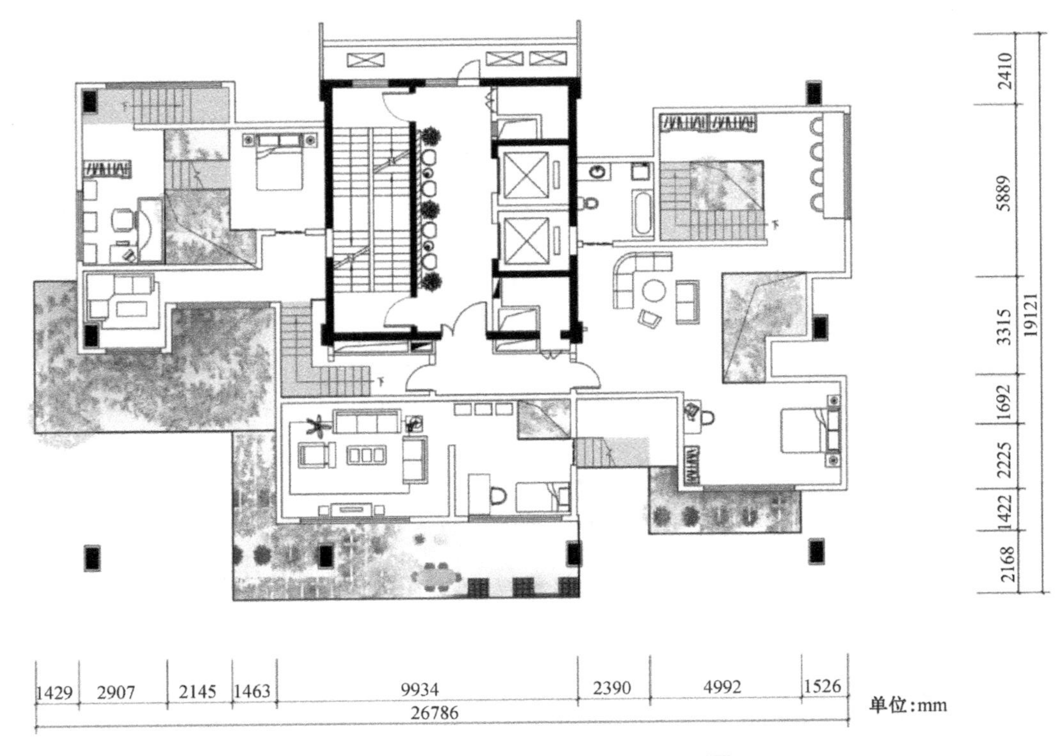

图 7　“建筑代谢”方案 16.2 m 平面图

自然与人之间会在“生态环境的持续关注和维护”下，建立起心理和感情上更高层次的联系与互动。创造出能缩小人与人之间隔阂的社区空间就显得尤为重要，重组社区空间，可在平行维度上将建筑联系起来，制造更多社交和偶遇的机会。

基于建造的多孔隙及对户外空间的向往，建筑设置了挑空及挑高的楼层、户外延展的休憩露台、空中花园、空中街道及交错或破口的体量，彻底颠覆现代建筑中巨大量体、均质方盒子的造型及操作。同时，诱导气流进入建筑物中，完全运用自然界的风场营造舒适宜人的环境。

空中花园设置的数量、间隔赋予居民楼传统联排别墅般的宜居尺度。空中花园两侧的纵向建筑表皮是从二层直通屋顶的垂直绿墙，与花园结合，形成了每栋楼的垂直绿核，塑造出除地面层以外又一个公共活动场所。

住宅单元的阳台内外收放、上下交叠，相互组合形成了一系列或单层或双层、亦内亦外的居住空间，更利于采光，资源共享。

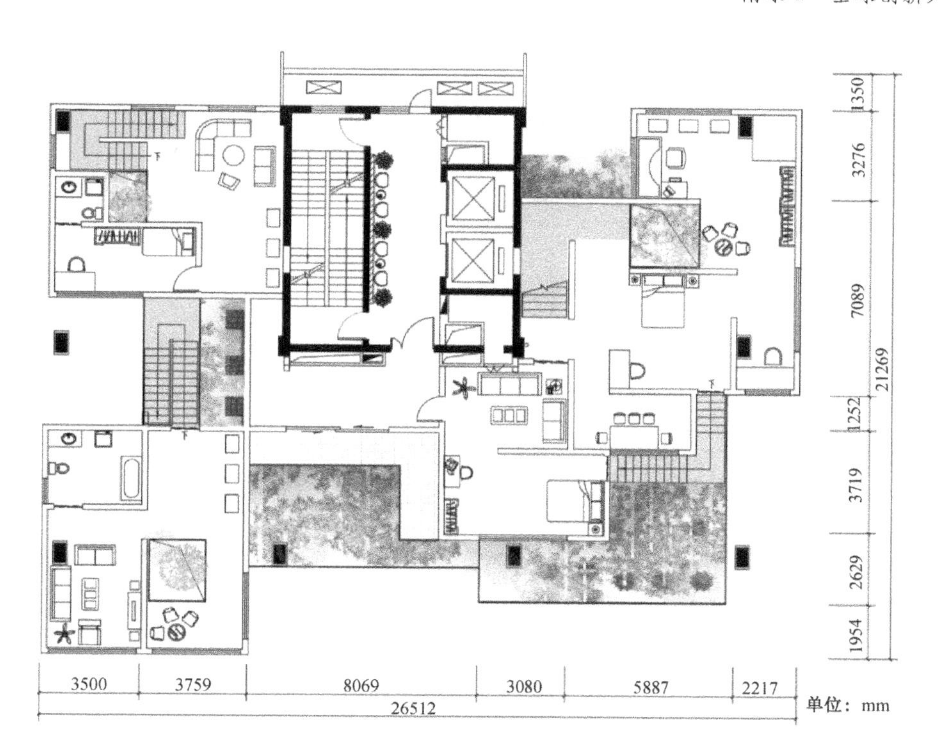

图8　“建筑代谢”方案18.3 m平面图

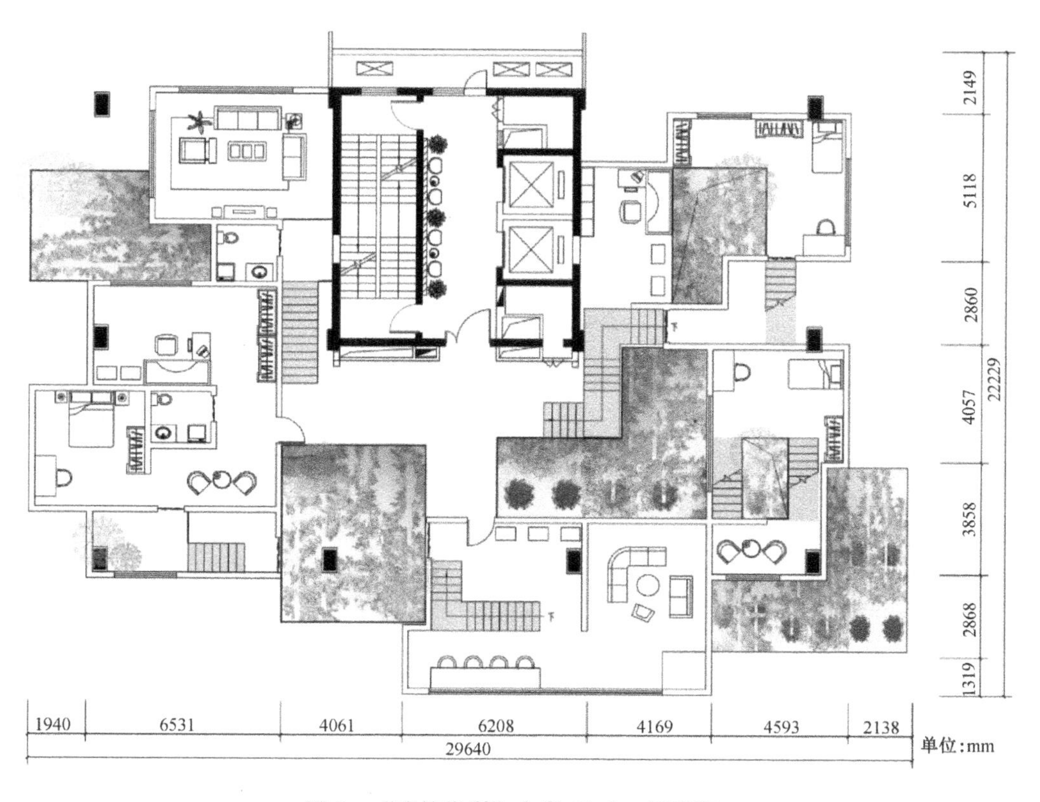

图9　“建筑代谢”方案21.8 m平面图

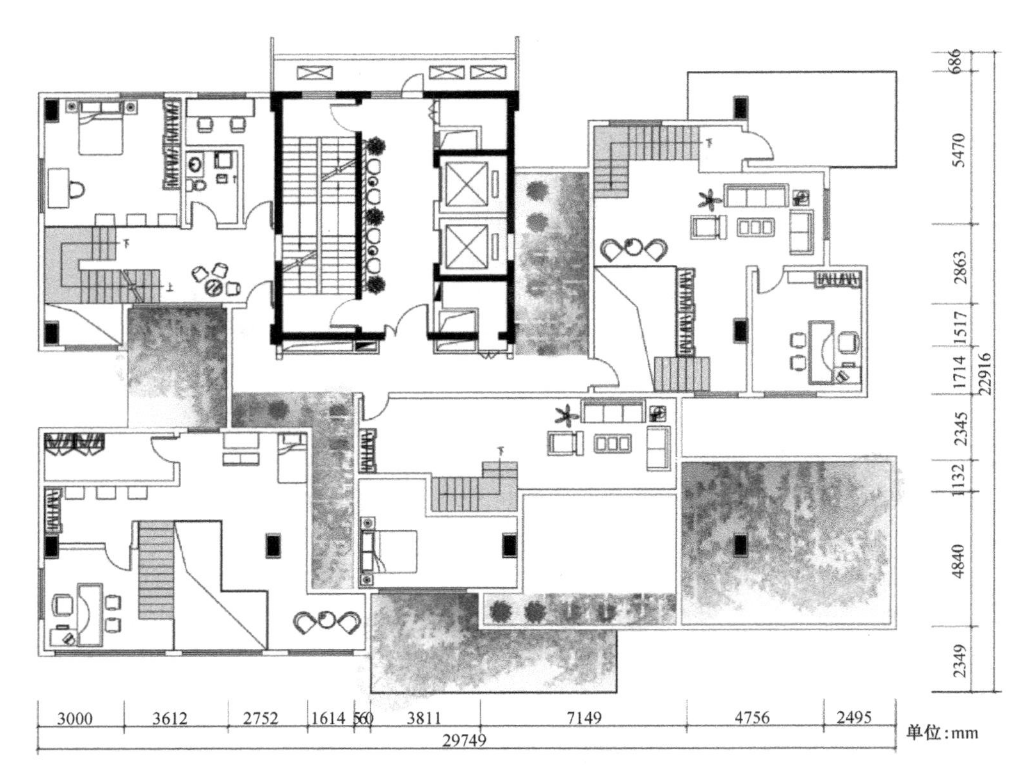

图 10 “建筑代谢”方案 25.3 m 平面图

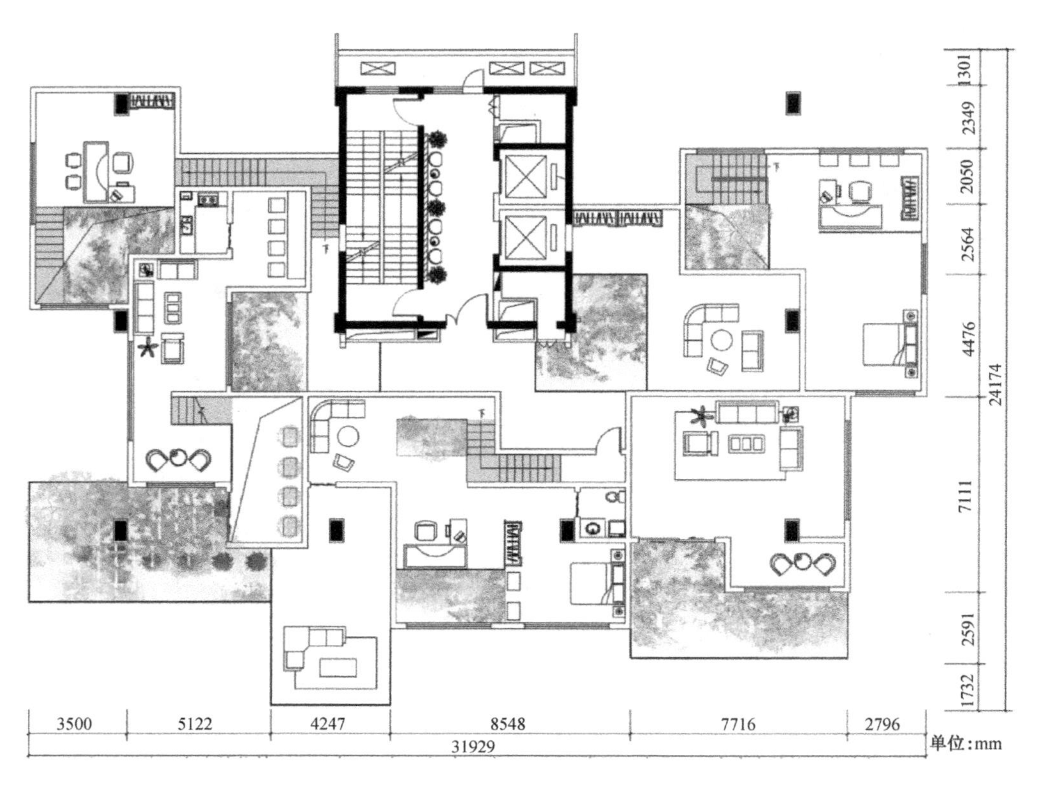

图 11 “建筑代谢”方案 28.4 m 平面图

通过垂直绿化积极地植入空中公园、空中花园、屋顶花园及攀爬向上延伸的垂直绿墙，创造出更多的绿化覆盖率回馈给大地。

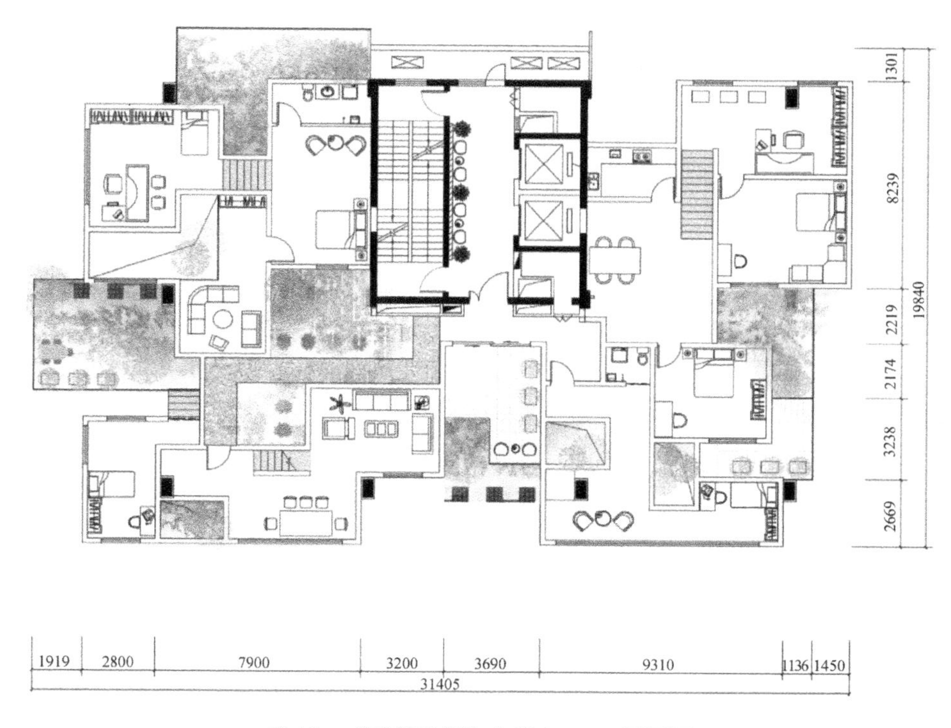

图 12 “建筑代谢”方案 31.4 m 平面图

- **“DNA”双螺旋垂直街巷-街区重构**

“‘DNA’双螺旋垂直街巷-街区重构”方案提出“Fly to me”的概念，改变传统人与公共活动设施的关系，在建筑周围布置 3 m×3 m 的功能盒子，将一些公共服务碎片化快递到使用者的家中。

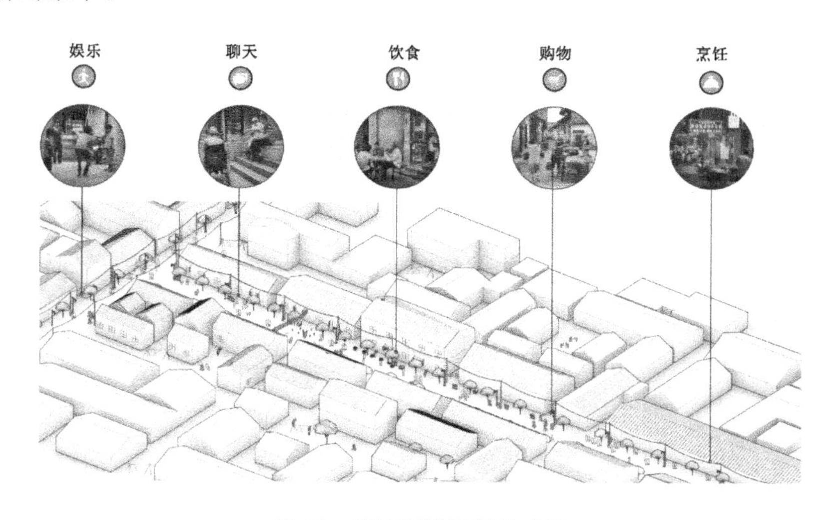

图 13 传统街道承载的功能

“‘DNA’双螺旋垂直街巷-街区重构”方案将传统街道中的功能与楼梯相结合，打破原来楼梯单一的垂直交通功能，使其变为承载公共活动的发生器，增强社会性，形成垂直社区。

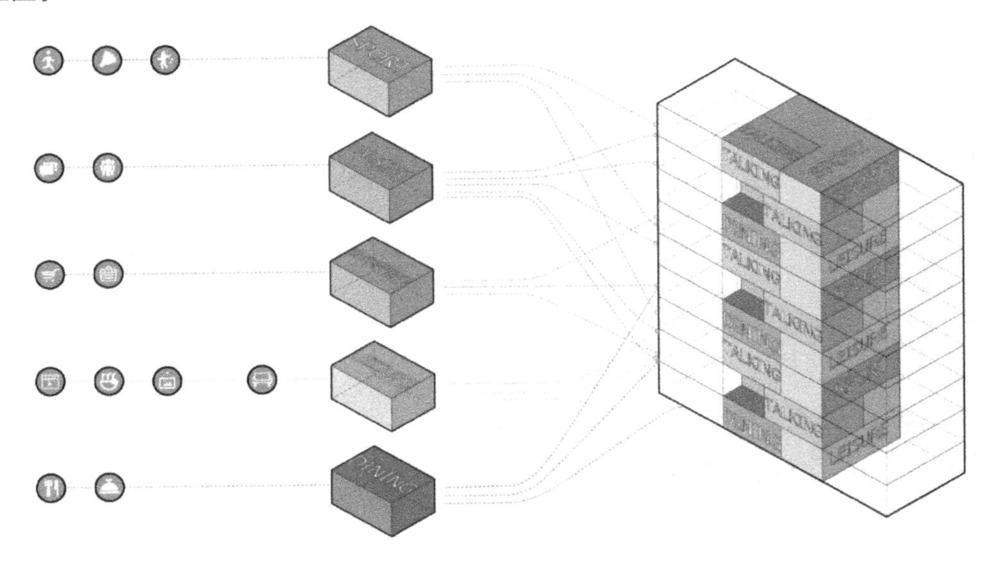

图 14　提取街道功能

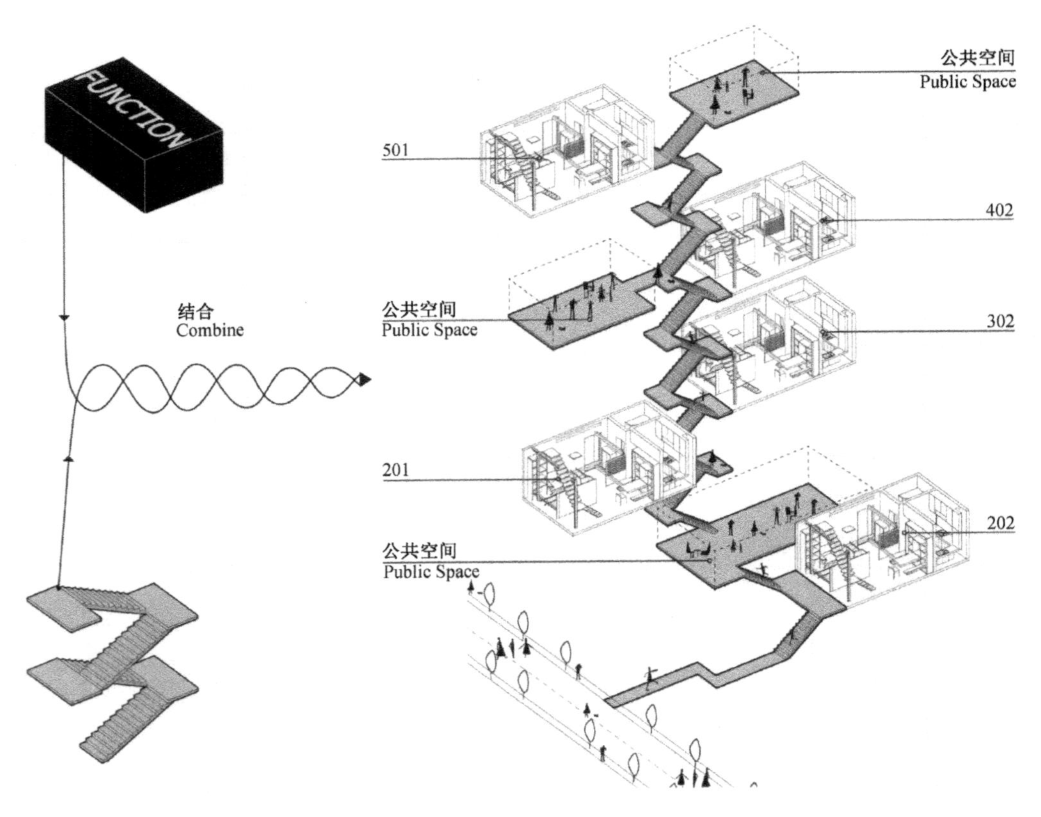

图 15　垂直社区

"'DNA'双螺旋垂直街巷-街区重构"方案通过楼板移动，满足不同时间段人们对公共空间的需求，达到高密度城市下公共空间的最大化利用。

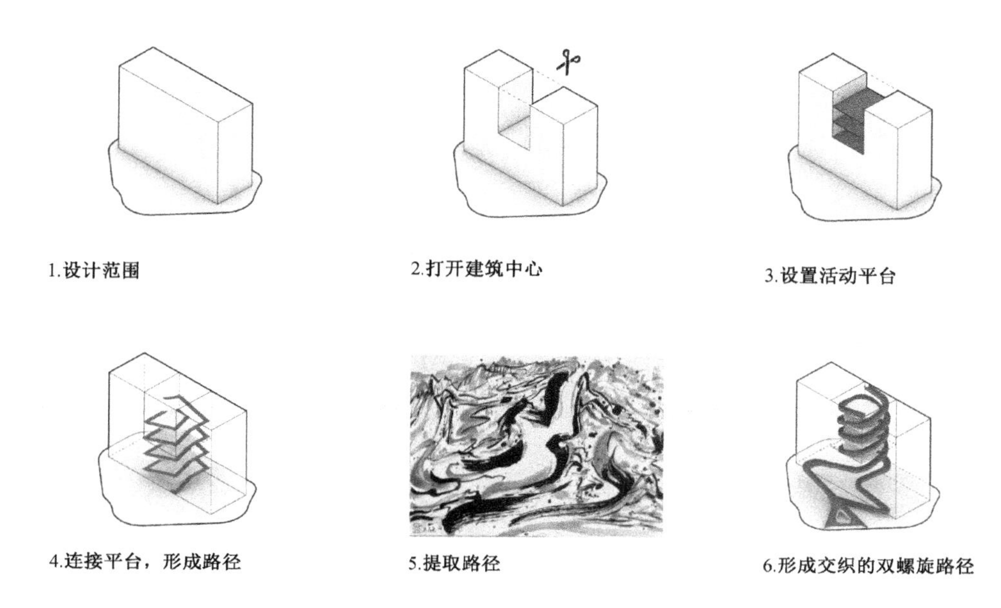
1.设计范围
2.打开建筑中心
3.设置活动平台
4.连接平台，形成路径
5.提取路径
6.形成交织的双螺旋路径

图16　"'DNA'双螺旋垂直街巷-街区重构"方案操作图解

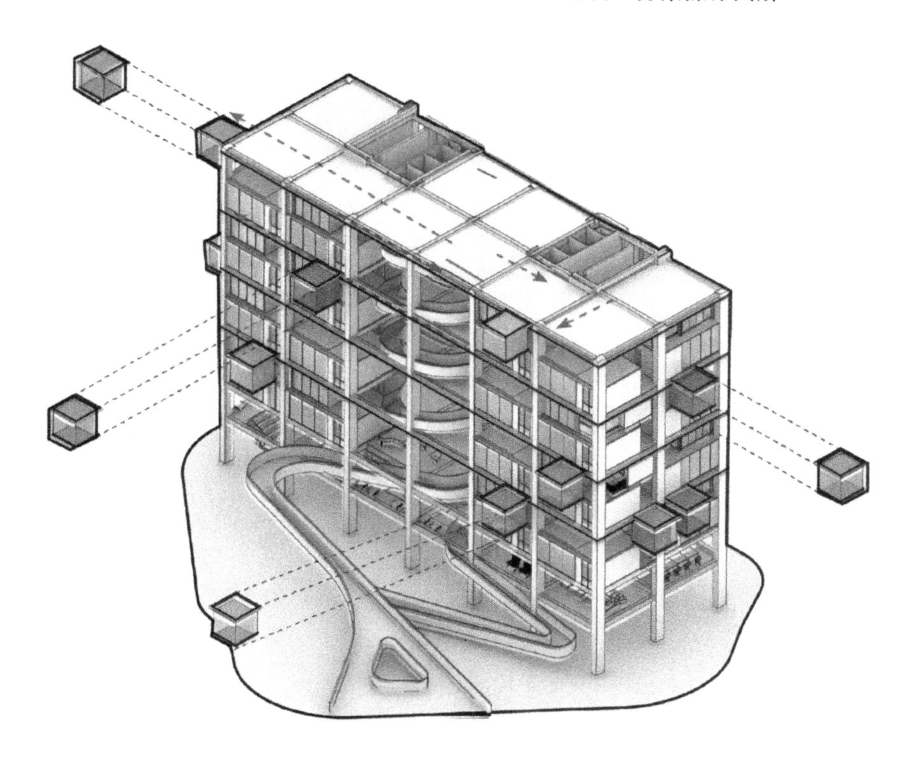

图17　"'DNA'双螺旋垂直街巷-街区重构"方案建筑设计理念——移动的盒子

“‘DNA’双螺旋垂直街巷-街区重构”方案以DNA状的双螺旋街区为核心，将公共功能空间置于两道街区之内，使得到达公共服务定会发生“相遇”、产生交流，“垂直街巷”以“不定层高”进行处理，可根据使用者工作生活作息进行上下空间调节，在空间上形成联动以及出现“空间+”的理想状态。

图18　“‘DNA’双螺旋垂直街巷-街区重构”方案建筑剖面

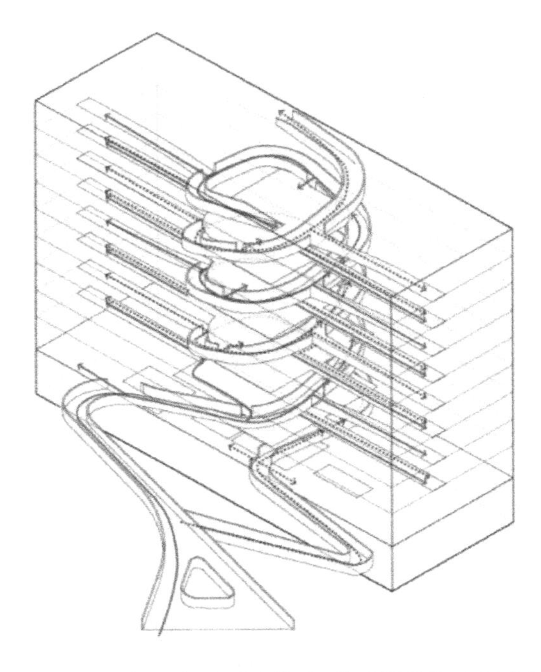

图19　“‘DNA’双螺旋垂直街巷-街区重构”方案人行流线

“‘DNA’双螺旋垂直街巷-街区重构”方案利用使用者的使用时间差实现空间利用效率最大化：当使用者离开时，私人空间收缩，公共空间扩展；当产生需求时，私人空间打开。

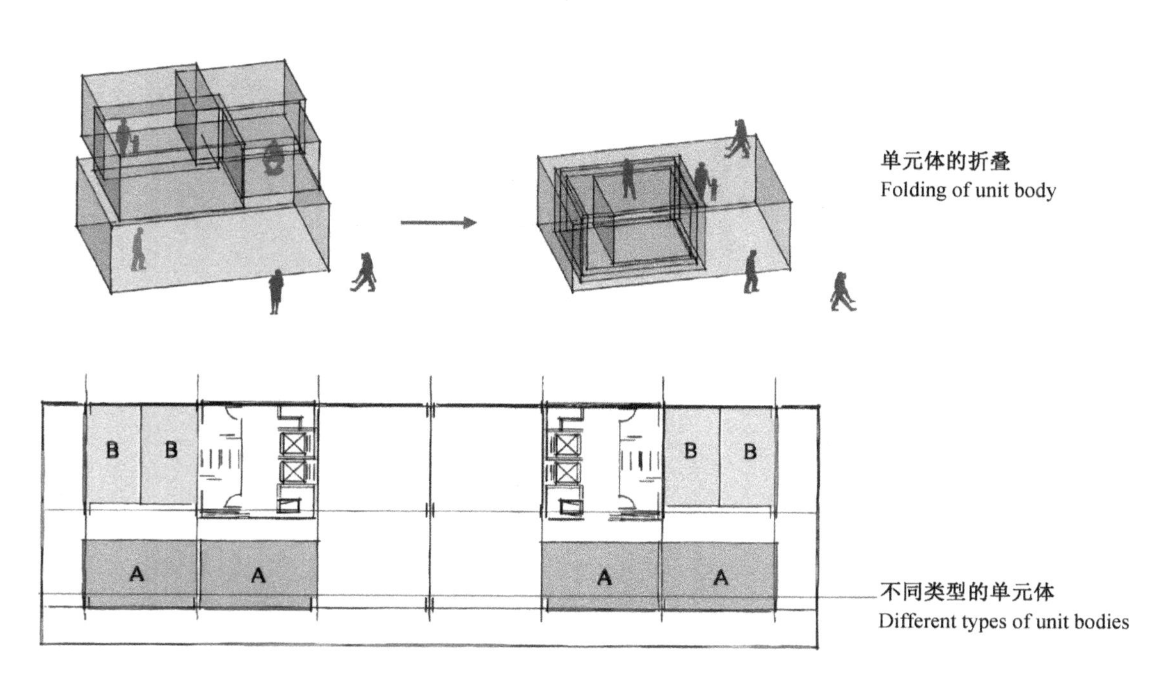

图20　“‘DNA’双螺旋垂直街巷-街区重构”方案建筑平面中不同类型的单元体及单元体的折叠

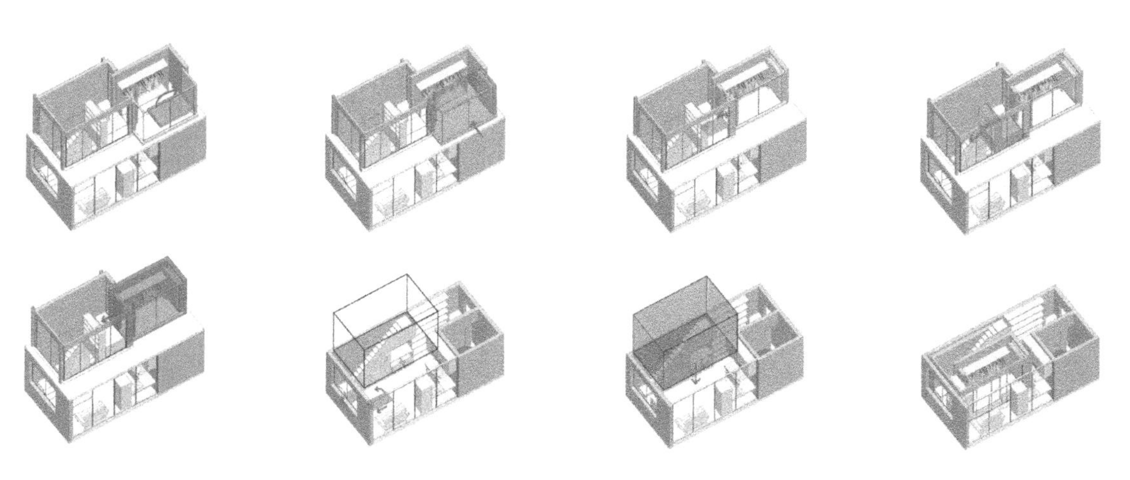

图21　“‘DNA’双螺旋垂直街巷-街区重构”方案单元体可变性

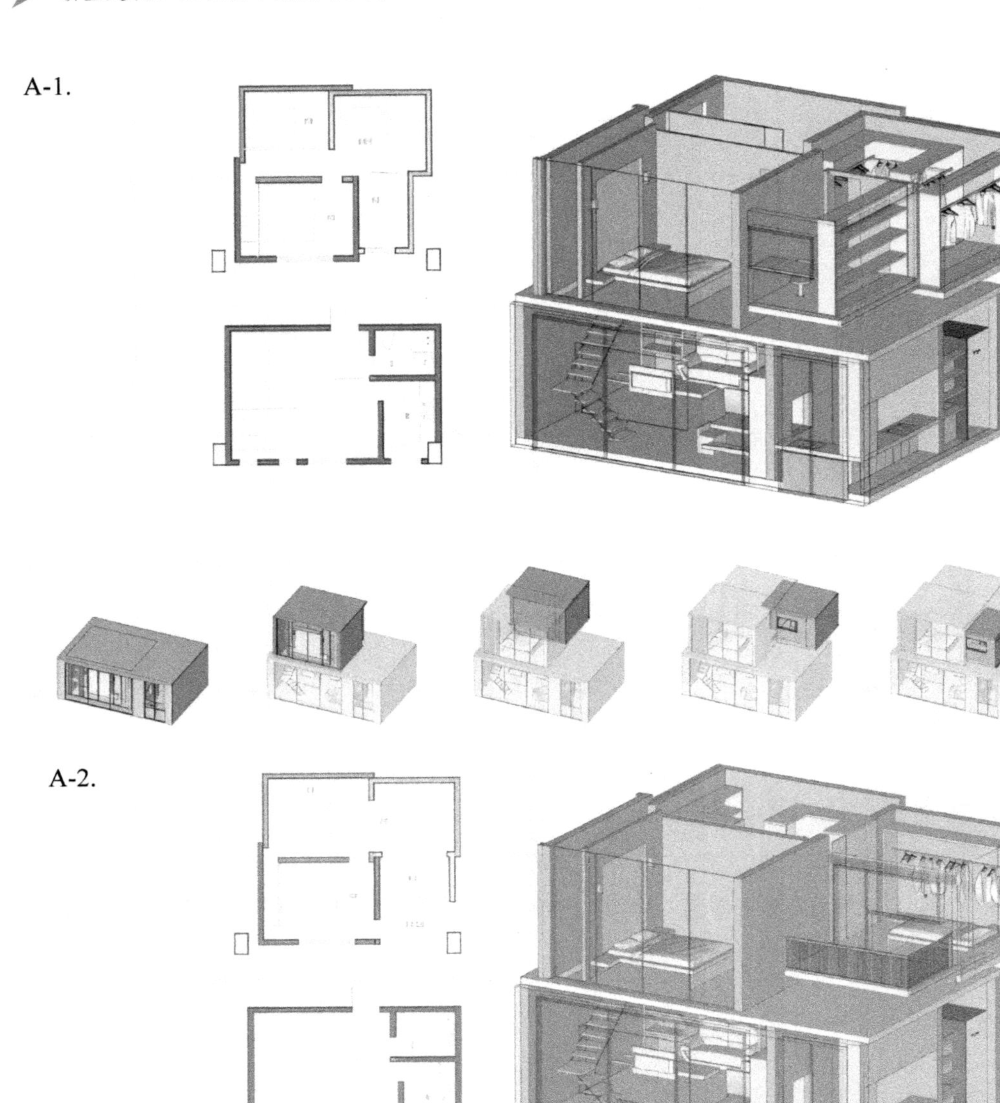
A-1.
A-2.

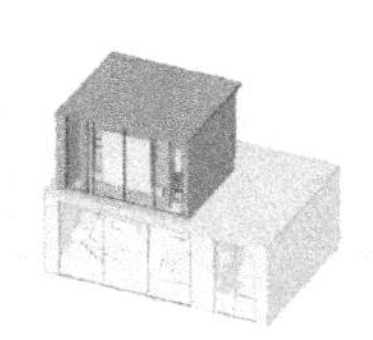

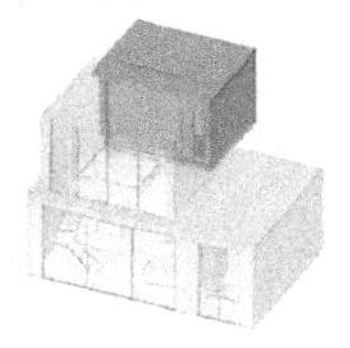

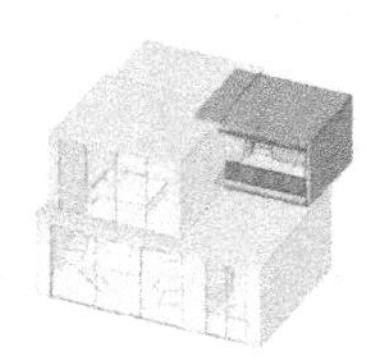

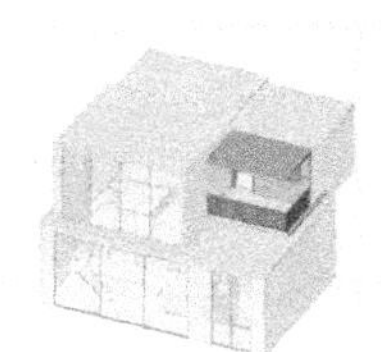

B.

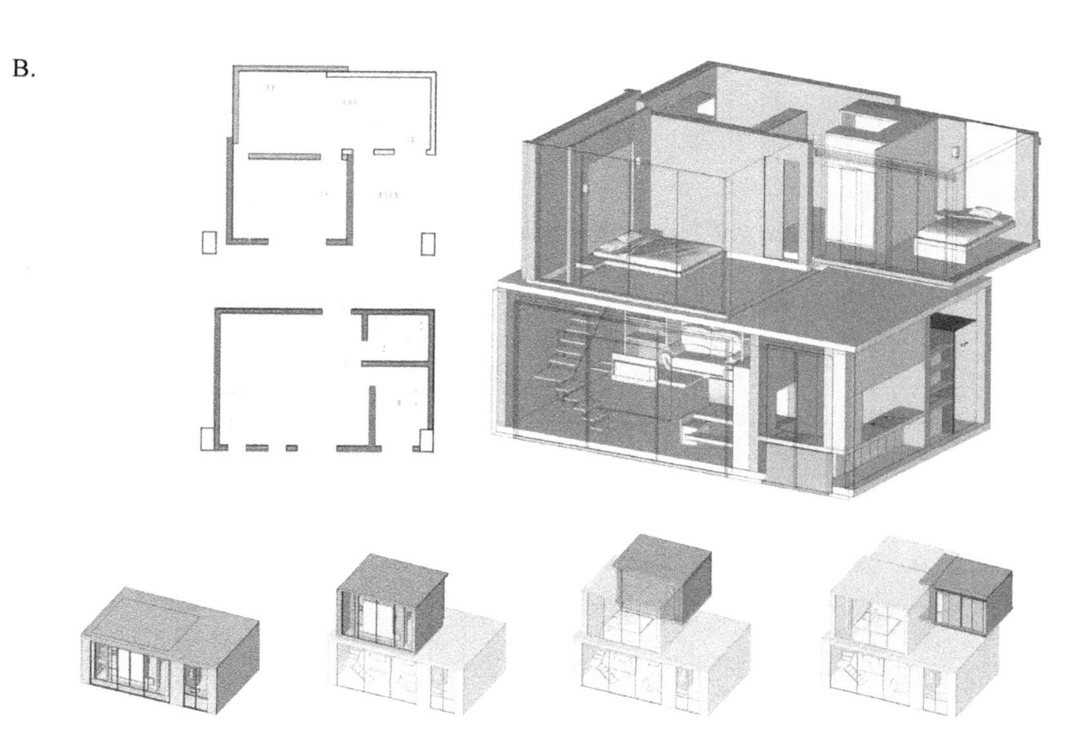

图 22　“‘DNA’双螺旋垂直街巷-街区重构”方案单元体类型

附录 2　各楼栋预制装配率计算表

表 1　装配整体式剪力墙结构预制装配率计算统计表（2 号、4 号、5 号）

技术配置选项			项目实施情况	体积或面积	对应部分总体积或面积	权重	比值
主体结构和外围护结构预制构件 Z_1	预制外剪力墙板		5～26 层	186.49	2 589.2	0.55	$Z_1=$ 18.56%
	预制夹心保温外墙板		5～26 层	765.43			
	预制内剪力墙板						
	预制梁				715.92		
	预制叠合板		3～26 层	418.9	1 482.67		
	预制楼梯板		5～26 层	88	156		
	预制阳台板		5～26 层	266.54	266.54		
	预制空调板						
	PCF 混凝土外墙模板		5～26 层	30.12	30.12		
	预制隔墙板		5～26 层	19.3	19.3		
				1 774.78	5 259.75		
装配式内外围护构件 Z_2	轻钢龙骨石膏板隔墙		1～26 层	9 048	9 048	0.15	$Z_2=$ 13.1%
	钢筋陶粒混凝土轻质墙板		1～26 层	2 028	3 611.4		
				11 076	12 659.4		
内装建筑部品 Z_3	集成式厨房		1～26 层	778.08	809.2	0.3	$Z_3=$ 28.85%
	集成式卫生间		1～26 层	675	702		
	装配式吊顶		1～26 层	2 037	2 118.48		
	楼地面干式铺装		1～26 层	7 275	7 566		
	装配式墙板（带饰面）		1～26 层				
	装配式栏杆		1～26 层				
				10 765.08	11 195.68		
创新加分项 S	标准化、模块化、集约化设计	标准化的居住户型单元和公共建筑基本功能单元	1%				3.5%
		标准化门窗	0.5%	0.5%			
		设备管线与结构相分离	0.5%	0.5%			
	绿色建筑技术集成应用	绿色建筑二星	0.5%				
		绿色建筑三星	1%	1%			
	被动式超低能耗技术集成应用		0.5%				
	隔震减震技术集成应用		0.5%				
	以 BIM 为核心的信息化技术集成应用		1%	1%			
	工业化施工技术集成应用	装配式铝合金组合模板	0.5%	0.5%			
		组合成型钢筋制品	0.5%				
		工地预制围墙（道路板）	0.5%				
预制装配率 $=Z_1+Z_2+Z_3+S$							64.01%

表 2　预制装配率计算统计表（1 号、7 号）

技术配置选项			项目实施情况	体积或面积	对应部分总体积或面积	权重	比值
主体结构和外围护结构预制构件 Z_1	预制外剪力墙板		5～26 层	165.68	2 058.73	0.55	Z_1＝19.55%
	预制夹心保温外墙板		5～26 层	735.14			
	预制内剪力墙板						
	预制梁				717.51		
	预制叠合板		3～26 层	401.81	1 444.51		
	预制楼梯板		5～26 层	88	156		
	预制阳台板		5～26 层	220.68	220.68		
	预制空调板						
	PCF 混凝土外墙模板		5～26 层	16.58	16.58		
	预制隔墙板		5～26 层	19.3	19.3		
	合计			1 647.19	4 633.31		
装配式内外围护构件 Z_2	轻钢龙骨石膏板隔墙		1～26 层	8 236.8	8 236.8	0.15	Z_2＝13.95%
	钢筋陶粒混凝土轻质墙板		1～26 层	2 362.8	3 161.4		
	合计			10 599.6	11 398.2		
内装建筑部品 Z_3	集成式厨房		1～26 层	507.69	528	0.3	Z_3＝28.85%
	集成式卫生间		1～26 层	463.69	482.24		
	装配式吊顶		1～26 层	2 130.8	2 216.03		
	楼地面干式铺装		1～26 层	7 610	7 914.4		
	装配式墙板（带饰面）		1～26 层				
	装配式栏杆		1～26 层				
	合计			10 712.18	11 140.67		
创新加分项 S	标准化、模块化、集约化设计	标准化的居住户型单元和公共建筑基本功能单元	1%				3.5%
		标准化门窗	0.5%		0.5%		
		设备管线与结构相分离	0.5%		0.5%		
	绿色建筑技术集成应用	绿色建筑二星	0.5%				
		绿色建筑三星	1%		1%		
	被动式超低能耗技术集成应用		0.5%				
	隔震减震技术集成应用		0.5%				
	以 BIM 为核心的信息化技术集成应用		1%		1%		
	工业化施工技术集成应用	装配式铝合金组合模板	0.5%		0.5%		
		组合成型钢筋制品	0.5%				
		工地预制围墙（道路板）	0.5%				
预制装配率＝$Z_1+Z_2+Z_3+S$							65.85%

表 3　预制装配率计算统计表（6 号、8 号）

<table>
<tr><th colspan="3">技术配置选项</th><th>项目实施情况</th><th>体积或面积</th><th>对应部分总体积或面积</th><th>权重</th><th>比值</th></tr>
<tr><td rowspan="11">主体结构和外围护结构预制构件 Z_1</td><td colspan="2">预制外剪力墙板</td><td>6～32 层</td><td>228.87</td><td rowspan="3">3 561.74</td><td rowspan="11">0.55</td><td rowspan="11">$Z_1=$ 18.65%</td></tr>
<tr><td colspan="2">预制夹心保温外墙板</td><td>6～32 层</td><td>939.39</td></tr>
<tr><td colspan="2">预制内剪力墙板</td><td></td><td></td></tr>
<tr><td colspan="2">预制梁</td><td></td><td></td><td>878.1</td></tr>
<tr><td colspan="2">预制叠合板</td><td>3～32 层</td><td>523.7</td><td>1 821.13</td></tr>
<tr><td colspan="2">预制楼梯板</td><td>6～32 层</td><td>108</td><td>192</td></tr>
<tr><td colspan="2">预制阳台板</td><td>6～32 层</td><td>327.12</td><td></td></tr>
<tr><td colspan="2">预制空调板</td><td></td><td></td><td></td></tr>
<tr><td colspan="2">PCF 混凝土外墙模板</td><td>6～32 层</td><td>36.97</td><td></td></tr>
<tr><td colspan="2">预制隔墙板</td><td>6～32 层</td><td>23.69</td><td></td></tr>
<tr><td colspan="3">合计</td><td>2 187.74</td><td>6 452.97</td></tr>
<tr><td rowspan="3">装配式内外围护构件 Z_2</td><td colspan="2">轻钢龙骨石膏板隔墙</td><td>1～32 层</td><td>11 136</td><td>11 136</td><td rowspan="3">0.15</td><td rowspan="3">$Z_2=$ 13.12%</td></tr>
<tr><td colspan="2">钢筋陶粒混凝土轻质墙板</td><td>1～32 层</td><td>2 496</td><td>4 444.8</td></tr>
<tr><td colspan="3">合计</td><td>13 632</td><td>15 580.8</td></tr>
<tr><td rowspan="7">内装建筑部品 Z_3</td><td colspan="2">集成式厨房</td><td>1～32 层</td><td>964.82</td><td>995.94</td><td rowspan="7">0.3</td><td rowspan="7">$Z_3=$ 29.06%</td></tr>
<tr><td colspan="2">集成式卫生间</td><td>1～32 层</td><td>840.58</td><td>867.7</td></tr>
<tr><td colspan="2">装配式吊顶</td><td>1～32 层</td><td>2 525.88</td><td>2 607.36</td></tr>
<tr><td colspan="2">楼地面干式铺装</td><td>1～32 层</td><td>9 021</td><td>9 312</td></tr>
<tr><td colspan="2">装配式墙板（带饰面）</td><td>1～32 层</td><td></td><td></td></tr>
<tr><td colspan="2">装配式栏杆</td><td>1～32 层</td><td></td><td></td></tr>
<tr><td colspan="3">合计</td><td>13 352.28</td><td>13 783</td></tr>
<tr><td rowspan="12">创新加分项 S</td><td rowspan="3">标准化、模块化、集约化设计</td><td>标准化的居住户型单元和公共建筑基本功能单元</td><td>1%</td><td colspan="3"></td><td rowspan="12">3.5%</td></tr>
<tr><td>标准化门窗</td><td>0.5%</td><td colspan="3">0.5%</td></tr>
<tr><td>设备管线与结构相分离</td><td>0.5%</td><td colspan="3">0.5%</td></tr>
<tr><td rowspan="2">绿色建筑技术集成应用</td><td>绿色建筑二星</td><td>0.5%</td><td colspan="3"></td></tr>
<tr><td>绿色建筑三星</td><td>1%</td><td colspan="3">1%</td></tr>
<tr><td colspan="2">被动式超低能耗技术集成应用</td><td>0.5%</td><td colspan="3"></td></tr>
<tr><td colspan="2">隔震减震技术集成应用</td><td>0.5%</td><td colspan="3"></td></tr>
<tr><td colspan="2">以 BIM 为核心的信息化技术集成应用</td><td>1%</td><td colspan="3">1%</td></tr>
<tr><td rowspan="3">工业化施工技术集成应用</td><td>装配式铝合金组合模板</td><td>0.5%</td><td colspan="3">0.5%</td></tr>
<tr><td>组合成型钢筋制品</td><td>0.5%</td><td colspan="3"></td></tr>
<tr><td>工地预制围墙（道路板）</td><td>0.5%</td><td colspan="3"></td></tr>
<tr><td colspan="7">预制装配率 $=Z_1+Z_2+Z_3+S$</td><td>64.33%</td></tr>
</table>

表 4　装配率计算统计表（9 号、10 号、11 号）

技术配置选项		项目实施情况	体积或面积	对应部分总体积或面积	权重	比值
主体结构和外围护结构预制构件 Z_1	预制外剪力墙板	6～31 层	201.6	3 597.58	0.55	$Z_1=$ 17.72%
	预制夹心保温外墙板	6～31 层				
	预制内剪力墙板		697			
	预制梁			1 284.66		
	预制叠合板	3～31 层	600.91	2 230.82		
	预制楼梯板	6～31 层	104	186		
	预制阳台板	6～31 层	581	581		
	预制空调板					
	PCF 混凝土外墙模板	6～31 层				
	预制隔墙板	6～31 层	425.3	425.3		
	预制混凝土飘窗墙板		98	98		
	预制女儿墙					
	合计		2 707.81	8 403.36		
装配式内外围护构件 Z_2	轻钢龙骨石膏板隔墙	1～31 层	2 670.22	2 670.22	0.15	$Z_2=$ 13.49%
	钢筋陶粒混凝土轻质墙板	1～31 层	13 843.35	15 685.45		
	合计		16 513.57	18 355.67		
内装建筑部品 Z_3	集成式厨房	1～31 层	259.35	268	0.3	$Z_3=$ 29.03%
	集成式卫生间	1～31 层	2 599.5	2 686.15		
	装配式吊顶	1～31 层	3 235.68	3 343.54		
	楼地面干式铺装	1～31 层	11 556	11 941.2		
	装配式墙板（带饰面）	1～31 层				
	装配式栏杆	1～31 层				
	合计		17 650.54	18 238.89		
创新加分项 S	标准化、模块化、集约化设计：标准化的居住户型单元和公共建筑基本功能单元	1%				3.5%
	标准化、模块化、集约化设计：标准化门窗	0.5%	0.5%			
	标准化、模块化、集约化设计：设备管线与结构相分离	0.5%	0.5%			
	绿色建筑技术集成应用：绿色建筑二星	0.5%				
	绿色建筑技术集成应用：绿色建筑三星	1%	1%			
	被动式超低能耗技术集成应用	0.5%				
	隔震减震技术集成应用	0.5%				
	以 BIM 为核心的信息化技术集成应用	1%	1%			
	工业化施工技术集成应用：装配式铝合金组合模板	0.5%	0.5%			
	工业化施工技术集成应用：组合成型钢筋制品	0.5%				
	工业化施工技术集成应用：工地预制围墙（道路板）	0.5%				
预制装配率 $=Z_1+Z_2+Z_3+S$						63.74%

表 5　预制装配率计算统计表（3 号）

技术配置选项			项目实施情况	体积或面积	对应部分总体积或面积	权重	比值
主体结构和外围护结构预制构件 Z_1	型钢柱		1～29 层		2 503.68	0.4	Z_1＝24.13％
	钢管混凝土柱		1～29 层	3 349.92	3 349.92		
	钢板剪力墙		1～29 层		8 359.74		
	钢梁		2～29 层	1 798.79	2 079.27		
	钢筋桁架叠合板		2～29 层	19 066.09	20 615.77		
	钢楼梯						
	预制混凝土楼梯		1～29 层		1 218		
	合计			22 996.71	38 126.38		
装配式内外围护构件 Z_2	单元式幕墙		1～29 层	8 760.84	8 760.84	0.3	Z_2＝29.61％
	混凝土外挂墙板		1～29 层				
	蒸压轻质加气混凝土墙板						
	轻钢龙骨石膏板隔墙		1～29 层	24 613.93	25 054.57		
	蒸压轻质加气混凝土墙板						
	钢筋陶粒混凝土轻质墙板		1～29 层				
	合计			33 374.77	33 815.41		
内装建筑部品 Z_3	集成式厨房		2～29 层	786.24	786.24	0.3	Z_3＝27.98％
	集成式卫生间		2～29 层	1 982.4	1 982.4		
	装配式吊顶		1～29 层	11 958.15	11 958.15		
	楼地面干式铺装		1～29 层	11 545.8	13 444.69		
	装配式墙板（带饰面）						
	装配式栏杆						
	合计			26 272.59	28 171.48		
创新加分项 S	标准化、模块化、集约化设计	标准化的居住户型单元和公共建筑基本功能单元	1％	1％			4.5％
		标准化门窗	0.5％	0.5％			
		设备管线与结构相分离	0.5％	0.5％			
	绿色建筑技术集成应用	绿色建筑二星	0.5％				
		绿色建筑三星	1％	1％			
	被动式超低能耗技术集成应用		0.5％				
	隔震减震技术集成应用		0.5％				
	以 BIM 为核心的信息化技术集成应用		1％	1％			
	工业化施工技术集成应用	装配式铝合金组合模板	0.5％	0.5％			
		组合成型钢筋制品	0.5％				
		工地预制围墙（道路板）	0.5％				
预制装配率＝$Z_1+Z_2+Z_3+S$							86.22％

表 6　装配率计算统计表（12 号楼）

技术配置选项			项目实施情况	体积或面积	对应部分总体积或面积	权重	比值
主体结构预制构件 Z_1		木柱		94.89	94.89	0.4	$Z_1=$ 40.0%
		木梁		307.55	307.55		
		木楼面		307.19	307.19		
		木屋面		717.99	717.99		
		蒸压轻质加气混凝土楼板					
		木楼梯		30.36	30.36		
		合计		1 457.97	1 457.97		
装配式内外围护构件 Z_2		玻璃隔断		834.25	1 151.99	0.3	$Z_2=$ 28.1%
		蒸压轻质加气混凝土墙板		243.34			
		合计		1 077.59	1 151.99		
内装建筑部品 Z_3		集成式厨房				0.3	$Z_3=$ 18.8%
		集成式卫生间			95.77		
		装配式吊顶					
		楼地面干式铺装		1 556	2 405		
		装配式墙板（带饰面）					
		装配式栏杆		42.13	42.13		
		合计		1 598.13	2 542.9		
创新加分项 S	标准化、模块化、集约化设计	标准化的居住户型单元和公共建筑基本功能单元			1%		2.5%
		标准化门窗			0.50%		
		设备管线与结构相分离			0.50%	0.5%	
	绿色建筑技术集成应用	绿色建筑二星			0.50%		
		绿色建筑三星			1%	1%	
	被动式超低能耗技术集成应用				0.50%		
	隔震减震技术集成应用				0.50%		
	以 BIM 为核心的信息化技术集成应用				1%	1%	
	工业化施工技术集成应用	工地预制围墙（道路板）			0.50%		
		封闭式板式木组件			0.50%		
		预制空间模块木组件			0.50%		
预制装配率 $=Z_1+Z_2+Z_3+S$							89.4%